全国建设职业教育系列教材

电气安装基本计算

全国建设职业教育教材编委会

邓立功　主编

中国建筑工业出版社

图书在版编目(CIP)数据

电气安装基本计算/全国建设职业教育教材编委会编．
北京:中国建筑工业出版社,2000.10
全国建设职业教育系列教材
ISBN 7-112-04191-0

Ⅰ.电… Ⅱ.电… Ⅲ.建筑-电气设备-设备安装-
计算-职业教育-教材 Ⅳ.TU758.7

中国版本图书馆 CIP 数据核字(2000)第 42163 号

全国建设职业教育系列教材

电气安装基本计算

全国建设职业教育教材编委会

邓立功 主编

*

中国建筑工业出版社出版(北京西郊百万庄)
新华书店总店科技发行所发行
北京建筑工业印刷厂印刷

*

开本:787×1092 毫米 1/16 印张:14¾ 字数:357 千字
2000 年 10 月第一版 2000 年 10 月第一次印刷
印数:1—2000 册 定价:**22.00** 元
ISBN 7-112-04191-0
G·319(9672)

本书围绕电气安装施工的需要,在学习专业数学基础和物理计算知识的基础上,介绍了直流电路、电容器、电磁的基本知识以及单相交流电路、三相交流电路、电工常用仪表、整流电路、电机与供电等方面的计算知识。

　　本书在阐明基本理论的基础上,注意理论联系实际,列举了较多的例题,各章后面附有习题,帮助读者正确掌握和熟练运用电工计算的方法和公式,满足实际工作的需要。

　　本书是建筑类技工学校、职业高中等学校电气安装专业的教材,也可作为电气安装岗位培训教材,还可供一线施工技术和管理人员学习、参考。

"电气安装"专业教材(共四册)

总主编　沈　超

《电气安装基本计算》

主　编　邓立功

参　编　孙俊英　张文良　吴建宁
　　　　　　陈胜生　张凌辰

全国建设职业教育系列教材（电气安装和管道安装专业）

编审委员会名单

序

　　随着我国国民经济持续、健康、快速的发展,建筑业在国民经济中的支柱产业地位日益突出,对建筑施工一线操作层实用人才的需求也日益增长。为了培养大量合格的人才,不断提高人才培养的质量和效益,改革和发展建筑业的职业教育,在借鉴德国"双元制"职业教育经验并取得显著成效的基础上,在赛德尔基金会德国专家的具体指导和帮助下,根据《中华人民共和国建设部技工教育专业目录(建筑安装类)》并参照国家有关的规范和标准,我们委托中国建设教育协会组织部分试点学校编写了建设类"建筑结构施工"、"建筑装饰"、"管道安装"和"电气安装"等专业的教学大纲和计划以及相应的系列教材。教材的内容,符合建设部1996年颁发的《建设行业职业技能标准》和《建设职业技能岗位鉴定规范》的要求,经审定,现印发供各学校试用。

　　这套专业教材,是建筑安装类技工学校和职业高中教学用书,同时适用于相应岗位的技能培训,也可供有关施工管理和技术人员参考。

　　各地在使用本教材的过程中,应贯彻国家对中等职业教育的改革要求,结合本地区的实际,不断探索和实践,并对教材提出修改意见,以便进一步完善。

建设部人事教育司

2000 年 6 月 27 日

前　言

　　"电气安装"专业教材是根据《建设系统技工学校建安类专业目录》和双元制教学试点"电气安装"专业教学大纲编写而成。该套教材突破传统教材按学科体系设置课程，以及各门课程自成系统的编排方式，依据建设部《建设行业职业技能标准》对培养中级技术工人的要求，遵循教育规律，按专业理论、专业计算、专业制图和专业实践四大部分分别形成《电气安装基本理论知识》、《电气安装基本计算》、《电气安装识图与放样》和《电气安装实际操作》四门课程。

　　本套教材教学内容具有实用性和针对性，与传统教材相比，教材编排新颖，便于教学。通过学习和实际操作训练，学生毕业后能达到上岗操作的要求。

　　《电气安装基本计算》一书主要围绕电气安装施工的需要，在学习专业数学基础和物理计算知识的基础上，介绍了直流电路、电容器、电磁基本知识以及单相交流电路、三相交流电路、电工常用仪表、整流电路、电机与供电等方面的计算知识。本书在阐明基本理论的基础上，注意理论联系实际，列举了较多的例题，帮助读者正确掌握和熟练运用电工计算的方法和公式，满足电工计算工作的需要。各章后面附有习题供学生课堂练习及课外作业选用。

　　《电气安装基本计算》一书由邓立功、孙俊英、陈胜生、张凌辰、吴建宁、张文良编写，邓立功主编；中国建筑第八工程局安装公司教授级高级工程师杨纯才主审。

　　本套教材在编写中，建设部人事教育劳动司有关领导给予了积极有力的支持，并做了大量组织协调工作。德国赛德尔基金会及其派出的教育专家威茨勒(Wetzler)先生在多方面给予了大力的支持和指导。南京市建筑职业技术教育中心作为学习"双元制"最早的单位，提供了许多有益的经验和有价值的资料。各参编学校领导对教材的编写给予了极大的关注和支持。在此，一并表示衷心的感谢。

　　由于双元制的试点工作尚在逐步推广过程中，本套教材又是一次全新的尝试，加之编者水平有限，编写时间仓促，书中定有不少缺点和错误，恳切希望读者给予批评指正。

目　录

第1章 数 学 基 础

电工技术上的许多问题,要通过计算来解决,这就要用到初等数学的许多知识。本章内容有数的运算、式的恒等变形、方程、函数、三角函数、正弦函数的图像和性质等方面的应用计算知识。所学内容大体上反映了电工专业课对初等数学的基本要求,每部分都配有一定数量的例题和习题,以基本练习为主,力求巩固所学的基础知识并在实际计算中学会应用。

1.1 数的运算

本节用代数的方法,概括出数学运算的一般规律及各种运算之间互相转化的规律,为今后的学习做一些必要的准备。

1.1.1 基本运算定律

(1) 交换律 $a + b = b + a$
$ab = ba$
(2) 结合律 $(a + b) + c = a + (b + c)$
$(ab)c = a(bc)$
(3) 分配律 $(a + b)c = ac + bc$

1.1.2 关于运算的相互转化

(1) 加与减的相互转化
加上一个数等于减去这个数的相反数:
$$a + b = a - (-b)$$
减去一个数等于加上这个数的相反数:
$$a - b = a + (-b)$$
(2) 乘与除的相互转化
除以一个不为零的数等于乘上这个数的倒数:
$$\frac{a}{b} = a \times \frac{1}{b}$$
乘上一个不为零的数等于除以这个数的倒数:
$$ab = a \div \frac{1}{b}$$
掌握各种运算之间互相转化的规律,是

学习专业计算的基本知识,要正确理解并能熟练运用。

1.1.3 实数的运算规则(见表 1-1)

实数的运算规则　　　　表 1-1

运算	同 号		异 号	
	绝对值	符 号	绝对值	符 号
加	相加	不变	大减小	取绝对值大的
乘	相乘	为 正	相乘	为 负

【例 1-1】 如果规定向东移动为正,用实数加法计算物体两次移动的结果。

(1) 物体先向西移动 2m,再向西移动 3m;

(2) 物体先向东移动 2m,再向西移动 1m;

(3) 物体先向西移动 8m,再向东移动 8m。

【解】 向东为正,向西就为负,所以:
(1) $(-2) + (-3) = -(2 + 3) = -5$;
(2) $(+2) + (-1) = +(2 - 1) = +1$;
(3) $(-8) + (+8) = 0$。
答:(1) 向西移动了 5m;
(2) 向东移动了 1m;
(3) 仍在原处。

【例 1-2】 如果把流入节点的电流定为正值,流出节点的电流定为负值(见图 1-1)。求四个电流之和。

【解】 流入 a 点的电流取正值:

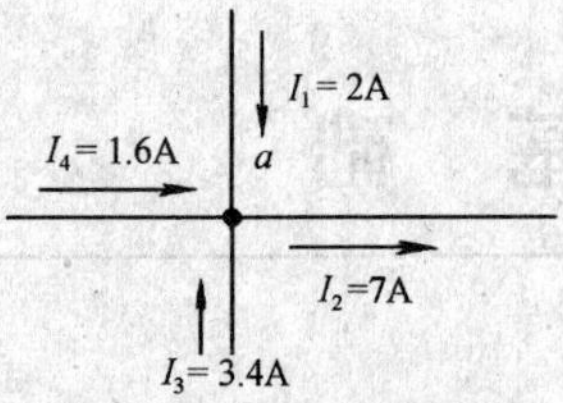

图 1-1 节点电流

$I_1 = 2\text{A}, I_3 = 3.4\text{A}, I_4 = 1.6\text{A}$；

流出 a 点的电流取负值：

$$I_2 = -7\text{A}$$

所以电流的代数和：

$$I_1 + I_2 + I_3 + I_4$$
$$= (+2) + (-7) + (+3.4) + (+1.6)$$
$$= +(2 - 7 + 3.4 + 1.6)$$
$$= +(2 - 7 + 5)$$
$$= 0$$

【例 1-3】 计算温差：$t = a - b$。

当 $a = 16℃, b = 20℃$ 时

$t = 16 - 20 = 16 + (-20) = -4℃$；

当 $a = 16℃, b = -20℃$ 时

$t = 16 - (-20) = 16 + 20 = 36℃$。

【例 1-4】 计算：

(1) $(-25) \times 73 \times (-4)$；

(2) $\left[\left(-\dfrac{5}{6}\right) + \dfrac{2}{3}\right] \div \left(-\dfrac{7}{12}\right) + (-7) \div 1\dfrac{3}{4}$

【解】 (1) 应用交换律和结合律

$$(-25) \times 73 \times (-4)$$
$$= 73 \times (-25) \times (-4)$$
$$= 73 \times 100 = 7300$$

(2) 这是一道有理数四则混合运算题，运算顺序是：

先乘、除，后加、减；先括号内，后括号外；
先小括号，再中括号，后大括号。

$$\left[\left(-\dfrac{5}{6}\right) + \dfrac{2}{3}\right] \div \left(-\dfrac{7}{12}\right) + (-7) \div 1\dfrac{3}{4}$$
$$= \left(-\dfrac{1}{6}\right) \div \left(-\dfrac{7}{12}\right) + (-7) \div \dfrac{7}{4}$$
$$= \left(-\dfrac{1}{6}\right) \times \left(-\dfrac{12}{7}\right) + (-7) \times \dfrac{4}{7}$$
$$= \dfrac{2}{7} - 4 = -3\dfrac{5}{7}$$

小　结

1. 关于数的基本运算定律、运算规则及运算顺序，今后学习时经常要用到，要正确理解并能熟练运用。

2. 减法是加法的逆运算，除法是乘法的逆运算。掌握各种运算之间互相转化的规律，是学习专业计算的基础，要求正确理解并学会运用。

习　题

1. 用简便方法计算：

(1) $\left(-\dfrac{5}{9}\right)(701)\left(-1\dfrac{4}{5}\right)$；

(2) $\left(\dfrac{1}{15} + \dfrac{7}{10}\right) \times 30$；

(3) $(-2.66) + 3.75 + (-4.34) + 3.25$

2. 计算 $a + b + c$ 的值：

(1) $a = -5.6, b = 9.9, c = -0.8$；

(2) $a = 6.7\text{V}, b = -4.2\text{V}, c = 1.9\text{V}$；

(3) $a = 30\text{mA}, b = 25\text{mA}, c = -16\text{mA}$；

(4) $a = -\dfrac{1}{3}\text{kW}, b = 0\text{kW}, c = 2\text{kW}$

3. 把下列减法化为加法，并算出结果：

(1) $-9\text{V} - 2\text{V}$；　(2) $-9\text{V} - (-2\text{V})$；

(3) $0 - \left(-\dfrac{1}{3}\right) - \dfrac{1}{4}$

4. 把下列加法化为减法,并算出结果:

(1) $100W + (-5W)$;　　(2) $-16A + 72A$;

(3) $15V + 0V + (-4.5V)$

5. 把下列各式写成代数和的形式:

(1) $(-9V) - (-1.5V) - (+3V) - (0.6V)$;

(2) $\left(-\dfrac{1}{5}\right) - \left(+\dfrac{1}{3}\right) - \left(-\dfrac{1}{2}\right) + \left(-\dfrac{1}{4}\right) - \left(-\dfrac{1}{6}\right)$

6. 计算:

(1) $(-32) \div 2\dfrac{1}{4} \times \dfrac{4}{9}$;

(2) $(-8.5) - \left[(-6.2) + 6.5 - (-7.2)\right]$

7. 已知 $U = 4, V = 36, W = -20$,计算:

(1) $U(V + W)$;　　　　(2) $U(V - W)$

8. 已知 $a = 7.5, b = 23.1$,计算:

(1) $27a - 5b + 73a - 15b$;　　(2) $6a + 2b - 2(a - b)$

1.2　式的恒等变形

1.2.1　比和比例

比和比例是专业课程中的一个重要课题。在电工计算中,常常要用到比和比例来描述物理概念和定律在量方面的关系。

(1) 基本性质

$a : b = c : d$ 可写成 $\dfrac{a}{b} = \dfrac{c}{d}$ 称为比例式,简称为比例。其基本变形为:内项积等于外项积,即

$$ad = bc$$

(2) 更比公式

$$\dfrac{a}{c} = \dfrac{b}{d}, \dfrac{d}{b} = \dfrac{c}{a}$$

(3) 合比公式

$$\dfrac{a + b}{b} = \dfrac{c + d}{d}$$

(4) 分比公式

$$\dfrac{a - b}{b} = \dfrac{c - d}{d}$$

(5) 百分比

用来表示一个数 a 是另一个数 b 的百分之几的比。用 $\dfrac{a}{b} \times 100\%$ 来表示。

百分比常用来表示相关量之间的关系,如机械效率、变压器效率、电机的效率的计算。

(6) 正比与反比

1) 成正比的两个量 a 与 b,它们的比值是一个不等于零的常量 k,满足关系

$$\dfrac{b}{a} = k \quad \text{或} \quad b = ka$$

2) 成反比的两个量 a 与 b,它们的乘积是一个不等于零的常量 k,满足关系

$$ab = k \quad \text{或} \quad b = \dfrac{k}{a}$$

【例 1-5】　有一台电动机,它的铭牌上标出的输出功率是 7kW,效率是 86%,问电动机内部的损失功率是多少?

【解】　电动机的效率等于电动机的输出功率与电动机的输入功率的百分比。

即　效率 $\eta = \dfrac{P_{\text{出}}}{P_{\text{入}}}$

所以　$P_{\text{入}} = \dfrac{P_{\text{出}}}{\eta} = \dfrac{7}{0.86} = 8.14\text{kW}$

损失功率　$\Delta P = P_{\text{入}} - P_{\text{出}}$

$$= 8.14 - 7 = 1.14\text{kW}$$

【例 1-6】　有三个电阻器串联后接在 $U = 220V$ 的电源上,如果加在各电阻器上的

电压按

$U_1 : U_2 : U_3 = 1 : 2 : 19$ 的比例分配,计算每个电阻上的电压各是多少?

【解】 这种形式的比称为连比。设总份数是

$$n = 1 + 2 + 19 = 22$$

则每一份电压 $U_0 = \dfrac{U}{n} = \dfrac{220}{22} = 10\text{V}$

所以 $U_1 = 1 \times U_0 = 10\text{V}$

$$U_2 = 2U_0 = 2 \times 10 = 20\text{V}$$

$$U_3 = 19U_0 = 19 \times 10 = 190\text{V}$$

1.2.2 常用乘法公式

(1) $(a+b)^2 = a^2 + 2ab + b^2$

(2) $(a-b)^2 = a^2 - 2ab + b^2$

(3) $(a+b)(a-b) = a^2 - b^2$

(4) $(a+b+c)^2 = a^2 + b^2 + c^2 + 2ab + 2bc + 2ca$

【例1-7】 用乘法公式计算 103×97

【解】 因为 $103 = 100 + 3, 97 = 100 - 3$,利用平方差公式有:

$$103 \times 97 = (100+3)(100-3)$$
$$= 100^2 - 3^2 = 9991$$

【例1-8】 用乘法公式计算 $(-a-2b)^2$

【解】 $(-a-2b)^2$
$$= [-(a+2b)]^2 = (a+2b)^2 = a^2 + 4ab + 4b^2$$

以上乘法公式要记熟,以便灵活应用。

1.2.3 分式

在电工计算中常遇到除式中含有变数字母的有理式,如 $\dfrac{Q}{t}$、$\dfrac{E}{R+r}$ 等,都称为分式。

有些数量关系虽然是用整式表示的,但在解题过程中也常需要通过公式变形用分式进行运算。例如,当我们知道 $Q = I^2Rt$,若已知 Q、I、R,欲求 t 时,就有 $t = \dfrac{Q}{I^2R}$。

(1) 分式的基本性质

$$\frac{a}{b} = \frac{am}{bm}$$

m 是不等于零的代数式。分式的基本性质是分式恒等变形的基础。

【例1-9】 不改变分式的值,把分子和分母的系数都化为整数:

1) $\dfrac{0.25x + 0.5y}{2x - 0.75y} = \dfrac{x + 2y}{8x - 3y}$

2) $\dfrac{\frac{1}{3}a - \frac{1}{2}b}{\frac{1}{3}a + \frac{1}{2}b} = \dfrac{\left(\frac{1}{3}a - \frac{1}{2}b\right) \times 6}{\left(\frac{1}{3}a + \frac{1}{2}b\right) \times 6}$

$$= \dfrac{2a - 3b}{2a + 3b}$$

(2) 分式的运算法则

加减法 $\dfrac{a}{b} \pm \dfrac{c}{b} = \dfrac{a \pm c}{b}$

$$\dfrac{a}{b} \pm \dfrac{c}{d} = \dfrac{ad \pm cb}{bd}$$

乘法 $\dfrac{a}{b} \cdot \dfrac{c}{d} = \dfrac{ac}{bd}$

除法 $\dfrac{a}{b} \div \dfrac{c}{d} = \dfrac{a}{b} \cdot \dfrac{d}{c} = \dfrac{ad}{bc}$

乘方 $\left(\dfrac{a}{b}\right)^n = \dfrac{a^n}{b^n}$

(3) 繁分式的化简

运用分式的除法或分式的基本性质,把分子、分母化为整式。

【例1-10】 当两个电阻并联时(图1-2),总电阻 R 与分电阻 R_1、R_2 之间有关系 $\dfrac{1}{R} = \dfrac{1}{R_1} + \dfrac{1}{R_2}$,试求总电阻 R,并计算当 $R_1 = 40\Omega$,$R_2 = 60\Omega$ 时,R 的值。

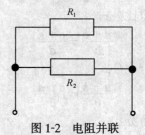

图 1-2 电阻并联

【解】 $\dfrac{1}{R} = \dfrac{1}{R_1} + \dfrac{1}{R_2}$

$$= \frac{R_2 + R_1}{R_1 R_2}$$

所以　　$R = \dfrac{R_1 R_2}{R_1 + R_2}$

当 $R_1 = 40\Omega$，$R_2 = 60\Omega$ 时

$$R = \frac{40 \times 60}{40 + 60} = 24\Omega$$

1.2.4　根式

包含开方运算的代数式叫根式，在电工计算中也经常会遇到这种运算。

(1) 根式基本性质（a，b 为正数）：

1) $\sqrt[n]{a^n} = (\sqrt[n]{a})^n = a$；

2) $\sqrt[n]{ab} = \sqrt[n]{a} \cdot \sqrt[n]{b}$；

3) $\sqrt[n]{\dfrac{a}{b}} = \dfrac{\sqrt[n]{a}}{\sqrt[n]{b}}$

(2) 根式的运算和化简

根式的运算和化简时，常用到：根式基本性质；合并同类项；化去分母中的根号。

【例 1-11】 把根号内的因式移到根号外，使被开方数的每一个因式的指数都小于根指数。

(1) $\sqrt{4a^3 b}$；　　(2) $\sqrt{18}$.

【解】 (1) $\sqrt{4a^3 b} = \sqrt{4a^2 \cdot ab}$

$\qquad\qquad = \sqrt{4a^2} \cdot \sqrt{ab}$

$\qquad\qquad = 2a\sqrt{ab}$；

(2) $\sqrt{18} = \sqrt{9 \times 2} = \sqrt{9} \cdot \sqrt{2} = 3\sqrt{2}$

【例 1-12】 化简：(1) $\sqrt{\dfrac{1}{3}}$；(2) $\dfrac{5}{\sqrt{20}}$；

(3) $\sqrt[4]{a^2 b^2}$

【解】 (1) $\sqrt{\dfrac{1}{3}} = \sqrt{\dfrac{1 \times 3}{3 \times 3}} = \dfrac{1}{3}\sqrt{3}$；

(2) $\dfrac{5}{\sqrt{20}} = \dfrac{5}{\sqrt{4 \times 5}} = \dfrac{5 \times \sqrt{5}}{2\sqrt{5} \times \sqrt{5}} = \dfrac{\sqrt{5}}{2}$；

(3) $\sqrt[4]{a^2 b^2} = \sqrt{ab}$

注意：能约简的约简，有因式可以提到根号外的全提出，根号内有分母的全化去。

【例 1-13】 已知 $\sqrt{2} = 1.414$，$\sqrt{3} =$

1.732，计算

(1) $\sqrt{27}$；(2) $\sqrt{6}$；(3) $\sqrt{200}$；(4) $\dfrac{1}{\sqrt{2}}$

【解】 (1) $\sqrt{27} = \sqrt{3 \times 9} = \sqrt{3} \times \sqrt{9}$

$\qquad\qquad = 3\sqrt{3} = 5.196$；

(2) $\sqrt{6} = \sqrt{2 \times 3} = \sqrt{2} \times \sqrt{3} = 2.449$；

(3) $\sqrt{200} = \sqrt{2 \times 100} = \sqrt{100} \times \sqrt{2}$

$\qquad\qquad = 10\sqrt{2} = 14.14$；

(4) $\dfrac{1}{\sqrt{2}} = \dfrac{\sqrt{2}}{\sqrt{2} \times \sqrt{2}} = \dfrac{\sqrt{2}}{2} = \dfrac{1.414}{2} = 0.707$

注意：使分母有理化，然后再计算才简便。

1.2.5　指数及其运算

1.2.5.1　指数概念

A．正整数指数幂

$$a^n = \underbrace{a \cdot a \cdots a}_{n\text{个}} \quad (n \text{ 是正整数})$$

B．零指数幂

$$a^0 = 1 \quad (a \neq 0)$$

C．负整数指数幂

$$a^{-n} = \frac{1}{a^n} \quad (a \neq 0, n \text{ 是正整数})$$

【例 1-14】 计算：(1) $(1999)^0$；(2) $\left(-\dfrac{2}{7}\right)^0$；(3) 2^{-1}；(4) a^{-2}

【解】 (1) $(999)^0 = 1$；　(2) $\left(-\dfrac{2}{7}\right)^0 =$

1；(3) $2^{-1} = \dfrac{1}{2}$；　(4) $a^{-2} = \dfrac{1}{a^2}$

D．分数指数幂

$$a^{\frac{m}{n}} = \sqrt[n]{a^m} \ (a > 0, m、n \text{ 是正整数}, n > 1)$$

$$a^{-\frac{m}{n}} = \frac{1}{\sqrt[n]{a^m}} \ (a > 0, m、n \text{ 是正整数}, n > 1).$$

【例 1-15】 计算：(1) $100^{\frac{1}{2}}$；(2) $27^{\frac{2}{3}}$；(3) $4^{\frac{1}{2}}$；(4) $100^{-\frac{1}{2}}$

【解】 (1) $100^{\frac{1}{2}} = \sqrt[2]{100} = 10$；

(2) $27^{\frac{2}{3}} = \sqrt[3]{27^2} = 9$；

(3) $4^{\frac{1}{2}} = \sqrt[2]{4} = 2$；

(4) $100^{-\frac{1}{2}} = \dfrac{1}{\sqrt[2]{100}} = \dfrac{1}{10} = 0.1$

1.2.5.2 指数的运算法则

$$a^m \cdot a^n = a^{m+n}$$
$$(a^m)^n = a^{mn}$$
$$(ab)^m = a^m b^m$$

(a、b 为正数，m，n 为实数)

【例 1-16】 计算下列各式：

(1) $\left(\dfrac{1}{R}\right)^{-n}$；(2) $\left(\dfrac{16}{81}\right)^{-\frac{3}{4}}$

【解】 (1) $\left(\dfrac{1}{R}\right)^{-n}$

$$= (R^{-1})^{-n} = R^{(-1)\times(-n)}$$
$$= R^n;$$

(2) $\left(\dfrac{16}{81}\right)^{-\frac{3}{4}} = \left(\dfrac{2^4}{3^4}\right)^{-\frac{3}{4}} = \dfrac{2^{-3}}{3^{-3}} = \dfrac{27}{8}$

$$= 3\dfrac{3}{8}$$

1.2.5.3 关于科学记数法

在工程计算和科学技术中，常常把一个很大或很微小的数写成 $a \times 10^n$ ($1 \leqslant a < 10$，n 是整数)的形式，叫做科学记数法。

例如，无线电波的传播速度约为每秒钟 30 万 km，可写成 3×10^8m/s。

氢核的半径是 $\underbrace{0.00\cdots027}_{13个0}$cm $= 2.7 \times$

10^{-13}cm。

【例 1-17】 用科学记数法表示下列各数：

(1) 1pF $= 0.000\ 000\ 000\ 001$F

(2) 地球的质量 M 约为 $\underbrace{600\cdots0}_{24个0}$kg

【解】 (1) 1pF $= 10^{-12}$F

(2) 地球的质量 $M = 6.0 \times 10^{24}$kg

1.2.6 对数及其运算

(1) 对数的有关概念

1) 对数：如果 $a^b = N$ ($a>0$，且 $a \neq 1$，$N>0$)，则 b 叫做以 a 为底 N 的对数，记作 $\log_a N = b$。

2) 常用对数：以 10 为底的对数叫做常用对数，用 $\log_{10} N$ 表示。简写成 $\lg N$。

3) 自然对数：以无理数 e 为底的对数叫做自然对数，记作 $\ln N$。

(2) 对数的性质

1) 1 的对数为零，即 $\log_a 1 = 0$

2) 底的对数为 1，即 $\log_a a = 1$

(3) 对数的运算法则

积、商、幂、方根的对数运算：

$$\log_a(MN) = \log_a M + \log_a N$$

$$\log_a \dfrac{M}{N} = \log_a M - \log_a N$$

$$\log_a M^n = n \log_a M$$

$$\log_a \sqrt[n]{M} = \dfrac{1}{n} \log_a M$$

(以上各式中，$a>0$、$a \neq 1$，$M>0$、$N>0$)

利用上述法则，可把乘、除运算简化为加、减运算，把乘方、开方的运算简化为乘除运算。

(4) 自然对数与常用对数的关系

$$\ln N = \dfrac{\lg N}{\lg e} = 2.303 \lg N$$

【例 1-18】 把指数式写成对数式：

(1) $3^3 = 27$； (2) $10^4 = 10000$；

(3) $2^0 = 1$

【解】 (1) $\log_3 27 = 3$；

(2) $\lg 10000 = 4$；

(3) $\log_2 1 = 0$

【例 1-19】 把对数式写成指数式：

(1) $\lg 100 = 2$；(2) $\log_c 1 = 0$。

【解】 (1) $10^2 = 100$；

(2) $C^0 = 1$

【例 1-20】 已知 $\lg 2 = 0.3010$，$\lg 3 = 0.4771$。计算：

(1) $\lg 6$； (2) $\lg 5$； (3) $\lg 12$；

(4) $\lg \sqrt{6}$

【解】 (1) $\lg 6 = \lg(2 \times 3) = \lg 2 + \lg 3$

$$= 0.3010 + 0.4771$$
$$= 0.7781;$$

(2) $\lg 5 = \lg\left(\dfrac{10}{2}\right) = \lg 10 - \lg 2$

$\quad = 1 - 0.3010 = 0.6990$;

(3) $\lg 12 = \lg(3 \times 2^2) = \lg 3 + 2\lg 2$

$\quad = 0.4771 + 2 \times 0.3010$

$\quad = 1.0791$;

(4) $\lg\sqrt{6} = \dfrac{1}{2}\lg 6 = \dfrac{1}{2}\lg(3 \times 2)$

$\quad = \dfrac{1}{2}(\lg 3 + \lg 2)$

$\quad = \dfrac{1}{2}(0.4771 + 0.3010)$

$\quad = 0.3891$

【例 1-21】 已知 $\lg 3 = 0.4771$，求满足 $e^{t} = 30$ 的 t 值。

【解】 $t = \ln 30 = 2.303\lg 30$

$\quad = 2.303\lg(3 \times 10)$

$\quad = 2.303(0.4771 + 1)$

$\quad = 3.402$

小　　结

本节基本内容：

1．比和比例

(1) $a : b = c : d$ 可写成 $\dfrac{a}{b} = \dfrac{c}{d}$

其基本变形为：$ad = bc$

(2) 成正比的两个量满足关系

$$\frac{b}{a} = k \quad （k \text{ 为常量、且不等于零}）$$

(3) 成反比的两个量满足关系

$$ab = k \quad （k \text{ 为常量、且不等于零}）$$

2．乘法公式：

$$(a \pm b)^2 = a^2 \pm 2ab + b^2;$$
$$(a + b)(a - b) = a^2 - b^2;$$
$$(a + b + c)^2 = a^2 + b^2 + c^2 + 2ab + 2bc + 2ca$$

3．分式

(1) 分式是分数的推广，它与分数具有同样的基本性质，遵守同样的运算规律。

(2) 在进行加减运算时，对于异分母的分式先通分，再加减。在进行乘除运算时，应约分成最简分式。

4．根式基本性质（a、b 为正数）

$$\sqrt[n]{a^n} = (\sqrt[n]{a})^n = a;$$
$$\sqrt[n]{ab} = \sqrt[n]{a} \cdot \sqrt[n]{b};$$
$$\sqrt[n]{\frac{a}{b}} = \frac{\sqrt[n]{a}}{\sqrt[n]{b}}$$

5．指数的运算法则

$$a^m \cdot a^n = a^{m+n};$$
$$(a^m)^n = a^{mn};$$

$$(ab)^m = a^m b^m$$

$(a, b$ 为正数, m、n 为实数)

6. 对数的运算法则

$$\log_a(MN) = \log_a M + \log_a N;$$

$$\log_a \frac{M}{N} = \log_a M - \log_a N;$$

$$\log_a M^n = n\log_a M;$$

$$\log_a \sqrt[n]{M} = \frac{1}{n}\log_a M$$

习　题

1. 化简:

(1) $0.23 : 0.69$;　　　　(2) $\frac{4}{5} : \frac{1}{4}$;　　　　(3) $36V : 220V$;

(4) $484k\Omega : 60.5k\Omega$;　　(5) $30mA : 12mA$;　　(6) $0.48\mu F : 20\mu F$

2. 求下列比式中的 x:

(1) $7.5 : 3 = x : 9$;　　　(2) $x : 8\Omega = 7 : 5$;　　(3) $220V : x = 1 : 1000$;

(4) $I_1 : I_2 = x : R_1$;　　　(5) $R_0 : l_1 = x : l_2$;　　(6) $P_1 : x = U_1^2 : U_2^2$

3. 确定相关量之间的比例关系及成立条件:

(1) 公式 $I = \dfrac{U}{R}$ 中的 I 和 U;　　(2) 公式 $R = \rho \cdot \dfrac{l}{S}$ 中的 R 和 S;

(3) 公式 $Q = I^2 Rt$ 中的 Q 和 I^2;　　(4) 公式 $X_C = \dfrac{1}{\omega C}$ 中的 X_C 和 C

4. 将下面的比化为百分比:

(1) $\dfrac{I_1}{I_2} = \dfrac{1}{2.5}$;　　　　　(2) $Q_1 : Q_2 = 7 : 22$;

(3) $46mA : 1000mA$;　　　(4) $20kVA : 10^3 kVA$

5. 已知 $R_1 : R_2 = 0.25, R_2 : R_3 = 1.6$。求:

(1) $R_1 : R_2 : R_3$ 是多少?

(2) 若 $R_1 = 20\Omega$, R_2 和 R_3 应是多少?

6. 已知 $U_1 + U_2 + U_3 = 225V, U_1 : U_2 = 0.25, U_2 : U_3 = 1.6$。求 U_1、U_2、U_3 各是多少?

7. 用乘法公式计算:

(1) 222×218;　　　　　(2) 7.2×6.8;

(3) $(a + b - c)^2$;　　　　　(4) $(a - b - c)^2$

8. 先化简分式,再求它们的值:

(1) $\dfrac{x^2 - 1}{(x+1)^2} \cdot \dfrac{x^2 + 2x + 1}{x - 1}$,其中 $x = \sqrt{2}$;

(2) $\dfrac{x^2 + 2x - 63}{x^2 - 4x - 21}$,其中 $x = 107$

9. 下列分式在什么条件下,没有意义?

(1) $\dfrac{1}{p + q}$;　　(2) $\dfrac{3}{x - 2}$;　　(3) $\dfrac{a^2}{a^2 - 16}$;　　(4) $\dfrac{5x}{2x - 3}$

10. 计算:

(1) $\dfrac{1}{\dfrac{1}{2}+\dfrac{1}{3}}$；　　(2) $\dfrac{1}{\dfrac{1}{a}+\dfrac{1}{b}}$；　　(3) $\dfrac{\dfrac{7ax}{3bc}}{\dfrac{21ac}{6b}}$；　　(4) $\left(1+\dfrac{1}{x}\right)\left(1+\dfrac{1}{x+1}\right)$

11．在图 1-2 中，并联电路的总电阻 R 与分电阻 R_1、R_2 之间有关系 $\dfrac{1}{R}=\dfrac{1}{R_1}+\dfrac{1}{R_2}$，试求当总电阻 $R=16\text{k}\Omega$，分电阻 $R_1=24\text{k}\Omega$ 时，R_2 的值。

12．如图 1-3，并联电路的总电阻 R 与分电阻 R_1、R_2、R_3 之间有关系 $\dfrac{1}{R}=\dfrac{1}{R_1}+\dfrac{1}{R_2}+\dfrac{1}{R_3}$。试计算：

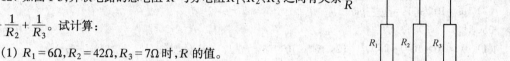

(1) $R_1=6\Omega,R_2=42\Omega,R_3=7\Omega$ 时，R 的值。

(2) $R_1=R_2=R_3=42\Omega$ 时，R 的值。

图 1-3　并联电路

13．计算下列各根式的值：

(1) $8-2\sqrt{25}$；　　　　(2) $1-\sqrt{0.36}$；

(3) $\sqrt{64\times169}$；　　　(4) $\sqrt{0.0049}$

14．计算：

(1) $\sqrt{4a^2b^4}$；　　　　(2) $\sqrt{27I^2}$

15．把下列各式的分母有理化：

(1) $\sqrt{\dfrac{1}{2}}$；　(2) $\sqrt{\dfrac{1}{3}}$；　(3) $\sqrt{\dfrac{1}{6}}$；　(4) $\sqrt{\dfrac{3}{2}}$；　(5) $\sqrt{\dfrac{3}{5}}$；　(6) $\dfrac{1}{\sqrt{3}-1}$

16．计算：

(1) $3\sqrt{15}\times\sqrt{6}\times4\sqrt{10}$；　　(2) $3\sqrt{27}-4\sqrt{12}-\sqrt{3}$

17．已知 $\sqrt{2}=1.414$，$\sqrt{3}=1.732$，计算下列各式的值（精确到 0.01）。

(1) $\sqrt{12}$；　(2) $\sqrt{0.08}$；　(3) $\sqrt{0.12}$；　(4) $\dfrac{1}{\sqrt{2}}$；　(5) $\dfrac{1}{\sqrt{3}}$；　(6) $\dfrac{2}{\sqrt{3}}$

18．电流通过导体时，产生的热量 Q 可用公式：$Q=I^2Rt$ 来表示，式中 I 表示电流强度(A)，R 表示电阻(Ω)，t 表示时间(s)，Q 的单位是 J，若已知 Q、R、t，问如何求 I？

19．导线电阻 $R=\rho\dfrac{L}{S}$，L 是导线的长度（单位：m），S 是导线的横截面积（单位：m^2），ρ 是电阻率（单位：$\Omega\cdot\text{m}$）。

(1) 把公式 $R=\rho\dfrac{L}{S}$ 变换成求 S 的公式；

(2) 若 $L=8.5\text{m}$，$R=48\Omega$，$\rho=1.1\times10^{-6}\Omega\cdot\text{m}$，计算导线的直径应取多大？

20．变压器绕组的导线直径 $d\approx1.13\sqrt{\dfrac{I}{J}}\,(\text{mm})$，式中 I 为绕组中的电流强度(A)，J 为电流密度(A/mm^2)，通常取 $J=2.5\text{A/mm}^2$，试推导出 $d\approx0.715\sqrt{I}$。

21．计算：

(1) $6^{-1},10^{-3},2^{-2},(9.10)^0,1^{-10},(-2)^{-1}$；

(2) $(0.1)^{-2},\left(\dfrac{1}{3}\right)^{-2},\left(-\dfrac{1}{2}\right)^{-3},(-0.006)^0$；

(3) $3a^0-(3a)^0,(a^{-1}\times a)^2,(0.5)^{-2}-(0.5)^{-3}$。

22．把下列各数写成带一位整数和 10^n 的积的形式：

(1) 1 度电等于 3600000J；

(2) 基本电荷 $e=0.000\ 000\ 000\ 000\ 000\ 000\ 16\text{C}$；

(3) $1\text{M}\Omega=1000\ 000\Omega$

(4) 铜的电阻率 $\rho = 0.000\,000\,017\Omega\cdot m$

23．用科学记数法表示计算结果：

(1) $0.001 \times 3000\,000$；　　　　(2) $\dfrac{0.0024m}{1\,000\,000}$；　　　　(3) $\dfrac{625\,000W}{0.125W}$

24．单位换算：

(1) $1A = 10^3 mA = 10^6 \mu A$, $1\mu A = $ ＿＿＿ A；

(2) $1F = 10^{12} pF$, $1pF = $ ＿＿＿ F；

(3) $1\mu s = 10^{-6} s$, $1s = $ ＿＿＿ μs

25．计算：

(1) $10^3 \times 10 \times 10^{-1}$；　　(2) $10^m \times 10^{m+1}$；　　(3) $(a^m)^2$；　　(4) $(-a^2)^3$

26．指出下列各式中 x 的值：

(1) $1 = 10^x$；　　　　(2) $1 = 0.1^x$；　　　　(3) $0.1 = 10^x$；　　(4) $\dfrac{1}{10^3} = 10^x$；

(5) $26000 = 2.6 \times 10^x$；　　(6) $0.026 = 2.6 \times 10^x$

27．把下列根式写成分数指数幂的形式：

(1) $\sqrt{2}$；　　　　(2) $\dfrac{1}{\sqrt{2}}$；　　　　(3) $\sqrt[3]{3}$；　　　　(4) $\sqrt[3]{Q^2}$

28．化简下列各式：

(1) $a^{\frac{2}{3}} \times a^{-\frac{1}{3}}$；　　(2) $(a^{\frac{2}{3}})^2$；　　(3) $\sqrt{2} \times \sqrt[3]{2^2}$；

(4) $5^{\frac{1}{2}} \times 6^{\frac{1}{2}}$；　　(5) $\sqrt{3} \times \sqrt{2} \times \sqrt{6}$；　　(6) $(a^{-\frac{1}{2}} \times b^{\frac{1}{2}})^2$

29．把指数式写成对数式：

(1) $7^4 = 2401$；　　(2) $10^5 = 100000$；　　(3) $10^{-4} = 0.0001$；　　(4) $\left(\dfrac{1}{3}\right)^3 = \dfrac{1}{27}$

30．计算下列各对数的值：

(1) $\log_4 64$；　　(2) $\lg 1$；　　(3) $\lg 10$；　　(4) $\lg 0.1$

31．计算下列各式的值：

(1) $\log_2 4 + \log_2 2$；　　(2) $\lg 25 + \lg 4$；　　(3) $\log_3 12 - \log_3 4$；

(4) $\log_3 4 - \log_3 12 + \log_3 27$；　　(5) $\dfrac{1}{2}\log_6 2 + \log_6 \sqrt{3}$

32．已知 $\lg 2 = 0.3010$, $\lg 3 = 0.4771$ 计算

(1) $\lg 200$；　　(2) $\lg 1.8$；　　(3) $\lg 0.2$；　　(4) $\lg 0.18$

33．用换底公式 $\ln = 2.303 \lg N$ 计算

(1) $\ln 10$；　　(2) $\ln 100$；　　(2) $\ln 0.1$；　　(3) $\ln 0.01$

1.3　方程

　　方程是包含未知数的等式,它表现了未知数应当满足的条件。由实践中提出的求未知数的问题,就是通过列方程和解方程来解决的。

1.3.1　一元一次方程

　　只含有一个未知数,并且未知数的次数是一次的整式方程。一般形式为：

$$ax = b \quad (a \neq 0)$$

　　解一元一次方程的一般步骤：

　　(1) 去分母(用最简公分母乘方程两边所有的项)；

　　(2) 去括号(括号前是负号时,括号内各项都变号)；

　　(3) 移项(要变号)；

　　(4) 合并同类项(化为 $ax = b$ 的形式)；

　　(5) 两边都除以未知数的系数,得到方

程的解 $x = \dfrac{b}{a}$。

(6) 为了检查计算是否正确,可以进行检验。

【例1-22】 解方程 $\dfrac{2x}{3} + 2 = \dfrac{x-3}{6}$

【解】 $\dfrac{2x}{3} + 2 = \dfrac{x-3}{6}$

去分母 $6 \times \left(\dfrac{2x}{3} + 2\right) = \left(\dfrac{x-3}{6}\right) \times 6$

$$4x + 12 = x - 3$$

移项 $4x - x = -3 - 12$

并项 $3x = -15$

除以3 $\therefore x = -5$

1.3.2 二元一次方程组的解法

含有两个未知数的一次方程组叫做二元一次方程组。一般形式为:

$$\begin{cases} a_1 x + b_1 y = c_1 \\ a_2 x + b_2 y = c_2 \end{cases}$$

两种基本解法:

求解的基本方法是设法消去一个未知数,化成一元一次方程,求出这一个未知数的值,再设法求另一个未知数的值。常用的有两种消元法。

(1) 代入消元法

【例1-23】 解方程组: $\begin{cases} u = 3t & (1) \\ 7t - 2u = 2 & (2) \end{cases}$

【解】 把(1)代入(2)得

$$7t - 2(3t) = 2$$
$$7t - 6t = 2$$
$$t = 2 \qquad (3)$$

把(3)代入(1)得

$$u = 3 \times 2 = 6$$

$$\therefore \begin{cases} u = 6 \\ t = 2 \end{cases}$$

(2) 加减消元法

当两个方程中未知数的系数互为相反数,或成整数倍时,用加减消元法会更简捷。

【例1-24】 解方程组

$$\begin{cases} 5x + 2y = 11 & (1) \\ 3x - 2y = -3 & (2) \end{cases}$$

【解】 (1) + (2)得

$$8x = 8$$
$$x = 1 \qquad (3)$$

把(3)代入(1)得

$$y = 3$$

$$\therefore \begin{cases} x = 1 \\ y = 3 \end{cases}$$

1.3.3 一元二次方程的公式解法

只含有一个未知数,并且未知数的最高次数是二次的整式方程。一般形式为:

$$ax^2 + bx + c = 0 \quad (a \neq 0)$$

ax^2 叫做二次项,a 为二次项系数。

bx 叫做一次项,b 为一次项系数。

c 叫做常数项。

求根公式是:

$$x = \dfrac{-b \pm \sqrt{b^2 - 4ac}}{2a}$$

式中 $b^2 - 4ac$ 叫做一元二次方程的根的判别式。通常用符号"Δ"来表示。

(1) 当 $\Delta = b^2 - 4ac > 0$ 时,方程有两个不等的实数根:

$$x_1 = \dfrac{-b + \sqrt{b^2 - 4ac}}{2a},$$

$$x_2 = \dfrac{-b - \sqrt{b^2 - 4ac}}{2a}$$

(2) 当 $\Delta = b^2 - 4ac = 0$ 时,方程有两个相等的实数根:

$$x_1 = x_2 = -\dfrac{b}{2a}$$

(3) 当 $\Delta = b^2 - 4ac < 0$ 时,方程没有实数根。

【例1-25】 不解方程,判断根的情况

(1) $2x^2 + 3x - 1 = 0$;

(2) $9x^2 = 12x - 4$;

(3) $4(y^2 + 2) - 7y = 0$

【解】 (1) $\because \Delta = b^2 - 4ac$

$$= 3^2 - 4 \times 2 \times (-1)$$
$$= 17 > 0$$

∴方程有两个不等的实数根。

(2) 这个方程就是 $9x^2 - 12x + 4 = 0$。

$$\Delta = b^2 - 4ac$$
$$= (-12)^2 - 4 \times 9 \times 4 = 0$$

∴方程有两个相等的实数根。

(3) 这个方程就是 $4y^2 - 7y + 8 = 0$

$$\Delta = b^2 - 4ac$$
$$= (-7)^2 - 4 \times 4 \times 8$$
$$= -79 < 0$$

∴方程没有实数根。

【例 1-26】 用公式法解方程 $2x^2 + 10x - 7 = 0$

【解】 $a = 2, b = 10, c = -7$

$b^2 - 4ac = 10^2 - 4 \times 2 \times (-7) = 156 > 0$

$$x = \frac{-10 \pm \sqrt{156}}{2 \times 2}$$
$$= \frac{-5 \pm \sqrt{39}}{2}$$

∴$x_1 = \dfrac{-5 + \sqrt{39}}{2}, x_2 = \dfrac{-5 - \sqrt{39}}{2}$

1.3.4 分式方程

分母中含有未知数的方程叫分式方程。

分式方程的解法:

(1) 去分母(方程两边同乘以最简公分母),使它变形为整式方程。

(2) 解这个整式方程。

(3) 验根(使最简公分母为零的根为增根,应舍去)。

【例 1-27】 已知全电路欧姆定律用公式表示为 $I = \dfrac{E}{R + r}$,如果已知 E、I、R 求 r 时,直接用上述公式并不方便,就需要把公式变形。这时,把公式看作一个分式方程,其中 r 是未知数。

$$I = \frac{E}{R + r}$$

【解】 两边乘以 $(R + r)$,$I(R + r) = E$

即 $\qquad IR + Ir = E$

移项 $\qquad Ir = E - IR$

两边除以 I,∴$r = \dfrac{E}{I} - R$

【例 1-28】 解方程 $\dfrac{x - 9}{4x} = 3 - \dfrac{5}{x}$

【解】 两边乘以 $4x$

$$4x\left(\frac{x-9}{4x}\right) = \left(3 - \frac{5}{x}\right)4x$$

化为整式方程 $\quad x - 9 = 12x - 20$

移项 $\qquad 11x = 11$
$$x = 1$$

验根: 左边 $\quad \dfrac{1 - 9}{4 \times 1} = -2$

右边 $\quad 3 - \dfrac{5}{1} = -2$

∴$x = 1$ 是原方程的根。

【例 1-29】 解方程 $\dfrac{1}{2 - x} - 3 = \dfrac{x - 1}{2 - x}$

【解】 两边乘以 $2 - x$ 化为整式方程

$$1 - 6 + 3x = x - 1$$

移项 $\qquad 2x = 4$
$$\therefore x = 2$$

验根: $x = 2$ 使最简公分母为零,所以 $x = 2$ 不是原方程的根。

原方程无解。

【例 1-30】 解方程 $1 - \dfrac{2}{2 - x} = \dfrac{1}{2 + x} - \dfrac{4x}{4 - x^2}$

【解】 两边乘以 $4 - x^2$

$$4 - x^2 - 2(2 + x) = (2 - x) - 4x$$

整理得 $\quad x^2 - 3x + 2 = 0$

解这个整式方程得
$$x_1 = 1, x_2 = 2$$

验根:把 $x_1 = 1$ 代入 $4 - x^2$,它不为零,

∴$x_1 = 1$ 是它的根。

把 $x_2 = 2$ 代入 $4 - x^2$,它为零,

∴$x_2 = 2$ 为增根,应舍去。

小　结

1. 一元一次方程的一般形式为

$$ax = b \quad (a \neq 0)$$

解法：去分母、去括号、移项、并项、两边都除以未知数的系数，解 $x = \dfrac{b}{a}$。

2. 任何二元一次方程，经过变形后，均可化为一般形式：

$$\begin{cases} a_1 x + b_1 y = c_1 \\ a_2 x + b_2 y = c_2 \end{cases}$$

它的基本解法有两个：代入法和加减法。

它们的实质都是逐步消元。

3. 一元二次方程的一般形式为：

$$ax^2 + bx + c = 0 \quad (a \neq 0)$$

它有两个根 x_1、x_2，在实际问题中还必须根据具体情况决定两个根的取舍。

求解公式为

$$x = \frac{-b \pm \sqrt{b^2 - 4ac}}{2a}$$

4. 分式方程的解法：通常是把它变形为一个整式方程来解，但分式方程变形后，可能产生增根，所以要特别注意验根。

习　题

1. 解下列方程：

(1) $2x + 3 = x - 1$;　　　　(2) $\dfrac{1 - 3a}{2} = 8$;

(3) $3(9 + 2t) = 5(t + 9)$;　　(4) $\dfrac{1 - s}{2} = \dfrac{4 - s}{3}$

2. 通过等式变形，解出未知数：

(1) 从 $R_2 = R_1[1 + \alpha(t_2 - t_1)]$ 中解出 α

(2) 从 $t = t_0 + \alpha(\theta - \theta_0)$ 中解出 θ

(3) 从 $l = l_0 + k(x - x_0)$ 中解出 k

(4) 从 $\dfrac{U}{U_1} = \dfrac{R_1 + R_2}{R_1}$ 中解出 R_2

(5) 从 $n = \dfrac{S - S_0}{t - t_0}$ 中解出 S

(6) 从 $R = R_0(n - 1)$ 中解出 n

(7) 从 $I = \dfrac{E_1 - E_2}{R_1 + R_2 + R_3}$ 中解出 E_2

3. 解下列方程组：

(1) $\begin{cases} 4x + 6y = 5 \\ x + y = 8; \end{cases}$　　(2) $\begin{cases} 2x + 5y = 11 \\ 2x - 3y = 3; \end{cases}$　　(3) $\begin{cases} 3x - 5y = 14 \\ 2x + 3y = 3; \end{cases}$

(4) $\begin{cases} 3s - t = 15 \\ 2s + t = 5; \end{cases}$　　(5) $\begin{cases} \dfrac{1}{2}m - \dfrac{1}{6}n = 1 \\ \dfrac{1}{4}m + \dfrac{1}{4}n = 5; \end{cases}$　　(6) $\begin{cases} 1.5u - 0.5v = 6 \\ 0.3u + 1.5v = 6; \end{cases}$

(7) $\begin{cases} 1.12 = E - 0.28r \\ 1.26 = E - 0.14r; \end{cases}$　　(8) $\begin{cases} 0.28 = \dfrac{E}{4 + r} \\ 0.14 = \dfrac{E}{9 + r}。 \end{cases}$

4. 解下列各方程:

(1) $3x^2 - 10x = -3$;　　(2) $16x^2 - 49 = 0$;　　(3) $2u^2 - 3u - 2 = 0$;

(4) $s^2 - 25s + 114 = 0$;　　(5) $\dfrac{k(k+1)}{2} = \dfrac{2}{3}$;　　(6) $p(p-5) = 50$

5. 解下列各方程:

(1) $\dfrac{1}{8} = \dfrac{1}{3} - \dfrac{1}{R}$;　　(2) $\dfrac{1}{c} - \dfrac{1}{4} = \dfrac{1}{10}$;　　(3) $\dfrac{R}{60 - R} = \dfrac{7}{8}$;

(4) $\dfrac{60}{u} = \dfrac{90}{u + 6}$;　　(5) $\dfrac{3}{x + 2} + \dfrac{1}{x} = 1$;　　(6) $\dfrac{V}{60 - V} = \dfrac{7}{8}$

6. 公式变形:

(1) 由 $I = I_1 + I_2 + I_3$ 求 I_1、I_2 和 I_3;

(2) 由 $\dfrac{1}{c} = \dfrac{1}{c_1} + \dfrac{1}{c_2}$ 求 c_1 和 c_2;

(3) 由 $R = \rho \cdot \dfrac{L}{s}$ 求 ρ、l 和 s;

(4) 由 $R = R_0(1 + at)$ 求 R_0、a 和 t;

(5) 由 $F = k\dfrac{q_1 q_2}{r^2}$ 求 q_1、q_2 和 r;

(6) 由 $I = \dfrac{E}{R + r}$ 求 E、R 和 r;

(7) 由 $U = E - Ir$ 求 E、I 和 r;

(8) 由 $Q = I^2 Rt$ 求 I、R 和 t;

(9) 由 $X_L = 2\pi f \cdot L$ 求 f 和 L;

(10) 由 $X_C = \dfrac{1}{\omega C}$ 求 ω 和 C。

1.4　函数与函数图像

函数的相依关系,是客观世界中各种现象演变过程的数学反映。在电工学中,函数图像广泛地用来表示量与量间的函数关系,并用来解答习题。

电工学也和其他学科一样,都可以把所研究的量分为两类:一类是在研究过程中保持一定数值的量,称为常量;另一类是在研究过程中可以取不同数值的量,称为变量。在所研究的变量中,如果对于变量 x 在某一范围内的每一个值,另一个变量 y 都有惟一的值与它对应,那么就说 x 是自变量,y 是 x 的函数。例如在一定温度时某段导线的电阻是一个常量,电压和电流强度都是变量,其中电压是自变量,通过导体的电流强度是这段导体两端电压的函数。

(1) 函数的表示法

1) 解析法

用解析式子来表示函数的方法。电工学中许多公式都是用解析法来表示函数关系的实例,如:

$$I = \dfrac{U}{R};$$

$$I = \dfrac{E}{R + r};$$

$$Q = I^2Rt$$

在用解析式表示函数时,要考虑自变量的取值必须使解析式有意义。

2) 列表法

用表格来表示自变量与函数的对应关系。在电工实验时,为了记录出实验的结果,大都采用这种方法。

【例1-31】 常用低压熔丝(青铅合金丝),它的额定电流 i 和直径 D 的数量关系,通过实验可列成表1-2所示:

熔丝直径与额定电流关系　表1-2

额定电流 i(A)	2.5	3	5	6	8	10	11	12.5
熔丝直径 D(mm)	0.58	0.65	0.94	1.16	1.26	1.51	1.66	1.75

从表1-2中可看出熔丝的直径要随额定电流的大小来确定,如额定电流为5A,就要选用0.94mm的熔丝,额定电流为10A,就要用1.51mm的熔丝。熔丝直径 D 与额定电流 i 是两个变量,表1-2正好反映了这两个变量之间的对应关系。

【例1-32】 为了验证部分电路的欧姆定律,可以根据图1-4来进行实验:电路中连接着一段导线(电阻丝 R_1),导线两端的电压可由电压表读出,导线中的电流可由电流表读出,改变滑动变阻器,可改变导线两端的电压。表1-3是实验的一组数据;然后换另一段导线(电阻丝 R_2),重做一次,得到第二组数据。

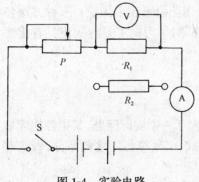

图1-4　实验电路

实　验　数　据　表1-3

导线1(R_1)			导线2(R_2)		
电压 U(V)	电流强度 I(A)	比值 U/I (V/A)	电压 U(V)	电流强度 I(A)	比值 U/I (V/A)
0	0	—	0	0	—
2.0	0.20	10	2.0	0.13	15.4
4.0	0.41	9.8	4.0	0.27	14.8
6.0	0.60	10	6.0	0.40	15
8.0	0.79	10.1	8.0	0.53	15.1

从表1-3中可看出:对一定的导线来说,通过导线的电流强度跟加在导线两端的电压成正比;不同导线两端的电压与导线中电流强度的比值也不同。

3) 图像法

用画函数曲线来表示函数依从关系。电工学中广泛地利用图像法来表示两个变量间的函数关系。

三种表示方法各有自己的特点,实际应用中常把这三种表示法联系起来应用。如:先用解析法写出关系式,再由关系式列出函数表格,最后把它们绘成图像。

(2) 正比例函数

函数 $y = kx$(k 是不等于零的常量)叫做正比例函数。它的图像是过原点的一条直线。

1) 当 $k > 0$ 时,直线在第一、三象限,y 随 x 的增大而增大;

2) 当 $k < 0$ 时,直线在第二、四象限,y 随 x 的增大而减小。

(3) 反比例函数

函数 $y = \dfrac{k}{x}$(k 是不等于零的常量)叫做反比例函数,图像是双曲线。

1) 当 $k > 0$ 时,图像的两个分支分别在第一、三象限,在每个象限内,y 随 x 的增大而减小;

2) 当 $k < 0$ 时,图像的两个分支分别在第二、四象限,在每个象限内,y 随 x 的增大而增大。

【例1-33】 已知一段导体的电阻为 50Ω,试画出 I-U 的关系图像。并用图像说明:(1)电压为 1.5V、2.5V 时,通过导体的电流强度会是多大? (2)改换电阻时,I-U 图像会有怎样的变化?

【解】 根据部分电路的欧姆定律可列出关系式:

$$I = \frac{U}{50}$$

再根据上式可列出 I-U 数值(表1-4)。

函 数 值				表1-4
电压 U(V)	0	1	2	3	4
电流强度 I(A)	0	0.02	0.04	0.06	0.08

用横轴表示电压 U,用纵轴表示电流强度 I,根据表1-4画出 I-U 的关系图像(图1-5)。

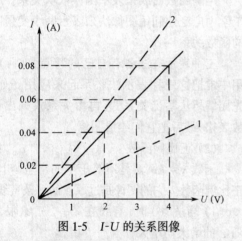

图1-5　I-U 的关系图像

(1) 从图像上不难看出 $U_1 = 1.5$V 时,$I_1 = 0.03$A;$U_2 = 2.5$V 时,$I_2 = 0.05$A。

导体电阻一定时,通过导体的电流强度与它两端的电压成正比。

(2) 改换电阻时,则图线的斜率也将改变。图1-5 中倾斜的虚线 1 和 2 分别表示电阻增大和减小时电流强度随电压而改变的情况。

【例1-34】 作反比例函数 $y = \frac{1}{x}$ 的图像。

【解】 列函数值表1-5

x 和 y 的对应值						表1-5
x	$\cdots$	-2	-1	$-\frac{1}{2}$	$\frac{1}{2}$	1	2	$\cdots$
y	$\cdots$	$-\frac{1}{2}$	-1	-2	2	1	$\frac{1}{2}$	$\cdots$

用描点法作图,得 $y = \frac{1}{x}$ 的图像如图1-6。

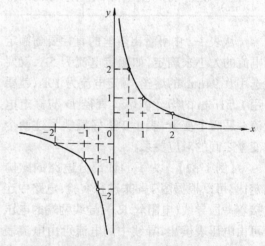

图1-6　函数 $y = \frac{1}{x}$ 的图像

小　结

1. 函数的三种表示法是:用解析式、用表格、用图像来表示函数。三种方法各有特点,正确地了解函数,掌握函数的三种表示法,对学习电工专业知识具有重要的意义。

2. 函数 $y = kx (k \neq 0)$ 叫做正比例函数;

函数 $y = \frac{k}{x} (k \neq 0)$ 叫做反比例函数。

这是两个常见的重要函数,必须熟练掌握。对于一个实际问题,其中各物理量之间究竟满足何种关系,该列出怎样的数学表达式,必须根据问题的条件,做到对具体问题作具体分析。

习 题

1. 下列各关系中,哪些是常量? 哪些是变量? 在变量中,哪些是自变量? 哪些是自变量的函数?

(1) 铝导线的电阻率 ρ 是 $2.9 \times 10^{-8} \Omega \cdot m$,铝导线的电阻 $R(\Omega)$ 随导线的长度 $L(m)$ 及导线的横截面积 S (m^2) 而变化,它们之间的关系是 $R = \rho \dfrac{L}{S}$。

(2) 给电阻 $R = 100\Omega$ 的电阻丝通电时,电功率 $P(W)$ 随电流强度 $I(A)$ 而变化,其计算公式为 $P = I^2 R$。

2. 在下列两个关系式中,ω 是一个不变的量,说明 X_C 与 C 及 X_L 与 L 之间各有什么函数关系。

(1) $X_C = \dfrac{1}{\omega C}$;

(2) $X_L = \omega \cdot L$

3. 在同一坐标系内作下列函数的图像:

(1) $y = \dfrac{1}{2}x$;   (2) $y = \dfrac{1}{4}x$

1.5 三角函数及其应用

三角函数是研究周期变化现象的重要数学工具,它在电工学中有着广泛的应用,本节要学习的内容有,角的概念推广及其度量、基本三角恒等式、诱导公式、三角形的边角关系、已知三角函数值求角、正弦函数的图像及应用。

1.5.1 角的概念推广及其度量

(1) 角的概念

角是在平面内的一条射线绕其端点旋转时所形成的图形,我们规定逆时针方向旋转而成的角为正角;沿顺时针方向旋转而成的角为负角。

(2) 角的度量

1) 角度制

把一圆周 360 等分,其中 1 份所对应的圆心角规定为 1 度角,记为 $1°$。

2) 弧度制

等于半径长的圆弧所对应的圆心角规定为 1 弧度的角,记为 1rad(图 1-7)。

3) 弧度和角度互化公式

$$1\text{rad} = \left(\dfrac{180}{\pi}\right)° = 57.3° = 57°18'$$

$$1° = \dfrac{\pi}{180}\text{rad} = 0.01745\text{rad}$$

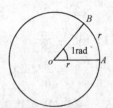

图 1-7 1 弧度的角

常用角、弧度换算见表 1-6。

常用角的换算								表 1-6	
度	$0°$	$15°$	$30°$	$45°$	$60°$	$75°$	$90°$	$180°$	$270°$	$360°$
弧度	0	$\dfrac{\pi}{12}$	$\dfrac{\pi}{6}$	$\dfrac{\pi}{4}$	$\dfrac{\pi}{3}$	$\dfrac{5\pi}{12}$	$\dfrac{\pi}{2}$	π	$\dfrac{3\pi}{2}$	2π

4) 终边相同的角

当旋转量超过一个周角,与角 α 的终边相同的角可以表示成 $k \cdot 360° + \alpha$ 或 $2k\pi + \alpha$,其中 k 是任意整数,α 是任意角。

5) 象限角

角的顶点与原点重合,角的始边与 x 轴正方向重合,终边落在哪个象限内,这个角就叫哪个象限的角。

第一象限的角 $2k\pi < \alpha < 2k\pi + \dfrac{\pi}{2}$;

第二象限的角 $2k\pi + \dfrac{\pi}{2} < \alpha < (2k + 1)\pi$;

第三象限的角 $(2k + 1)\pi < \alpha < (2k + 1)\pi + \dfrac{\pi}{2}$;

第四象限的角 $(2k+1)\pi + \dfrac{\pi}{2} < \alpha < 2(k+1)\pi$。

终边落在坐标轴上的角,不属于任何象限。

6) 圆心角、弧长和半径的关系

设圆的半径为 r,圆心角为 α 弧度,它所对的弧长为 l,则有比例式

$$\frac{l}{2\pi r} = \frac{\alpha}{2\pi}$$

$$\therefore l = \alpha r$$

【例 1-35】 把下列各度化为弧度(写成 π 的倍数)。

(1) 135°； (2) $-45°$； (3) 720°

【解】 (1) $135° = \dfrac{\pi}{180}\mathrm{rad} \times 135$

$$= \frac{3}{4}\pi\,\mathrm{rad}$$

(2) $-45° = -\dfrac{\pi}{4}$(用弧度制表示角度时 "rad" 也可略去不写)

(3) $720° = 2 \times 360° = 2 \times 2\pi = 4\pi$

【例 1-36】 把下列各弧度化为度。

(1) $\dfrac{3}{4}\pi$； (2) $-\dfrac{\pi}{3}$； (3) 1.2

【解】 (1) $\dfrac{3}{4}\pi = \dfrac{3}{4} \times 180° = 135°$；

(2) $-\dfrac{\pi}{3} = -\dfrac{1}{3} \times 180° = -60°$；

(3) $1.2 = 1.2 \times 57.3° = 68.76°$

【例 1-37】 在 0°～360° 之间找出与下列各角终边相同的角,并判定角所在的象限。

(1) $-30°$； (2) $-280°$； (3) 550°

【解】 (1) $\because 360° + (-30°) = 330°$

$\therefore -30°$ 的角与 330° 的角终边相同,它们在第四象限；

(2) $\because 360° + (-280°) = 80°$

$\therefore -280°$ 的角与 80° 的角终边相同,它们在第一象限；

(3) $\because 360° + 190° = 550°$

$\therefore 550°$ 的角与 190° 的角终边相同,它们在第三象限。

【例 1-38】 已知 $r = 0.6\mathrm{m}$, $\alpha = -30°$,求弧长。

【解】 α 用弧度作单位,

$$\alpha = -30° = -\frac{\pi}{6}$$

$\therefore$ 弧长 $l = |\alpha| \cdot r$

$$= \left| -\frac{\pi}{6} \right| \times 0.6$$

$$= 0.1 \times 3.14$$

$$= 0.314\mathrm{m}$$

答：α 所对的弧长为 0.314m。

1.5.2 基本三角恒等式

(1) 锐角三角函数的定义

如图 1-8 所示,α 是直角三角形的一个锐角,则

图 1-8 直角三角形

正弦 $\sin\alpha = \dfrac{对边}{斜边} = \dfrac{y}{r}$,

余弦 $\cos\alpha = \dfrac{邻边}{斜边} = \dfrac{x}{r}$,

正切 $\tan\alpha = \dfrac{对边}{邻边} = \dfrac{y}{x}$,

余切 $\cot\alpha = \dfrac{邻边}{对边} = \dfrac{x}{y}$,

正割 $\sec\alpha = \dfrac{斜边}{邻边} = \dfrac{r}{x}$,

余割 $\operatorname{cosec}\alpha = \dfrac{斜边}{对边} = \dfrac{r}{y}$,

当角 α 给定后,这些比值也跟着确定了,其值仅决定于角的大小。

(2) 任意角三角函数的定义

如图 1-9,在坐标平面上,对于任意角 α,在终边上任取一点 $A(x,y)$,设 $oA = r$,则

$$\sin\alpha = \frac{y}{r}, \cos\alpha = \frac{x}{r},$$

$$\tan\alpha = \frac{y}{x}, \cot\alpha = \frac{x}{y},$$

$$\sec\alpha=\frac{r}{x},\ \operatorname{cosec}\alpha=\frac{r}{y}$$

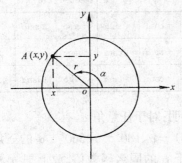

图 1-9 任意三角函数定义

由图 1-9 可看出，当 α 为锐角时，上述所定义的三角函数，与用直角三角形所定义的锐角三角函数是一致的，即锐角三角函数定义是任意角三角函数的特殊情况。比值只依赖于 α 的大小，与角的终边上的点的位置无关。

各三角函数的符号可以简明地由图1-10表示。

(3) 特殊角的三角函数值(表 1-7)

α 角的各三角函数值可通过查表求得。对特殊角的三角函数值应熟记，见表 1-8。

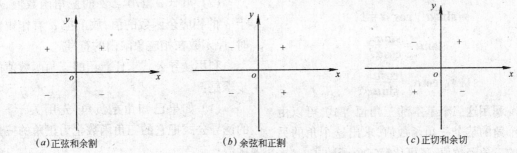

（a）正弦和余割　　　　（b）余弦和正割　　　　（c）正切和余切

图 1-10　三角函数在各象限的符号

三 角 函 数 表　　　　　　表 1-7

$\alpha°$	弧度(rad)	$\sin\alpha$	$\cos\alpha$	$\tan\alpha$	$\alpha°$	弧度(rad)	$\sin\alpha$	$\cos\alpha$	$\tan\alpha$
0	0	0.000	1.000	0.000	210	$7\pi/6$	-0.500	-0.866	0.577
30	$\pi/6$	0.500	0.866	0.577	225	$5\pi/4$	-0.707	-0.707	1.000
45	$\pi/4$	0.707	0.707	1.000	240	$4\pi/3$	-0.866	-0.500	1.732
60	$\pi/3$	0.866	0.500	1.732	270	$3\pi/2$	-1.000	0.000	不存在
90	$\pi/2$	1.000	0.000	不存在	300	$5\pi/3$	-0.866	0.500	-1.732
120	$2\pi/3$	0.866	-0.500	-1.732	315	$7\pi/4$	-0.707	0.707	-1.000
135	$3\pi/4$	0.707	-0.707	-1.000	330	$11\pi/6$	-0.500	0.866	-0.577
150	$5\pi/6$	0.500	-0.866	-0.577	360	2π	0.000	1.000	0.000
180	π	0.000	-1.000	0.000					

可帮助记忆的特殊三角形　　　　　　表 1-8

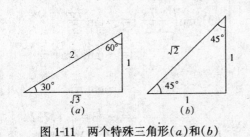

图 1-11　两个特殊三角形（a）和（b）

函　　数　　值
$\sin30°=\cos60°=\dfrac{1}{2}$
$\cos30°=\sin60°=\dfrac{\sqrt{3}}{2}=0.866$
$\tan30°=\cot60°=\dfrac{1}{\sqrt{3}}=\dfrac{\sqrt{3}}{3}=0.577$
$\sin45°=\cos45°=\dfrac{1}{\sqrt{2}}=\dfrac{\sqrt{2}}{2}=0.707$
$\tan45°=\cot45°=1$

（4）基本三角恒等式

作单位圆（图 1-12），由三角函数的定义和勾股定理，可得：

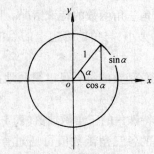

图 1-12　单位圆

$$\sin^2\alpha + \cos^2\alpha = 1,$$

$$\tan\alpha = \frac{\sin\alpha}{\cos\alpha},$$

$$\cot\alpha = \frac{\cos\alpha}{\sin\alpha}$$

利用这三个基本的三角恒等式，可以由一个角的某个三角函数值，求出这个角的另外的三角函数值，还可化简三角函数式。

【例 1-39】 已知 α 是第二象限的角，且 $\sin\alpha = \dfrac{3}{5}$，求角 α 的余弦和正切值。

【解】 由 $\sin^2\alpha + \cos^2\alpha = 1$，得

$$\cos\alpha = \pm\sqrt{1 - \sin^2\alpha}$$

∵ α 是第二象限的角，$\cos\alpha < 0$，

$$\therefore \cos\alpha = -\sqrt{1 - \left(\frac{3}{5}\right)^2} = -\frac{4}{5}$$

$$\tan\alpha = \frac{\sin\alpha}{\cos\alpha} = \frac{\frac{3}{5}}{-\frac{4}{5}} = -\frac{3}{4}$$

1.5.3 三角函数诱导公式

我们已经知道，锐角三角函数值可以通过查表求得，而对于任意角的三角函数求值问题，则可以利用诱导公式来求（表 1-9）。

诱 导 公 式　表 1-9

	$-\alpha$	$90°\pm\alpha$	$180°\pm\alpha$	$270°\pm\alpha$	$360°\pm\alpha$
sin	$-\sin\alpha$	$+\cos\alpha$	$\mp\sin\alpha$	$-\cos\alpha$	$\pm\sin\alpha$

续表

	$-\alpha$	$90°\pm\alpha$	$180°\pm\alpha$	$270°\pm\alpha$	$360°\pm\alpha$
cos	$+\cos\alpha$	$\mp\sin\alpha$	$-\cos\alpha$	$\pm\sin\alpha$	$+\cos\alpha$
tan	$-\tan\alpha$	$\mp\cot\alpha$	$\pm\tan\alpha$	$\mp\cot\alpha$	$\pm\tan\alpha$
cot	$-\cot\alpha$	$\mp\tan\alpha$	$\pm\cot\alpha$	$\mp\tan\alpha$	$\pm\cot\alpha$

说明：对于任意角 α，有：

（1）$-\alpha$、$180°\pm\alpha$、$360°\pm\alpha$ 的三角函数值，等于 α 的同名函数值，放上把 α 看作锐角时，原函数在相应象限内的符号；

（2）$90°\pm\alpha$、$270°\pm\alpha$ 的三角函数值，等于 α 的相应余函数的值，放上把 α 看作锐角时，原函数在相应象限内的符号。

利用诱导公式求任意角的三角函数值的步骤是：

（1）如果已知角是负角，先用关于 $-\alpha$ 的诱导公式把它的三角函数化为正角的三角函数；

（2）把大于 $360°$ 的角的三角函数，化为 $0°\sim360°$ 的角的三角函数；

（3）把 $90°\sim360°$ 的角的三角函数，化为锐角三角函数，再求值。

【例 1-40】 求下列各三角函数值：

（1）$\sin\left(-\dfrac{\pi}{4}\right)$；（2）$\cos\left(-\dfrac{\pi}{3}\right)$；（3）$\tan\left(-\dfrac{7}{3}\pi\right)$

【解】 （1）$\sin\left(-\dfrac{\pi}{4}\right) = -\sin\dfrac{\pi}{4} = -\dfrac{\sqrt{2}}{2}$
$$= -0.707;$$

（2）$\cos\left(-\dfrac{\pi}{3}\right) = \cos\dfrac{\pi}{3} = \dfrac{1}{2};$

（3）$\tan\left(-\dfrac{7\pi}{3}\right) = -\tan\dfrac{7\pi}{3}$
$$= -\tan\left(2\pi + \dfrac{\pi}{3}\right)$$
$$= -\tan\dfrac{\pi}{3}$$
$$= -\sqrt{3} = -1.732$$

【例 1-41】 求下列各三角函数值：

(1) $\sin150°$；(2) $\cos210°$；(3) $\tan\dfrac{9\pi}{4}$；

(4) $\cot240°$

【解】　(1) $\sin150° = \sin(90° + 60°)$

$$= \cos60° = \frac{1}{2};$$

(2) $\cos210° = \cos(180° + 30°) = -\cos30°$

$$= -\frac{\sqrt{3}}{2} = -0.866;$$

(3) $\tan\dfrac{9\pi}{4} = \tan\left(2\pi + \dfrac{\pi}{4}\right) = \tan\dfrac{\pi}{4} = 1;$

(4) $\cot240° = \cot(180° + 60°) = \cot60°$

$$= \frac{\sqrt{3}}{3} = 0.577$$

【例 1-42】　求下列各三角函数值：

(1) $\sin(-1950°)$；(2) $\cos660°$

【解】　(1) $\sin(-1950°) = -\sin1950°$

$= -\sin(360° \times 5 + 150°) = -\sin150°$

$= -\sin(180° - 30°)$

$= -\sin30° = -0.5;$

(2) $\cos660° = \cos(720° - 60°)$

$= \cos(360° \times 2 - 60°)$

$= \cos60° = 0.5$

【例 1-43】　不查表计算：

(1) $\sin30° \cdot \cos60° \cdot \tan45°$；

(2) $\tan60° \cdot \tan55° \cdot \tan35°$；

(3) $\dfrac{\sin35°}{\cos55°} \cdot \cot45°$

【解】　(1) $\sin30° \cdot \cos60° \cdot \tan45°$

$$= \frac{1}{2} \times \frac{1}{2} \times 1 = \frac{1}{4};$$

(2) $\tan60° \cdot \tan55° \cdot \tan35°$

$= \tan60° \cdot \cot35° \cdot \tan35°$

$= \sqrt{3} \times 1 = \sqrt{3};$

(3) $\dfrac{\sin35°}{\cos55°} \cdot \cot45°$

$$= \frac{\cos55°}{\cos55°} \cdot \cot45° = 1 \times 1 = 1$$

1.5.4　三角形的边角关系(图 1-13)

(1) 正弦定理

在一个三角形中，各边和它所对角的正

弦的比相等，即

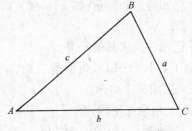

图 1-13　三角形的边和角

$$\frac{a}{\sin A} = \frac{b}{\sin B} = \frac{c}{\sin C}$$

正弦定理可用来求解三角形的未知元素，主要类型是：

1) 已知两角和一边(如 $\angle A$、$\angle B$ 和 c)，求其他元素；

2) 已知两边和其中一边的对角(如 a、b 和 $\angle A$)，求其他元素。

【例 1-44】　已知 $\angle A = 25°$，$\angle B = 65°$，$c = 10$，求 $\angle C, a, b$。

【解】　$\because \angle A + \angle B + \angle C = 180°$

$\therefore \angle C = 180° - 25° - 65° = 90°$

由正弦定理，得

$$\frac{a}{\sin25°} = \frac{10}{\sin90°}$$

$\therefore a = \dfrac{\sin25°}{\sin90°} \times 10 = \dfrac{0.423}{1} \times 10 = 4.23$

同理　$b = \dfrac{\sin65°}{\sin90°} \times 10 = \dfrac{0.906}{1} \times 10$

$$= 9.06$$

说明：这道题求得 $\angle C = 90°$，三角形为直角三角形。所以也可以依据三角函数定义求 a 和 b。

(2) 余弦定理

三角形任何一边的平方，等于其他两边平方的和，减去这两边与它们的夹角的余弦的积的两倍。即

$$a^2 = b^2 + c^2 - 2bc\cos A;$$

$$b^2 = a^2 + c^2 - 2ac\cos B;$$

$$c^2 = a^2 + b^2 - 2ab\cos C$$

余弦定理可用来求解三角形的未知元

素。主要类型是：

1）已知两边和夹角（如 a、b 和 $\angle C$），求其他元素；

2）已知三边求其他元素。

【例 1-45】 已知三角形的三边，$a=4$，$b=2$，$c=3$，求三个内角。

【解】 由余弦定理，有

$$\cos A = \frac{b^2 + c^2 - a^2}{2bc} = \frac{2^2 + 3^2 - 4^2}{2 \times 2 \times 3} = -0.25$$

$$\cos B = \frac{a^2 + c^2 - b^2}{2ac} = \frac{4^2 + 3^2 - 2^2}{2 \times 4 \times 3} = 0.875$$

查表 $\angle A = 104.5°$，$\angle B = 28.9°$

$$\angle C = 180° - \angle A - \angle B = 46.6°$$

说明：在余弦定理中，如果有 $\angle C = 90°$，则 $c^2 = a^2 + b^2$，这就是勾股定理。由此可见勾股定理是余弦定理的特例。

【例 1-46】 在电阻、电感、电容的串联电路中，阻抗 Z 由电阻 R 和电抗 X 组合而成，单位都是欧姆。R、X 和 Z 之间符合直角三角形关系，如图 1-14 所示，已知 $R = 40\Omega$，$X = 30\Omega$，试求 Z、$\cos\theta$ 和 θ。

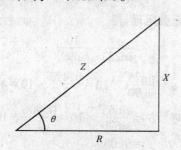

图 1-14 阻抗三角形

【解】 ∵ 是直角三角形

∴ 由勾股定理，得

阻抗 $Z = \sqrt{R^2 + X^2} = \sqrt{40^2 + 30^2}$

$$= 50\Omega$$

$$\cos\theta = \frac{R}{Z} = \frac{40}{50} = 0.8$$

查表，得 $\theta = 36.9°$

1.5.5 已知三角函数值求角

当给定任意一个角，可以求出此角的三

22

角函数值；反过来，如果已知一个角的三角函数值，也可求出它所对应的角。

【例 1-47】 已知 $\sin\alpha = \frac{\sqrt{3}}{2}$，且 $-180° \leqslant \alpha < 180°$，求 α。

【解】 ∵ $\sin\alpha = \frac{\sqrt{3}}{2} > 0$，∴ α 是第一、二象限的角。由

$$\sin 60° = \frac{\sqrt{3}}{2}$$

知道，在第一象限的角是 $60°$。

又 ∵ $\sin(180° - 60°) = \sin 60° = \frac{\sqrt{3}}{2}$

知道，在第二象限的角是 $180° - 60° = 120°$。

于是所求的角是 $60°$ 或 $120°$。

【例 1-48】 已知 $\cos x = 0.809$，且 $-180° \leqslant x < 180°$，求 x。

【解】 ∵ $\cos x = 0.809 > 0$，∴ x 是第一、四象限的角。

查表 $x = 36°$

∵ $\cos(-36°) = \cos 36° = 0.809$

∴ 当 $-180° \leqslant x < 180°$ 时，所求的角分别是 $36°$ 和 $-36°$。

1.5.6 正弦函数的图像及其应用

正弦 $\sin\alpha$ 是角 α 的函数，把自变量 α 写成 x，因变量写成 y，于是正弦函数可表示为：

$$y = \sin x$$

对于任意一个 x 的值，都对应着一个 y 的值，在坐标平面上便有一个确定的点 (x, y)，这种点的全体就是正弦函数 $y = \sin x$ 的图像。

现在我们用描点法作 $y = \sin x$ 及 $y = A\sin(\omega x + \phi)$ 的图像。

（1）关于 $y = \sin x$ 的图像

让自变量 x 在区间 $[0, 2\pi]$ 上每隔 $\frac{\pi}{6}$ 取一个值，计算它的正弦得到一批对应值（表 1-10）：

正 弦 函 数 值　　　　　　　　　　　　　　　　表 1-10

x	…	0	$\frac{\pi}{6}$	$\frac{\pi}{3}$	$\frac{\pi}{2}$	$\frac{2\pi}{3}$	$\frac{5\pi}{6}$	π	$\frac{7\pi}{6}$	$\frac{4\pi}{3}$	$\frac{3\pi}{2}$	$\frac{5\pi}{3}$	$\frac{11\pi}{6}$	2π	…
$\sin x$	…	0	0.5	0.87	1	0.87	0.5	0	-0.5	-0.87	-1	-0.87	-0.5	0	…

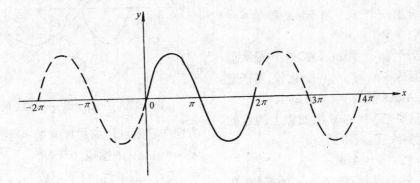

图 1-15　$y = \sin x$ 的图像

在坐标平面上用光滑曲线将这些点依次连结,便得到正弦函数在 $0 \sim 2\pi$ 之间的一段图像。由于正弦函数以 2π 为周期重复出现,只需将这一段图像沿 x 轴连续平移 $\pm 2\pi, \pm 4\pi, \cdots$,就得到正弦函数 $y = \sin x$ 的图像(图 1-15)。

正弦函数的图像叫做正弦曲线,也称为正弦波。

说明:今后在作简图时,只要描出五个关键性的点 $(0, 0)$, $\left(\frac{\pi}{2}, 1\right)$, $(\pi, 0)$, $\left(\frac{3\pi}{2}, -1\right)$, $(2\pi, 0)$,函数的图像便基本上能确定了。

(2) 关于 $y = A\sin(\omega x + \phi)$ 的图像

在研究机械振动及交流电的变化规律时,都会遇到形如 $y = A\sin(\omega x + \phi)$ 的函数。式中 A、ω、ϕ 是三个常量,y 随 x 作周期性的变化。如谐振动的位移 x 与时间 t 的函数关系式 $x = A\sin(\omega t + \alpha)$;交变电流 i 与时间 t 的函数关系式 $i = I_{\mathrm{m}}\sin(\omega t + \phi)$ 等函数式都属于这种类型。这种函数通常叫做正弦型函数,在电工学中有重要应用。

现在我们结合例题来说明这类函数图像的简明作法。

【例 1-49】 与 $y = \sin x$ 相比较,作 $y = 3\sin x$ 的图像,并说明形如 $y = A\sin x$ 的图像的变化情况。

【解】 与 $y = \sin x$ 一样,函数 $y = 3\sin x$ 的周期

$$T = 2\pi$$

列出五个关键性的点来比较(表 1-11)。

$\sin x$ 及 $3\sin x$ 的函数值　　表 1-11

x	0	$\frac{\pi}{2}$	π	$\frac{3}{2}\pi$	2π
$\sin x$	0	1	0	-1	0
$3\sin x$	0	3	0	-3	0

用描点法作图 1-16。

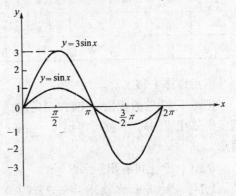

图 1-16　$y = \sin x$ 及 $y = 3\sin x$ 的图像

把上面的图像沿 x 轴方向向左向右连续平移 2π，就得到 $y=\sin x$ 和 $y=3\sin x$ 的简图（图略）。

从图中可看出：

1）$y=3\sin x$ 的最大值是 3，最小值是 -3；

2）对任意一个 x，$y=3\sin x$ 都是 $y=\sin x$ 的三倍；

3）一般来说，$y=A\sin x(A>0)$ 的最大值是 A，最小值是 $-A$；与 $y=\sin x$ 比较，对任意一个 x，$y=A\sin x$ 都是 $y=\sin x$ 的 A 倍。

因此，只要把 $y=\sin x$ 的图像上的点的纵坐标放大到 A 倍，就得到
$$y=A\sin x$$
的图像。A 称为函数 $y=A\sin x$ 的振幅，在实际问题中，振幅 A 有特定的含义，例如在研究交变电流时，振幅 A 表示正弦电流（或电压、电动势）的最大值。

【例 1-50】 作函数 $y=\sin 2x$ 的图像。说明形如 $y=\sin\omega x$ 的图像的变化情况。

【解】 先分析 $y=\sin 2x$ 的变化周期是多少？

当 x 由 0 变到 π 时，$2x$ 由 0 变到 2π，即函数 $y=\sin 2x$ 完成一个周期的变化，因此 $y=\sin 2x$ 的周期 $T=\dfrac{2\pi}{2}=\pi$。

用五点作图法列表比较（表 1-12）。

$\sin 2x$ 的函数值　　表 1-12

x	0	$\pi/4$	$\pi/2$	$3\pi/4$	π
$2x$	0	$\pi/2$	π	$3\pi/2$	2π
$\sin 2x$	0	1	0	-1	0

描点作图 1-17。

把图 1-17 的图像沿 x 轴方向向左向右连续平移相应的周期，就可得出 $y=\sin 2x$ 的简图。

从图 1-17 上可看出：

1）与 $y=\sin x$ 比较，$y=\sin 2x$ 的周期 $T=\dfrac{2\pi}{2}=\pi$，因此把 $y=\sin x$ 的图像沿 x 轴

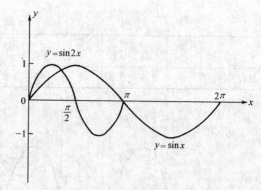

图 1-17 　$y=\sin x$ 及 $y=\sin 2x$ 的图像

方向向着原点压缩成原来的一半，得到的就是 $y=\sin 2x$ 的图像。

2）一般来说，对于正数 ω，$y=\sin\omega x$ 的周期 $T=\dfrac{2\pi}{\omega}$，因此把 $y=\sin x$ 的图像沿 x 轴方向向着原点压缩成原来的 $\dfrac{1}{\omega}$，得到的就是 $y=\sin\omega x$ 的图像。

3）ω 的数值决定了正弦波的疏密程度。在实际问题中，其数值大小与正弦量交替变化的快慢有关，而周期 $T=\dfrac{2\pi}{\omega}$ 也有实际意义，例如在研究交流电时，T 表示交流电循环变化一个完整的周波所需的时间。

【例 1-51】 作函数 $y=\sin\left(x+\dfrac{\pi}{4}\right)$ 的图像，说明形如 $y=\sin(x+\phi)$ 的图像的变化情况。

【解】 仍和 $y=\sin x$ 比较，列出五个关键性的点（表 1-13、表 1-14）：

$\sin x$ 的函数值　　表 1-13

x	0	$\pi/2$	π	$3\pi/2$	2π
$\sin x$	0	1	0	-1	0

$\sin\left(x+\dfrac{\pi}{4}\right)$ 的函数值　　表 1-14

x	$0-\pi/4$	$\pi/2-\pi/4$	$\pi-\pi/4$	$3\pi/2-\pi/4$	$2\pi-\pi/4$
$\sin\left(x+\dfrac{\pi}{4}\right)$	0	1	0	-1	0

将 $y = \sin\left(x + \dfrac{\pi}{4}\right)$ 与 $y = \sin x$ 的对应点作比较,可发现,对任意一个 x,$y = \sin x$ 在 x 处的值与 $y = \sin\left(x + \dfrac{\pi}{4}\right)$ 在 $x - \pi/4$ 处的值相等,因此,把 $y = \sin x$ 的图像沿 x 轴方向左移 $\pi/4$ 所得到的就是 $y = \sin\left(x + \dfrac{\pi}{4}\right)$ 的图像(图 1-18)。

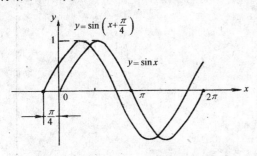

图 1-18　$y = \sin x$ 及 $y = \sin\left(x + \dfrac{\pi}{4}\right)$ 的图像

一般来说,对于 $y = \sin(x + \phi)$ 和 $y = \sin x$ 比较,$y = \sin(x + \phi)$ 的图像可通过把 $y = \sin x$ 的图像沿 x 轴向左($\phi > 0$ 时)或向右($\phi < 0$ 时)平移 $|\phi|$ 个单位而得到。常数 ϕ 决定了图像的初始位置,在实际问题中,ϕ 的大小由初始条件所决定,通常叫做初相位,简称为初相。

综合上述各例可看出:函数 $y = A\sin(\omega x + \phi)$ 的周期 $T = \dfrac{2\pi}{\omega}$,振幅为 $|A|$,初相为 ϕ。它的图像,可通过把函数 $y = \sin x$ 的图像,沿横轴或纵轴进行压缩或伸长,或沿着横轴方向向左或向右平移而得到。实际作图时,通常是选出五个关键性的点用描点法直接作出 $y = A\sin(\omega x + \phi)$ 的图像。

【例 1-52】　电流强度 i 随时间 t 变化的函数关系是 $i = I_m\sin\omega t$,设 $\omega = 100\pi\,\text{rad/s}$,$I_m = 4\text{A}$。

(1) 求电流强度 i 变化的周期与频率;

(2) $t = 0$、$\dfrac{1}{200}$、$\dfrac{2}{200}$、$\dfrac{3}{200}$、$\dfrac{4}{200}$s 时,电流强度的瞬时值;

(3) 作出电流强度 i 随时间 t 变化的函数图像。

【解】　(1) 周期 $T = \dfrac{2\pi}{\omega} = \dfrac{2\pi}{100\pi} = \dfrac{1}{50}$
$= 0.02\text{s}$

注:交流电在 1s 时间内含有的周期数,称为交流电的频率,用 f 表示。频率的单位是赫兹,用字母 Hz 表示,频率与周期互为倒数,即

$$f = \dfrac{1}{T} \text{ 或 } T = \dfrac{1}{f}$$

所以当 $T = \dfrac{1}{50}$s 时,

$$f = \dfrac{1}{T} = 50\text{Hz}$$

(2) 电流 $i = I_m\sin\omega t$
$= 4\sin 100\pi t\,(\text{A})$

把各时刻的 t 值代入上式,便可得到电流的瞬时值(表 1-15)。

电流 i 的值					表 1-15	
时间 $t(\text{s})$	⋯	0	$\dfrac{1}{200}$	$\dfrac{2}{200}$	$\dfrac{3}{200}$	$\dfrac{4}{200}$	⋯
电角度 $\omega t(\text{rad})$	⋯	0	$\dfrac{\pi}{2}$	π	$\dfrac{3\pi}{2}$	2π	⋯
电流 $i = 4\sin\omega t(\text{A})$	⋯	0	4	0	-4	0	⋯

(3) 以时间 t 为横坐标,1cm 表示 $\dfrac{1}{200}$s;以电流 i 为纵坐标,1cm 表示 2A,依据表 1-15 描点作图,得函数图像(图 1-19)。

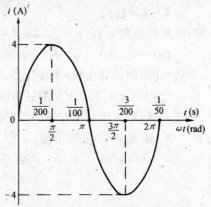

图 1-19　$i = 4\sin 100\pi t\,(\text{A})$ 的图像

【例1-53】 已知电流 i 和电压 u 瞬时值的函数式分别是：

$$i = 12\sin\left(100\pi t - \frac{\pi}{2}\right)(\text{A}),$$

$$u = 220\sqrt{2}\sin 100\pi t\,(\text{V})$$

求电流、电压的最大值、周期和初相

【解】 因为电流、电压是按正弦型函数的规律变化的，所以对照函数式

$$y = A\sin(\omega t + \phi)$$ 可知：

电流强度的最大值 $I_m = 12\text{A}$，周期 $T = \frac{2\pi}{\omega} = \frac{2\pi}{100\pi} = 0.02\text{s}$，初相 $\phi = -\frac{\pi}{2}$；

电压的最大值 $U_m = 220\sqrt{2} = 311\text{V}$，周期 $T = 0.02\text{s}$，初相 $\phi = 0$。

小　结

本节基本内容：

1. 角的度量：

弧度制：$|\alpha| = \dfrac{\text{弧长 } l}{\text{半径 } r}$

弧度和度的关系：

$$1\text{rad} = \frac{180°}{\pi} = 57.3°$$

$$1° = \frac{\pi}{180} = 0.01745\text{rad}$$

2. 三角函数主要有：

$$\sin\alpha = \frac{y}{r}, \cos\alpha = \frac{x}{r}, \tan\alpha = \frac{y}{x}, \cot\alpha = \frac{x}{y}$$

由定义可知：

(1) 三角函数是某个角的函数，角为自变量，函数值为一比值；

(2) 三角函数的符号，决定于角 α 所在的象限；

(3) 锐角三角函数定义是任意角三角函数的特殊情况。

3. 基本三角恒等式

$$\sin^2\alpha + \cos^2\alpha = 1, \tan\alpha = \frac{\sin\alpha}{\cos\alpha}, \cot\alpha = \frac{\cos\alpha}{\sin\alpha}$$

4. 诱导公式

对任意角 α 有

(1) $-\alpha, 180°\pm\alpha, 360°\pm\alpha$ 的三角函数值，等于 α 的同名函数值，放上把 α 看作锐角时，原函数在相应象限内的符号；

(2) $90°\pm\alpha, 270°\pm\alpha$ 的三角函数值，等于 α 的相应余函数的值，放上把 α 看作锐角时，原函数在相应象限内的符号。

5. 正弦定理、余弦定理：

$$\frac{a}{\sin A} = \frac{b}{\sin B} = \frac{c}{\sin C}$$

$$\begin{cases} a^2 = b^2 + c^2 - 2bc\cos A \\ b^2 = a^2 + c^2 - 2ac\cos B \\ c^2 = a^2 + b^2 - 2ab\cos C \end{cases}$$

两个定理可用来求解三角形的未知元素

6. 正弦函数的图像及应用

函数 $y = A\sin(\omega x + \phi)$ 的最大值是 A,最小值是 $-A$,周期 $T = \dfrac{2\pi}{\omega}$,初相是 ϕ。

正弦函数的图像又叫正弦曲线。在正弦交流电路中,正弦函数用来表示电流(或电压)的大小和方向随时间而变化的关系。实际作图时,通常是选出五个关键性的点用描点法直接作正弦函数的图像。

习　题

1. 将下列各度化为弧度,并判断各是第几象限的角:

(1) 30°、210°、340°、400°;　(2) $-45°$、$-180°$、$-210°$、$-360°$

2. 将下列各弧度化为度,并在 0~2π 之间找出与各角终边相同的角:

(1) 3π、100π、120π;　(2) $-\dfrac{\pi}{3}$、$-\dfrac{\pi}{2}$、-3π;　(3) 8、314、-1

3. 一电动转盘直径为 1m,每分钟按逆时针方向转 330 周,求:

(1) 转盘每秒钟转过的弧度数;

(2) 转盘边缘上的一点每秒钟经过的弧长。

4. 在直径为 100cm 的圆形板上,能够截取多少块弧长为 50cm 的扇形板? 每块扇形板的圆心角是多少度(精确到 1°)?

5. 已知角 α,查表求 $\sin\alpha$、$\cos\alpha$、$\tan\alpha$、$\cot\alpha$ 的值:

(1) 18°、40°、65°;　(2) 9.1°、32.4°、72.8°;　(3) $\dfrac{\pi}{5}$,$\dfrac{\pi}{7}$,$\dfrac{2\pi}{7}$

6. 已知锐角三角函数值,查表求锐角 α:

(1) $\sin\alpha = 0.3422$,$\sin\alpha = 0.6866$;　(2) $\cos\alpha = 0.3422$,$\cos\alpha = 0.6866$;

(3) $\tan\alpha = 0.8761$,$\tan\alpha = 2.1840$;　(4) $\cot\alpha = 0.8761$,$\cot\alpha = 2.1840$

7. 不查表,将下列函数值按从小到大的顺序重新排列:

$\sin45°$、$\cos60°$、$\cos\dfrac{\pi}{6}$、$\tan\dfrac{\pi}{3}$、$\cot\dfrac{\pi}{2}$、$\sin1$

8. 不查表计算:

(1) $\sin30° \cdot \cos90° \cdot \tan13°$;　　(2) $\cos\dfrac{\pi}{4} \cdot \cos0 \cdot \sin\dfrac{\pi}{4}$;　　(3) $\tan\dfrac{\pi}{4} \cdot \cot\dfrac{\pi}{3} \cdot \sin\dfrac{\pi}{2}$;

(4) $\cot\dfrac{3\pi}{8} \cdot \cot\dfrac{\pi}{4} \cdot \cot\dfrac{\pi}{8}$;　　(5) $\sin30° \cdot \dfrac{\cos43°}{\sin47°} \cdot \cos30°$

9. 判断下列三角函数值是正的还是负的?

(1) $\sin\dfrac{10}{3}\pi$;　　(2) $\cos9.2\pi$;　　(3) $\tan\left(-\dfrac{7}{3}\pi\right)$;　　(4) $\cot\left(-\dfrac{5}{6}\pi\right)$

10. 判断角 α 所在象限:

(1) $\sin\alpha$ 与 $\tan\alpha$ 异号;　　(2) $\sin\alpha$ 与 $\cos\alpha$ 异号;

(3) $\cos\alpha$ 与 $\tan\alpha$ 同号;　　(4) $\sin\alpha$ 与 $\tan\alpha$ 同号

11. 将下列函数化为 $0°\sim45°$ 角的三角函数：

(1) $\sin73°$；　　　　(2) $\cos47°$；　　　　(3) $\tan143°$；　　　　(4) $\cot(-246°)$

12. 不查表将下列各函数值，按从小到大的顺序重新排列：

$$\sin40°、\cos130°、\sin\pi、\tan\left(-\frac{2\pi}{3}\right)$$

13. 求下列各三角函数的值：

(1) $\sin6\pi,\cos20\pi,\tan12\pi$；

(2) $\sin\left(-\frac{7\pi}{4}\right),\cos\left(-\frac{13\pi}{6}\right),\tan\left(-\frac{13\pi}{6}\right)$；

(3) $\sin314,\cos3.24,\tan12$

14. 已知直角三角形的一个锐角和斜边，求其余的边和角：

(1) $\angle A=32°,c=16\text{cm}$；　　(2) $\angle A=65°,c=36\Omega$；　　(3) $\angle B=40°,c=220\text{V}$

15. 已知直角三角形的两条直角边，求斜边和两个锐角：

(1) $a=4\text{m},b=3\text{m}$；　　(2) $a=90\Omega,b=120\Omega$；　　(3) $a=177\text{V},b=130\text{V}$

16. 已知直角三角形的斜边和一条直角边，求其余的边和角：

(1) $c=540\text{V},a=432\text{V}$；　　(2) $c=100\Omega,b=30\Omega$

17. 已知三角形的 $\angle A=120°,\angle B=30°,a=8\text{cm}$，求其余的边和角。

18. 已知三角形的 $\angle A=30°,\angle C=120°,b=8\text{cm}$，求其余的边和角。

19. 已知三角形的 $\angle A=30°,b=20\text{V},C=15\text{V}$，求其余的边和角。

20. 已知三角函数值求角 $(-\pi\leqslant\alpha<\pi)$：

(1) $\sin\alpha=\frac{1}{2}$；　　　　(2) $\cos\alpha=1$；

(3) $\sin\alpha=-0.5878$；　　(4) $\tan\alpha=-1$

21. 求下列函数的最大值和周期：

(1) $y=6\sin x$；　　　　(2) $y=\frac{1}{3}\sin2x$；

(3) $y=10\sqrt{2}\sin\left(x+\frac{\pi}{3}\right)$；　(4) $y=110\sqrt{2}\sin\left(314x-\frac{\pi}{2}\right)$；

(5) $y=10\sin\left(\frac{1}{2}x+\frac{\pi}{2}\right)$；　(6) $y=\frac{2}{3}\sin\left(\frac{4}{3}x-\frac{2\pi}{3}\right)$

22. 一物体振动的位移 x(单位:cm)是时间 t(单位:s)的正弦函数。

$$x=3\sin\left(20\pi t+\frac{\pi}{6}\right)$$

试作出其图像，并求：

(1) 开始时的位移是多少？

(2) 振动的振幅(最大位移)是多少？

(3) 重复振动一次需多长时间？

(4) 1 秒钟内重复振动多少次？

23. 已知电流强度 i(A)随时间 t(s)变化的函数关系是

$$i=40\sin\left(100\pi t+\frac{\pi}{2}\right)$$

试作其图像，并求：

(1) $t=0$ 时的电流值是多少？

(2) 电流的最大值是多少？

(3) 电流变化的周期和频率各是多少？

(4) 根据图像来确定 $t=\frac{T}{8}、\frac{3}{8}T$ 时的电流值各多少？

第2章　物理计算知识

在物理学中,推导公式、总结实验结果、解答习题等都要进行计算。通过物理计算,可以培养自己的基本运算能力,为学好电工专业课打下良好的基础。但是物理计算又有它的特点,在计算时首先要了解物理定律、原理和物理现象的本质,弄懂公式的物理意义,并能熟练地进行单位换算。因此,在物理计算之前,必须对所学的物理知识作必要的复习,在此基础上进行计算,效果才会好。

本章学习的主要内容包括量度和量度单位;直线运动;运动和力;曲线运动;物体的平衡;功和能;振动和波;热和功;能量守恒定律及静电场等计算知识。

2.1　国际单位制(SI)

（1）基本单位

在一个单位制中基本量的单位称为基本单位。它是构成单位制中其他单位的基础。而基本量是为确定一个单位制时选定的彼此独立的那些量。

（2）导出单位

在选定了基本单位之后,按物理量之间的关系,由基本单位以相乘、相除的形式构成的单位称为导出单位。

（3）国际单位制

是指国际计量大会在 1960 年通过的,以:长度的米、质量的千克、时间的秒、电流的安培、热力学温度的开尔文、物质的量摩尔、发光强度的坎德拉 7 个单位为基本单位,以平面角的弧度、立体角的球面度 2 个单位为辅助单位的一种单位制。其国际代号为 SI,我国简称为国际制。表 2-1、表 2-2 和表 2-3 分别列出了国际单位制的基本单位、国际单位制的辅助单位和国际单位制中具有专门名称的导出单位。

国际单位制的基本单位　表 2-1

量的名称	单位名称	单位符号
长　度	米	m
质　量	千克(公斤)	kg
时　间	秒	s
电　流	安[培]	A
热力学温度	开[尔文]	K
物质的量	摩[尔]	mol
发光强度	坎[德拉]	cd

国际单位制的辅助单位　表 2-2

量的名称	单位名称	单位符号
平面角	弧　度	rad
立体角	球面度	sr

国际单位制中具有专门名称的导出单位　表 2-3

量 的 名 称	单位名称	单位符号	其它表示式例	量 的 名 称	单位名称	单位符号	其它表示式例
频　率	赫[兹]	Hz	s^{-1}	能量;功;热	焦[耳]	J	N·m
力;重力	牛[顿]	N	$kg \cdot m/s^2$	功率;辐射通量	瓦[特]	W	J/s
压力,压强;应力	帕[斯卡]	Pa	N/m^2	电 荷 量	库[仑]	C	A·s

量 的 名 称	单位名称	单位符号	其它表示式例	量 的 名 称	单位名称	单位符号	其它表示式例
电位;电压;电动势	伏[特]	V	W/A	摄氏温度	摄氏度	℃	
电　容	法[拉]	F	C/V	光 通 量	流[明]	lm	cd·sr
电　阻	欧[姆]	Ω	V/A	光 照 度	靳[克斯]	lx	1m/m²
电　导	西[门子]	S	A/V	放射性活度	贝可[勒尔]	Bq	s^{-1}
磁 通 量	韦[伯]	Wb	V·s	吸收剂量	戈[瑞]	Gy	J/kg
磁通量密度,磁感应强度	特[斯拉]	T	Wb/m²	剂量当量	希[沃特]	Sv	J/kg
电　感	亨[利]	H	Wb/A				

习　题

1. 在国际单位制中是以哪 7 个量为基本量？写出这七个量的单位名称与单位符号。
2. 国际单位制中,速度的单位"m/s"是怎样构成的？写出它的单位名称。
3. 国际单位制中,密度的单位名称应该怎样表示？写出它的单位符号。
4. 国际单位制中,力的单位 N 的名称是什么？
5. 国际单位制中,功的单位 J 及功率的单位 W 的名称各是什么？
6. 国际单位制中,热的单位名称与符号是什么？
7. 国际单位制中,电荷量的单位 C 的名称是什么？这个单位是怎样构成的？
8. 国际单位制中,平面角的单位名称与符号是什么？

2.2　量度和量度单位

2.2.1　长度、面积、体积(容积)

(1) 长度

物理量的符号是:l,b(宽度),h(高度),s(路程、距离)。

长度的单位是米(m),此外还有它的倍数单位千米(公里)(km)和分数单位分米(dm)、厘米(cm)、毫米(mm)、微米(μm)等。它们和米的关系是:

$1km = 10^3m, 1dm = 10^{-1}m, 1cm = 10^{-2}m,$
$1mm = 10^{-3}m, 1\mu m = 10^{-6}m$。

(2) 面积 A,(s)

面积的单位是平方米(m²)

此外还有平方公里(km²)、平方分米(dm²)、平方厘米(cm²)、平方毫米(mm²)等。

它们和平方米的关系是:

$1km^2 = 10^6m^2$
$1dm^2 = 10^{-2}m^2$
$1cm^2 = 10^{-4}m^2$
$1mm^2 = 10^{-6}m^2$

(3) 体积、容积(V)

体积的单位是立方米(m³)

此外还有立方分米(dm³)、立方厘米(cm³)、立方毫米(mm³)等。它们和立方米的关系是:

$1dm^3 = 10^{-3}m^3, 1cm^3 = 10^{-6}m^3$
$1mm^3 = 10^{-9}m^3$

另外还用升(L)、毫升(mL)作容积的单位。

$1L = 1dm^3 = 10^{-3}m^3$
$1L = 10^3mL$

(4) 长度(l)、面积(A)、体积(V)的计算公式(表 2-4)

图　　形	计 算 公 式
圆　形	周长　$l = \pi d = 2\pi r$ $A = \dfrac{\pi}{4} d^2 = 0.785 d^2$
扇　形	弧长　$l = R\theta$ $A = \dfrac{1}{2} R^2 \theta$
环　形	$A = \dfrac{\pi}{4}(D^2 - d^2)$ $= 0.785 \cdot (D^2 - d^2)$
平行四边形	$A = bh = ab\sin\phi$
梯　形	$A = \dfrac{a_1 + a_2}{2} h = mh$ （m 是中线的长）
三角形	$A = \dfrac{1}{2} b \cdot h$
圆柱体	$V = A \cdot h$ $= \dfrac{\pi}{4} d^2 h$ $= 0.785 d^2 h$
圆　锥	$V = \dfrac{1}{3} Ah$
棱　锥	$V = \dfrac{1}{3} Ah$

2.2.2 质量

2.2.2.1 质量

物理量符号是 m。

质量的单位有:千克(kg)、吨(t)、克(g)、毫克(mg)。

其中千克是国际单位制中质量的主单位。

质量单位的换算关系:

$$1t = 10^3kg, 1kg = 10^3g, 1g = 10^3mg$$

2.2.2.2 单位长度的质量

$$m_l = \frac{m}{l} \quad (kg/m) \qquad (2-1)$$

式中:l 是管子、线材、杆件的长度。

【例 2-1】 有两种常用电线管的规格如下表所示。计算:1)管子的内径;2)内孔面积;3)每 6m 长管子的质量。

公称口径 (mm)	外径 D (mm)	壁厚 δ (mm)	质 量 (kg/m)
20	19.05	1.6	0.53
25	25.4	1.6	0.72

【解】 (1) 内径 $d = D - 2\delta$

$d_1 = 19.05 - 2 \times 1.6 = 15.85mm$

$d_2 = 25.4 - 2 \times 1.6 = 22.2mm$

(2) 内孔面积 $S = 0.785d^2$

$S_1 = 0.785 \times 15.85^2 = 197mm^2$

$S_2 = 0.785 \times 22.2^2 = 387mm^2$

(3) 管子质量 $m = m_l \cdot l$

$m_1 = 0.53 \times 6 = 3.18kg$

$m_2 = 0.72 \times 6 = 4.32kg$

2.2.2.3 单位面积的质量

$$m_A = \frac{m}{A} \quad (kg/m^2) \qquad (2-2)$$

式中:A 是各类板材、平面框架材料的面积。

【例 2-2】 有一种钢板的单位面积质量 m_A 为 $7.65kg/m^2$,用这种板制作的面积为 $2500cm^2$ 的箱盖的质量是多少?

【解】 $m_A = 7.65kg/m^2, A = 2500cm^2$

$= 0.25m^2$

箱盖质量 $m = m_A \cdot A = 7.65 \times 0.25$

$\qquad\qquad = 1.91kg$

(4) 单位体积的质量(密度)

$$\rho = \frac{m}{V} \quad (kg/m^3) \qquad (2-3)$$

式中:V 是物体的体积

【例 2-3】 有一种角铁,其截面尺寸(单位 mm)如图 2-1 所示,$\rho = 7.8kg/dm^3$,使用 1m 长的角铁制作的框架质量是多少?

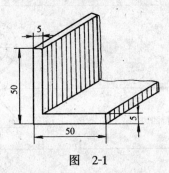

图 2-1

【解】 截面积

$A = 0.5 \times 0.05 + 0.45 \times 0.05 = 0.0475dm^2$

体积 $V = A \cdot l = 0.0475 \times 10 = 0.475dm^3$

质量 $m = V \cdot \rho = 0.475 \times 7.8 = 3.71kg$

【例 2-4】 直径为 4.50mm 的铁—铬—铝合金线,每 1Ω 合金丝的长度是 12.61m,每 1m 合金丝的质量是 0.118kg。计算电阻是 6.2Ω 的一段合金线质量是多少?

【解】 线长 $l = 12.61 \times 6.2 = 78.2m$

线的质量 $m = m_l \cdot l = 0.118 \times 78.2$

$\qquad\qquad = 9.2kg$

2.2.3 时间

物理量符号是 t,单位是秒(s)。

比秒小的单位是毫秒(ms)、微秒(μs)。

生活中还用分(min)、时(h)、天(d)作单位。

$$1s = 10^3ms, 1ms = 10^3\mu s$$

$$1min = 60s, 1h = 3600s$$

$$1d = 24h = 86400s$$

小　结

本节主要内容:

1. 力学基本量及单位换算

长度　$1m = 10dm = 10^2cm = 10^3mm$

$1km = 10^3m$

质量　$1kg = 10^3g = 10^6mg, 1t = 10^3kg$

时间　$1s = 10^3ms = 10^6\mu s, 1h = 60min = 3600s$

2. 导出量及单位换算

面积　$1m^2 = 10^2dm^2 = 10^4cm^2 = 10^6mm^2$

$1km^2 = 10^6m^2$

体积　$1m^3 = 10^3dm^3 = 10^6cm^3 = 10^9mm^3$

$1m^3 = 10^3L = 10^6mL$

密度　公式 $\rho = \dfrac{m}{V}$,单位 kg/m^3

3. 缆绳、金属线、管道、杆件质量的计算 $m = m_l \cdot l$ 式中 m_l 是单位长度质量 (kg/m)

4. 平板、金属板材、平面框架质量的计算 $m = m_A \cdot A$ 式中 m_A 是单位面积质量 (kg/m²)

习　题

1. 完成下列单位换算

(1) $L = 870\mu m = $ 　　　m;

$d = 4800mm = $ 　　　m;

$b = 3.24 \times 10^6km = $ 　　　m;

$c = 9.10 \times 10^{-2}cm = $ 　　　m

(2) $A = 1900cm^2 = $ 　　　m²;

$S = 73.4mm^2 = $ 　　　m²;

$S = 12km^2 = $ 　　　m²;

$S = 7.20 \times 10^{-3}cm^2 = $ 　　　m²

(3) $V = 4.00 \times 10^9cm^3 = $ 　　　m³;

$V = 2.8L = $ 　　　mL;

$V = 3.24 \times 10^6mL = $ 　　　m³;

$V = 8.80 \times 10^4dm^3 = $ 　　　m³

(4) $m = 500g = $ 　　　kg;

$m = 5.0 \times 10^6mg = $ 　　　kg;

$m = 1.2t = $ 　　　kg;

$m = 9.1 \times 10^{-28}g = $ 　　　kg

(5) $t = 15min = $ 　　　s;

$$t = 24h = \qquad s$$

2. 完成下列计算

(1) $r = 1cm, L = 2\pi r = \qquad m$;

(2) $d = 1.2mm, A = \dfrac{\pi d^2}{4} = \qquad m^2$;

(3) $a = 200mm, b = 3.2m, ab = \qquad m^2$;

(4) $A = 3.0 \times 10^2 mm^2, h = 24cm, Ah = \qquad m^3$;

(5) $a = 120mm, b = 300\mu m, c = 1km, abc = \qquad m^3$

3. 计算如图 2-2 所示金属槽孔的截面积是多少平方毫米(图中尺寸的单位是 mm)。

4. 根据图 2-3(a)、图 2-3(b)所给的尺寸,计算铁心截面积是多少平方毫米(图中尺寸的单位是 mm)。

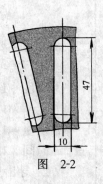

图 2-2

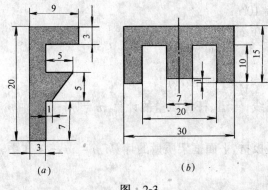

(a)　　　　　　　　　　(b)

图 2-3

5. 计算如图 2-4 所示工件截面面积及边角料(阴影部分)所占总材料的百分比(图中尺寸的单位是 mm)。

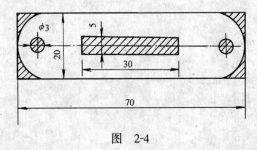

图 2-4

6. 计算材料每米长的质量是多少千克。

(1) 标称截面为 150mm² 的钢芯铝绞线,每公里质量为 598kg;

(2) 长 50m 的一捆导线重 234N;

(3) 680mm 长的一段管子质量是 1kg;

(4) 长 2.4m 的工字型梁质量是 1t。

7. 已知直径为 4.5mm 的铁—铬—铝合金线,每米长的质量是 0.118kg,每米长的电阻是 0.0793Ω(20℃ 时)。计算:

(1) 截面积是多少平方米?

(2) 材料的密度是多大?

(3) 电阻是 8Ω 的一段导线有多长?有多重?

34

8．计算材料每平方米面积的质量是多少千克
(1) 面积是 $0.8m^2$ 的木板质量是 2kg;
(2) 面积是 $2.2m^2$ 的钢板质量是 1t;
(3) 面积是 $7.6×10^4cm^2$ 的板子质量为 5kg。

9．用 kg/m^3 作单位计算密度
(1) 体积是 $2.1m^3$ 的物体,质量是 5.6t;
(2) 体积是 $860cm^3$ 的物体,质量是 6.75kg;
(3) 2.5L 的溶液质量是 4.5kg。

10．计算以下工件的质量:
(1) 外套筒的横截面如图 2-5(a),求每米套筒的质量是多少？ $\rho = 4.8kg/dm^3$;
(2) 如图 2-5(b),U 形铁芯的质量是多少？ $\rho = 7.6kg/dm^3$;
(3) 如图 2-5(c),环箍的质量是多少？ $\rho = 7.85kg/dm^3$。

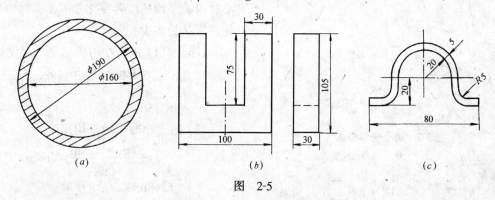

图　2-5

2.3　直线运动

2.3.1　路程和位移

质点运动所经过的路径的长度叫路程。

从物体的初始位置指向末位置的有向线段叫位移。线段的长度表示位移的大小,箭头表示位移的方向。

位移是矢量,路程是标量。在国际单位制中位移和路程的单位都是米,符号为 m。

矢量的表示方法:

矢量可以用一条有向线段来表示,在书写时要表示某量是矢量,可在代表这个量的符号上面加上一个箭头,如 $\vec{F}$ 和 $\vec{V}$,在印刷时常用粗体字表示矢量,如 **F** 和 **V**,而符号 F

或 V 只表示矢量的大小,不管方向。

矢量和标量服从不同的运算规则,现在我们来讨论矢量的相加和相减的问题:

矢量的相加:

如图 2-6,设一物体从 O 点向北运动 3m 后,又向东运动 4m,我们用作矢量图的方法求总的位移。

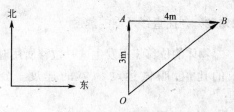

图 2-6　两个矢量相加

1．以 O 点作为位移的起点;

2．从 O 点向北按比例画出矢量 $\overrightarrow{OA}$;

3．从 A 点向东按比例画出矢量 $\overrightarrow{AB}$;

4. 将第一个矢量的始端和第二个矢量的末端连接起来所得到的矢量 $\overrightarrow{OB}$ 就是总的位移矢量。

矢量的相加用关系式表示为

$$\overrightarrow{OA} + \overrightarrow{AB} = \overrightarrow{OB}$$

矢量的相减：

两个矢量的相减，可以用加法来代替。如图 2-7 中从矢量 $\overrightarrow{V_1}$ 减去矢量 $\overrightarrow{V_2}$，可用关系式表示为

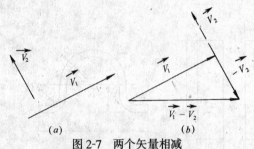

图 2-7　两个矢量相减
(a)两个已知矢量；(b)两个矢量的差

$$\overrightarrow{V_1} - \overrightarrow{V_2} = \overrightarrow{V_1} + (-\overrightarrow{V_2})$$

【例 2-5】　起重机把一重物竖直向上提升到 8m 的高度，然后在同一高度上又把重物一直向前移运动 6m，重物运动的路程和位移的大小各是多少？

【解】　路程 $s = h + l = 8 + 6 = 14\text{m}$
位移的大小 $s = \sqrt{h^2 + l^2} = \sqrt{8^2 + 6^2}$
$$= 10\text{m}$$

2.3.2　匀速直线运动的速度

物体的位移 s 跟发生这一位移所用时间 t 的比值，叫做运动物体的速度。公式是

$$v = \frac{s}{t} \qquad (2\text{-}4)$$

在国际单位制中，速度的单位是 m/s，常用的单位还有 km/h 和 cm/s 等。

速度是个矢量，速度的方向就是物体运动的方向。

2.3.3　变速直线运动的速度　加速度

平均速度：

运动物体的位移 s 跟发生这一位移所用时间 t 的比值，叫做这段时间（或位移）内的平均速度，用符号 $\bar{v}$ 表示。

$$\bar{v} = \frac{s}{t} \qquad (2\text{-}5)$$

【例 2-6】　火车在平直轨道上行驶，第一小时走了 40km，第二小时走了 50km，第三小时走了 42km。火车在前 2 小时内和后 2 小时内的平均速度各是多少？3 小时内的平均速度又是多少？

【解】　(1) 前 2 小时内的平均速度

$$\bar{v} = \frac{s}{t} = \frac{40\text{km} + 50\text{km}}{2\text{h}} = 45\text{km/h}$$
$$= 12.5\text{m/s}$$

(2) 后 2 小时内的平均速度

$$\bar{v} = \frac{s}{t} = \frac{50\text{km} + 42\text{km}}{2\text{h}} = 46\text{km/h}$$
$$= 12.8\text{m/s}$$

(3) 3 小时内的平均速度

$$\bar{v} = \frac{s}{t} = \frac{40\text{km} + 50\text{km} + 42\text{km}}{3\text{h}} = 44\text{km/h}$$
$$= 12.2\text{m/s}$$

瞬时速度：

运动物体在某一时刻或经过某一位置时的速度。

加速度：

物体速度的变化跟发生这个变化所用时间的比值，叫做物体的加速度。加速度的公式是

$$a = \frac{v_t - v_0}{t} \qquad (2\text{-}6)$$

在国际单位制中，加速度的单位是米每二次方秒，符号是 m/s^2。

加速度是矢量。加速度的大小等于单位时间内速度的变化量。在变速直线运动中，如果速度是逐渐增大的，加速度的方向跟初速度的方向一致；如果速度是逐渐减小的，加

速度的方向跟初速度的方向相反。

【例 2-7】 做变速直线运动的汽车,在 20s 内速度从 8m/s 增加到 20m/s,求汽车的加速度。

【解】 已知初速度 $v_0 = 8$m/s,末速度 $v_t = 20$m/s,$t = 20$s,汽车的加速度

$$a = \frac{v_t - v_0}{t} = \frac{20\text{m/s} - 8\text{m/s}}{20\text{s}}$$
$$= 0.6\text{m/s}^2$$

加速度为正值,表示加速度的方向跟初速度的方向一致。

答:汽车的加速度大小是 0.6m/s²,方向跟初速度的方向一致。

【例 2-8】 汽车在紧急刹车时,经过 2s,速度从 54km/h 减小到零,求汽车在这段时间内的加速度。

【解】 已知 $v_0 = 54$km/h $= 15$m/s,末速度 $v_t = 0$,$t = 2$s,汽车刹车时的加速度

$$a = \frac{v_t - v_0}{t} = \frac{0 - 15}{2} = -7.5\text{m/s}^2$$

加速度为负值,表示加速度的方向跟初速度的方向相反。

答:汽车的加速度大小是 7.5m/s²,方向跟初速度的方向相反。

注意:

在计算的时候,如果所有的已知量都用国际制的单位表示,那么,只要正确地应用物理公式,计算的结果也总是用国际单位制的单位来表示的。为了简便,在计算过程中可以不写出各个物理量的单位,只在最后的结果中标出所求量的单位就可以了。

2.3.4 匀变速直线运动的规律

在相等的时间内速度变化相等的直线运动,叫做匀变速直线运动。

速度公式 $v_t = v_0 + at$ (2-7)

位移公式 $s = v_0 t + \frac{1}{2}at^2$ (2-8)

速度和位移的关系式 $v_t^2 = v_0^2 + 2as$

                                      (2-9)

【例 2-9】 一辆汽车以 72km/h 的速度行驶,刹车后做匀减速直线运动,加速度是 -5.0m/s²。从刹车起,到汽车停下来位移是多大?

【解】 汽车做减速运动,加速度为负值。

已知 $v_0 = 72$km/h $= 20$m/s,$v_t = 0$,$a = -5$m/s²

根据 $v_t^2 = v_0^2 + 2as$ 可得

$$s = \frac{v_t^2 - v_0^2}{2a} = \frac{0 - 20^2}{2 \times (-5)} = 40\text{m}$$

答:刹车后汽车还要前进 40m。

2.3.5 自由落体运动

物体只在重力的作用下从静止开始下落的运动,叫做自由落体运动。自由落体运动是初速度为零的匀加速直线运动。

自由落体运动中的加速度叫做重力加速度,用 g 表示。通常取 $g = 9.8$m/s²。

重力加速度的方向总是竖直向下的。

自由落体运动公式:

速度公式 $v_t = gt$ (2-10)

位移公式 $h = \frac{1}{2}gt^2$ (2-11)

速度位移关系式 $v_t^2 = 2gh$ (2-12)

【例 2-10】 汽锤从 6m 高处自由落下,落地时的速度是多大?落到地面用了多长时间?

【解】 根据 $v_t^2 = 2gh$ 可得

速度 $v_t = \sqrt{2gh} = \sqrt{2 \times 9.8 \times 6}$
               $= 10.8$m/s

时间 $t = \frac{v_t}{g} = \frac{10.8}{9.8} = 1.1$s

答:落地时的速度是 10.8m/s,经历时间是 1.1s。

2.3.6 运动图像

(1) 匀速直线运动的位移图像是一条过坐标原点的倾斜的直线(图 2-8)

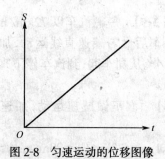

图 2-8　匀速运动的位移图像

（2）匀速直线运动的速度图像是和时间轴平行的一条直线（图 2-9）

图 2-9　匀速运动的速度图像

（3）匀变速直线运动的速度图像是一条直线，图 2-10 是初速度不为零的匀加速直线运动的速度图像。图 2-11 是初速度为零的匀加速直线运动的速度图像。图 2-12 是匀减速直线运动的速度图像。

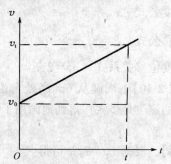

图 2-10　匀加速运动的速度图像（$v_0 \neq 0$）

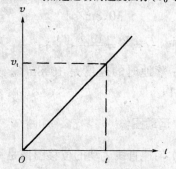

图 2-11　匀加速运动的速度图像（$v_0 = 0$）

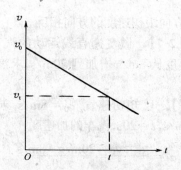

图 2-12　匀减速运动的速度图像

【例 2-11】　图 2-13 为一升降机的速度—时间图像。（1）分段说明图像所表明的意义。（2）0～第 12 秒内总的位移是多大？（3）三个阶段内的加速度是多大？

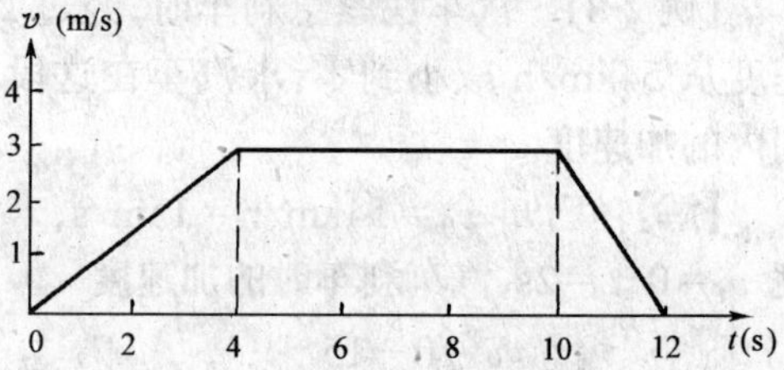

图 2-13　升降机的速度图像

【解】

（1）第 0～第 4 秒内升降机做初速度为零的匀加速直线运动；

第 4～第 10 秒内做匀速直线运动；

第 10～第 12 秒内做匀减速直线运动。

（2）位移在数值上等于速度图像下的面积。

匀加速运动的位移 $s_1 = \dfrac{1}{2}(3 \times 4) = 6\mathrm{m}$

匀速运动的位移 $s_2 = 3 \times 6 = 18\mathrm{m}$

匀减速运动的位移 $s_3 = \dfrac{1}{2}(3 \times 2) = 3\mathrm{m}$

总的位移是 $6\mathrm{m} + 18\mathrm{m} + 3\mathrm{m} = 27\mathrm{m}$

（3）加速运动时的加速度 $a = \dfrac{v_t}{t} = \dfrac{3}{4}$ $= 0.75\mathrm{m/s^2}$

匀速运动时的加速度 $a = 0$

减速运动时的加速度 $a = \dfrac{0 - V_0}{t} = \dfrac{-3}{2}$ $= -1.5\mathrm{m/s^2}$

　　1．位移是既有大小又有方向的物理量,位移是矢量。矢量和标量服从不同的运算规则。

　　2．速度是矢量,方向是物体运动的方向。

　　3．匀速直线运动的速度

$$v = \frac{s}{t}$$

　　4．变速直线运动的平均速度

$$\overline{v} = \frac{s}{t}$$

　　5．匀变速直线运动

$$平均速度\ \overline{v} = \frac{v_0 + v_t}{2}$$

加速度是矢量。加速度的大小等于单位时间内速度的变化量。加速度的公式是

$$a = \frac{v_t - v_0}{t}$$

在加速运动中加速度的方向跟初速度的方向一致;在减速运动中加速度的方向跟初速度的方向相反。

运动规律:

$$v_t = v_0 + at$$
$$s = v_0 t + \frac{1}{2} at^2$$
$$v_t^2 = v_0^2 + 2as$$

　　6．自由落体运动是 $v_0 = 0, a = g = 9.8 \text{m/s}^2$ 的匀加速直线运动

　　7．运动图像

匀速运动的位移图像是过原点的一条斜直线,速度图像是和时间轴平行的一条直线。$v_0 = 0$ 的匀变速直线运动的速度图像是过原点的一条斜直线,$v_0 \neq 0$ 的匀变速直线运动的速度图像是不过原点的一条斜直线。

习　题

1．求位移的大小和方向

(1) 质点沿圆周运动了1周;

(2) 单摆上的小球沿圆弧从 O 点摆动到 A 点(图2-14);

(3) 平抛物体从 O 点落至 B 点(图2-15)。

2．计算位移$\overrightarrow{OA_1}$、$\overrightarrow{OA_2}$、$\overrightarrow{OA_3}$、$\overrightarrow{OA_4}$在 OY 方向上的分量,设圆的半径为 r(图2-16)。

3．完成下列单位换算

(1) $\overline{v} = 430 \text{cm/s} = \qquad \text{m/s}$;

(2) $\overline{v} = 36 \text{km/h} = \qquad \text{m/s}$;

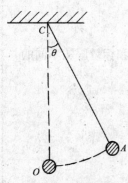

图 2-14　单摆

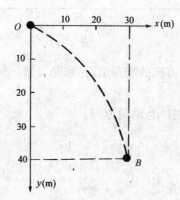

图 2-15　平抛物体

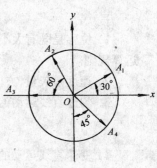

图　2-16

(3) $v = 11.2\text{km/s} = \qquad \text{m/s}$；

(4) $a = 34\text{cm/s}^2 = \qquad \text{m/s}^2$；

(5) $a = 400\text{km/s}^2 = \qquad \text{m/s}^2$。

4. 根据公式 $a = \dfrac{v_t - v_0}{t}$ 计算加速度。

(1) 已知 $v_0 = 0$，$v_t = 72\text{km/h}$，$t = 30\text{s}$；

(2) 已知 $v_0 = 10\text{km/h}$，$v_t = 72\text{km/h}$，$t = 30\text{s}$；

(3) 已知 $v_0 = 30\text{m/s}$，$v_t = 12\text{m/s}$，$t = 4\text{s}$；

(4) 已知 $v_0 = 36\text{km/h}$，$v_t = 0$，$t = 4\text{s}$。

5. 根据速度公式 $v_t = v_0 + at$ 计算末速度或初速度。

(1) 已知 $a = 2\text{m/s}^2$，$v_0 = 0$，$t = 10\text{s}$，求 v_t；

(2) 已知 $a = 2\text{m/s}^2$，$v_0 = 10\text{m/s}$，$t = 10\text{s}$，求 v_t；

(3) 已知 $a = 3\text{m/s}^2$，$t = 10\text{s}$，$v_t = 30\text{m/s}$，求 v_0；

(4) 已知 $a = -2.4\text{m/s}^2$，$t = 10\text{s}$，$v_0 = 30\text{m/s}$，求 v_t；

(5) 已知 $a = -15\text{m/s}^2$，$t = 2\text{s}$，$v_0 = 30\text{m/s}$，求 v_t；

(6) 已知 $a = -15\text{m/s}^2$，$t = 1\text{s}$，$v_t = 0$，求 v_0。

6. 根据位移公式 $s = v_0 t + \dfrac{1}{2} at^2$，计算 t 秒内的位移。

(1) 已知 $v_0 = 0$，$a = 2\text{m/s}^2$，$t = 4\text{s}$；

(2) 已知 $v_0 = 6\text{m/s}$，$a = 2\text{m/s}^2$，$t = 4\text{s}$；

(3) 已知 $v_0 = 10\text{m/s}$，$a = -2\text{m/s}^2$，$t = 2\text{s}$。

7. 根据公式 $v_t^2 = v_0^2 + 2as$ 计算 s 或 v_t。

(1) 已知 $v_0 = 0$，$a = 2\text{m/s}^2$，$v_t = 10\text{m/s}$，求 s；

(2) 已知 $v_0 = 4\text{m/s}$，$a = 2\text{m/s}^2$，$v_t = 30\text{m/s}$，求 s；

(3) 已知 $v_0 = 20\text{m/s}$，$a = -1\text{m/s}^2$，$v_t = 0$，求 s；

(4) 已知 $v_0 = 10\text{m/s}$，$a = 1\text{m/s}^2$，$s = 150\text{m}$，求 v_t；

(5) 已知 $v_0 = 10\text{m/s}$，$a = -1\text{m/s}^2$，$s = 50\text{m}$，求 v_t。

8. 根据 $s = \bar{v} t$ 求 t 秒内的位移 s。

(1) 已知 $\bar{v} = 36\text{km/h}$，$t = 6\text{s}$；

(2) 已知作匀变速直线运动的物体，$v_0 = 340\text{m/s}$，经 $t = 0.01\text{s}$，$v_t = 0$；

(3) 已知作匀变速直线运动的物体，$v_0 = 0$，经 $t = 20\mathrm{s}$，$v_t = 36\mathrm{km/h}$；

(4) 已知作匀变速直线运动的物体，$v_0 = 72\mathrm{km/h}$；经 $t = 10\mathrm{s}$，$v_t = 36\mathrm{km/h}$。

9. 求自由落体运动的末速度 v_t

(1) 已知下落时间 $t = 3\mathrm{s}$；

(2) 已知下落距离 $h = 4.9\mathrm{m}$。

10. 求自由落体运动的时间 t。

(1) 已知落地时的速度 $v_t = 9.8\mathrm{m/s}$；

(2) 已知下落距离 $h = 4.9\mathrm{m}$。

11. 求自由落体运动下落距离。

(1) 已知下落时间 $t = 4\mathrm{s}$；

(2) 已知落地时速度 $v_t = 30\mathrm{m/s}$。

12. 图 2-17 是电梯运动的 s-t 图像。

(1) 电梯在 0～第 6s 内作什么运动？

(2) 电梯在 0～第 2s 内的位移是多少？

(3) 电梯在第 2～第 4s 内的位移是多少？

(4) 电梯在第 4～第 6s 内的位移又是多少？

13. 图 2-18 是电梯运动的 v-t 图像。

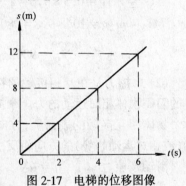

图 2-17　电梯的位移图像

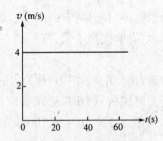

图 2-18　电梯的速度图像

(1) 电梯在 0～第 40s 内作什么运动？

(2) 电梯在 0～第 1min 内的位移是多少？

(3) 运动的加速度是多少？

14. 图 2-19 是电梯运动的 v-t 图像。

(1) 电梯作什么运动？

(2) 电梯在 0～第 2s 内的位移是多少？

(3) 电梯在第 2～第 3s 内的位移是多少？

(4) 电梯在第 3～第 4s 内的位移是多少？

(5) 求电梯运动的加速度。

15. 图 2-20 是汽车运动的 v-t 图像。

(1) 汽车作什么运动？

(2) 汽车在 0～第 6s 内的位移是多少？

(3) 求汽车的加速度。

16. 图 2-21 是升降机运动的 v-t 图像，求：

(1) 0～第 4s 内的平均速度；

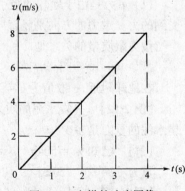

图 2-19　电梯的速度图像

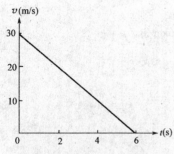

图 2-20　汽车的速度图像

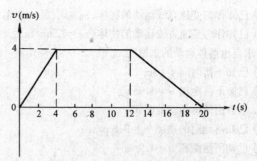

图 2-21　升降机的速度图像

(2) 0～第 5s 内的平均速度；

(3) 0～第 12s 内的平均速度；

(4) 0～第 20s 内的位移。

2.4　力的合成与分解

2.4.1　力

力是物体对物体的作用。在国际单位制(SI)中,力的单位是牛顿,符号是 N。力是矢量。

力的大小、方向、作用点称为力的三要素。

用图解法表示力时,必须给定比例尺,例如以 1cm 表示 1N、10N 或 100N。

2.4.2　常见的三种力

(1) 重力是由于地球的吸引从而使物体受到的力。重力的方向是竖直向下。

重力跟质量的关系是

$$G = mg \qquad (2\text{-}13)$$

在地球附近,g 取值为 $g = 9.8\text{N/kg}$。

【例 2-12】　一袋水泥的质量是 50kg,这袋水泥的重力是多少?

【解】　已知 $m = 50\text{kg}$　$g = 9.8\text{N/kg}$

重力 $G = mg = 50\text{kg} \times 9.8\text{N/kg} = 490\text{N}$

【例 2-13】　质量分别为 500g 和 1t 的物体,所受重力的大小是多少? 如果一个物体受到的重力是 8820N,它的质量是多少? (g 取 9.8N/kg)

【解】　将已知量用国际单位制的单位来表示。

$m_1 = 500\text{g} = 0.5\text{kg}$, $m_2 = 1\text{t} = 10^3\text{kg}$,

$$G = 8820\text{N}。$$

$$G_1 = m_1 g = 0.5 \times 9.8 = 4.9\text{N},$$

$$G_2 = m_2 g = 10^3 \times 9.8 = 9800\text{N}。$$

$$m = \frac{G}{g} = \frac{8820}{9.8} = 900\text{kg}$$

(2) 摩擦力是在互相接触的物体之间产生的阻碍物体相对运动的力。摩擦力作用在两个物体相互接触的表面上,方向跟相对运动(或相对运动趋势)的方向相反。

滑动摩擦力　　　　$f = \mu N$ 　　(2-14)

式中的 N 表示正压力,μ 为滑动摩擦系数,它的大小与两个物体的材料有关。

两个相互接触的物体,在外力作用下,有相对运动的趋势而又保持相对静止时,接触面之间产生的摩擦力叫静摩擦力。

静摩擦力有最大值。

(3) 弹力发生在互相接触并且发生弹性形变的物体之间,弹力的方向跟物体间的接触面垂直。

虎克定律

在弹性限度内,弹簧的弹力 F 的大小跟形变的大小 x 成正比,即

$$F = kx \qquad (2\text{-}15)$$

式中 k 叫做弹簧的劲度系数,它和弹簧的材料、长度及弹簧丝的粗细有关。单位是

N/m。

【例 2-14】 一根弹簧的劲度系数是 200N/m,伸长 8cm 时,弹簧的拉力是多大?另一根弹簧压缩长度是 4cm 时,弹力是 120N,这根弹簧的劲度系数是多少?

【解】 已知 $k_1 = 200\text{N/m}$, $x_1 = 8\text{cm} = 0.08\text{m}$

由胡克定律可得

$$F_1 = k_1 x = 200 \times 0.08 = 16\text{N}$$

对另一根弹簧有 $x_2 = 4\text{cm} = 0.04\text{m}$ 时,$F_2 = 120\text{N}$,

劲度系数 $k_2 = \dfrac{F_2}{x_2} = \dfrac{120}{0.04} = 3000\text{N/m}$。

2.4.3 力的合成与分解

求两个互成角度的共点力的合力,可以用表示这两个力的有向线段作邻边,作平行四边形,它的对角线就表示合力的大小和方向。这叫做力的**平行四边形法则**。

F 是 F_1 和 F_2 的合矢量,可以用矢量式表示为:

$$F = F_1 + F_2$$

力的合成和分解遵循平行四边形法则

【例 2-15】 两个力同时作用在一物体上,一个力是 160N,另一个力是 120N,这两个力的夹角是 90°,求这两个力的合力。

【解】 这是一个已知分力求合力的问题,可以用作图法求出合力。

确定标度,选 10mm 长的线段表示 40N 的力。根据已知的 $F_1 = 160\text{N}$、$F_2 = 120\text{N}$、

F_1 和 F_2 的夹角是 90°作力的平行四边形 $OACB$,作图求出表示合力 F 的对角线,如图 2-22 所示。量得表示合力 F 的对角线长为 50mm,所以合力的大小 $F = 50 \times \dfrac{40}{10} = 200\text{N}$

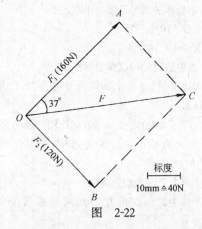

图 2-22

用量角器量得合力 F 与 F_1 的夹角为 37°。

答:合力的大小为 200N,合力与 F_1 的夹角为 37°。

在这道题目中,两力的夹角是 90°,通过作图可知 $\triangle OAC$ 是直角三角形。也可由勾股定理得:

$$F = \sqrt{F_1^2 + F_2^2}$$
$$= \sqrt{160^2 + 120^2}$$
$$= 200\text{N}$$

$$\tan\theta = \frac{F_2}{F_1} = \frac{120}{160} = 0.75$$

查表得 $\theta = 37°$

小 结

1. 力是矢量,力的大小、方向、作用点称为力的三要素。

2. 力学中常见的三种力是重力、弹力和摩擦力。

3. 求几个已知力的合力叫做力的合成。求一个已知力的分力叫做力的分解。力的合成和分解都遵循平行四边形法则。

习　题

1. 求物体所受的重力是多少牛顿($g≈10N/kg$)。

(1) $m=500g$; $\qquad\qquad$ $m=800mg$;

(2) $m=500kg$; $\qquad\qquad$ $m=8×10^3kg$;

(3) $m=1t$; $\qquad\qquad$ $m=3.24t$。

2. 求物体的质量是多少千克。

(1) $G=10N$;

(2) $G=9.10×10^9N$。

3. 选取适当的标度作力的图示。

(1) 比较 A、B 两个物体所受的重力,已知 $m_a=50kg$, $m_b=60kg$,

(2) $G_A=4900N$, $G_B=980N$,比较二者的大小。

4. 用力的平行四边形法则,求作用在同一点的两个 100N 力的合力:

(1) 两力之间夹角为 30°;

(2) 两力之间夹角为 130°,可任意选用合适的标度作图。

5. 求图 2-23 中所示各力的分力 F_x 和 F_y。

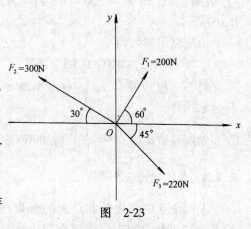

图　2-23

2.5　运动和力

(1) 牛顿第一定律

一切物体总保持匀速直线运动状态或静止状态,直到有外力迫使它改变这种状态为止。

(2) 牛顿第二定律

物体的加速度跟所受外力的合力成正比,跟物体的质量成反比,加速度的方向跟外力的方向相同。公式是

$$F=ma \qquad (2-16)$$

(3) 牛顿第三定律

物体之间的作用力和反作用力总是大小相等、方向相反,作用在一条直线上。

【例 2-16】 质量是 2.5kg 的砖块停在斜面上受到哪几个力的作用。说出各力的大小、名称和施力物体。已知斜面的倾角是 30°(图 2-24)。

【解】 放在斜面上的砖块受到三个力的作用:地球对它的重力 G,斜面对它的支持

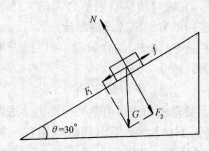

图　2-24

力 N,斜面对它的静摩擦力 f。砖块在这三个力作用下处于静止平衡状态,三个力的合力为零。

把重力分解为平行于斜面的 F_1 和垂直于斜面的 F_2;静摩擦力 f 的大小等于 F_1,支持力 N 的大小等于 F_2。

这三个力的大小是:

$$G=mg=2.5×9.8=24.5N$$
$$N=G\cos\theta=24.5\cos30°=21.2N$$
$$f=G\sin\theta=24.5\sin30°=12.25N$$

【例 2-17】 钢丝绳上挂一个 20kg 的物体,在下列各种情况下,钢丝绳对物体的拉力是多大?

（1）物体以 0.2m/s² 的加速度竖直加速上升；

（2）物体以 0.2m/s² 的加速度竖直减速下降；

（3）物体匀速下降。

【解】　分析物体受力情况如图 2-25 所示。物体所受拉力 F 竖直向上；重力 $G = mg$，竖直向下。

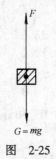

图　2-25

（1）加速上升时，加速度方向向上，取向上的方向为正方向。

根据牛顿第二定律：

$$F - mg = ma$$
$$\therefore F = mg + ma$$
$$= m(g + a)$$
$$= 20(9.8 + 0.2)$$
$$= 200N$$

（2）减速下降时，加速度方向向上，所以仍取向上的方向为正方向，这时

$$F - mg = ma$$
$$\therefore F = m(g + a)$$
$$= 20(9.8 + 0.2)$$
$$= 200N$$

（3）匀速下降时，加速度为零，物体受到的合外力为零。

即　$F - mg = 0$
$$\therefore F = mg$$
$$= 20 \times 9.8$$
$$= 196N$$

小　　结

牛顿运动定律是动力学的基础，它指出了物体作机械运动时运动状态发生改变的原因、本质和规律，是分析各种运动现象的依据。三条定律是相互联系而不可分割的。

习　　题

1．站在电梯里的人质量是 60kg，在以下各种情况下，地板对人的支持力是多大？人对地板的压力又是多大？

（1）电梯匀速上升；

（2）电梯以 0.2m/s² 的加速度匀加速上升；

（3）电梯静止时。

2．一物体在 80N 的外力作用下产生的加速度是 2m/s²。要使它产生 10m/s² 的加速度，需要对它施加多大的外力？这个物体的质量是多大？

3．A、B 两个物体，在同样的外力作用下，A 的加速度是 2.4m/s²，B 的加速度是 0.8m/s²，求 AB 两物体的质量比是多少？

4．质量为 8×10^3 kg 的电车，由静止开始作匀加速直线运动，经过 5 秒钟它的速度达 36km/h，如果车子受到的阻力是车重的 2%，求电车运动的加速度和牵引力。

5．在建筑工地上拉一辆质量为 500kg 的小车，力的方向和水平面平行，如果拉力的大小为 400N，地面与

小车间的摩擦系数为 0.02,求:

(1) 小车受到几个力的作用;

(2) 小车沿竖直方向上的合力;

(3) 小车前进的加速度。

2.6 曲线运动

2.6.1 平抛运动

平抛运动可以看作水平方向上的匀速直线运动和竖直方向上的自由落体运动的合运动。

物体在任何时刻 t 的位置坐标:

$$x = v_0 t$$

$$y = \frac{1}{2} g t^2$$

【例 2-18】 从 1.7m 高的地方水平射出一颗子弹,子弹离开枪口的速度是 800m/s,求子弹落地时经过的水平距离。

【解】 由 $y = \frac{1}{2} g t^2$ 求子弹飞行时间

$$t = \sqrt{\frac{2y}{g}} = \sqrt{\frac{2 \times 1.7}{9.8}} = 0.59s$$

水平飞行距离

$$x = v_0 t = 800 \times 0.59 = 472m$$

2.6.2 匀速圆周运动

描述运动的几个物理量:

(1) **周期**(T)

质点沿圆周运动一周所用的时间,叫做周期。在国际单位制中,周期的单位是秒(s)。

(2) **旋转频率**(f)

质点在 1s 内沿圆周运动的转数,叫旋转频率(又叫每秒转数)。

在国际单位制中频率的单位是赫兹(Hz)(1Hz=1s^{-1})。

周期与旋转频率互为倒数,即

$$T = \frac{1}{f} \quad \text{或} \quad f = \frac{1}{T} \quad (2-17)$$

【例 2-19】 已知电动机的转速 $n = 1470\text{r/min}$,求旋转频率和周期。

【解】 旋转频率 $f = \frac{1470}{60s} = 24.5\text{s}^{-1} = 24.5\text{Hz}$。

周期 $T = \frac{1}{f} = \frac{1}{24.5}\text{s} = 0.041\text{s}$

(3) **角速度**(ω)

$$\omega = \frac{\varphi}{t} = \frac{2\pi}{T} = 2\pi f \quad (2-18)$$

在国际单位制中,角速度的单位是弧度每秒,(rad/s)。

(4) **线速度**(v)

$$v = \frac{2\pi r}{T} = 2\pi r f$$

$$v = \omega \cdot r \quad (2-19)$$

【例 2-20】 已知 $T_1 = 0.02\text{s}$, $T_2 = 0.01\text{s}$,计算 f_1、f_2、ω_1、ω_2 各是多少?

【解】 $f_1 = \frac{1}{T_1} = \frac{1}{0.02} = 50\text{Hz}$,

$$f_2 = \frac{1}{T_2} = \frac{1}{0.01} = 100\text{Hz}$$

$$\omega_1 = \frac{2\pi}{T_1} = \frac{2 \times 3.14}{0.02} = 314\text{rad/s}$$

$$\omega_2 = \frac{2\pi}{T_2} = \frac{2 \times 3.14}{0.01} = 628\text{rad/s}$$

【例 2-21】 砂轮的半径为 8cm,每分钟转 720 周。求砂轮旋转的角速度、周期、频率、轮子边缘上一点的线速度。

【解】 砂轮每分钟转 720 周,即 60s 转 720 周。

旋转频率 $f = \frac{720}{60} = 12\text{Hz}$

旋转周期 $T = \frac{1}{f} = \frac{1}{12} = 0.083\text{s}$

角速度 $\omega = 2\pi f = 2 \times 3.14 \times 12$

$$= 75.36\text{rad/s}$$

轮子边缘上一点的线速度

$$v = \omega \cdot r = 75.36 \times 0.08$$
$$= 6\text{m/s}$$

（5）向心力　向心加速度

向心力是做圆周运动的物体在指向圆心方向上受到的合外力。向心力的大小为

$$F = mr\omega^2 \quad \text{或} \quad F = m \cdot \frac{v^2}{r}$$

向心加速度

$$a = r\omega^2 \quad \text{或} \quad a = \frac{v^2}{r} \qquad (2\text{-}20)$$

【例 2-22】 一电动磨盘每分钟的转数有 318 和 480 两档,磨盘直径为 80cm,求每一档的旋转频率,周期和盘子边缘上一点的向心加速度

【解】 已知直径为 80cm,则半径 $r = 40\text{cm} = 0.4\text{m}$,

第一档: $f = \dfrac{318}{60} = 5.3\text{Hz}$

$$T = \frac{1}{f} = 0.19\text{s}$$
$$a = \omega^2 r$$
$$= (2\pi f)^2 r$$
$$= (2 \times 3.14 \times 5.3)^2 \times 0.4$$
$$= 443\text{m/s}^2$$

第二档: $f = \dfrac{480}{60} = 8\text{Hz}$

$$T = \frac{1}{f} = \frac{1}{8} = 0.125\text{s}$$
$$a = (2\pi f)^2 r$$
$$= (2 \times 3.14 \times 8)^2 \times 0.4$$
$$= 1010\text{m/s}^2$$

【例 2-23】 一个电子(质量 $m_1 = 9.1 \times 10^{-31}\text{kg}$)在磁场中以 $3.0 \times 10^6\text{m/s}$ 的线速度绕半径是 2.0cm 的圆周运动,如果质子(质量 $m_2 = 1.6 \times 10^{-27}\text{kg}$)在大小相同的力作用下也绕半径是 2.0cm 的圆周运动,质子的线速度多大?

解法一:

电子在磁场中做匀速圆周运动的向心力

$$F = m_1 \frac{v_1^2}{r} = 9.1 \times 10^{-31} \times \frac{(3.0 \times 10^6)^2}{2.0 \times 10^{-2}}$$
$$= 4.1 \times 10^{-16}\text{N}$$

由 $F = m_2 \dfrac{v_2^2}{r}$ 得

线速度 $v_2 = \sqrt{\dfrac{Fr}{m_2}}$

$$= \sqrt{\frac{4.1 \times 10^{-16} \times 2.0 \times 10^{-2}}{1.6 \times 10^{-27}}}$$
$$= 7.2 \times 10^4\text{m/s}$$

解法二:

向心力　$F_1 = m_1 \dfrac{v_1^2}{r_1}$

向心力　$F_2 = m_2 \dfrac{v_2^2}{r_2}$

$\because F_1 = F_2, r_1 = r_2, \therefore m_1 v_1^2 = m_2 v_2^2$

得 $v_2 = v_1 \sqrt{\dfrac{m_1}{m_2}}$

$$= 3.0 \times 10^6 \sqrt{\frac{9.1 \times 10^{-31}}{1.6 \times 10^{-27}}}$$
$$= 7.2 \times 10^4\text{m/s}$$

小　结

1．平抛运动的位置坐标

$$x = v_0 t$$
$$y = \frac{1}{2} g t^2$$

2．匀速圆周运动有关公式

$$\text{线速度} \quad v = \frac{s}{t} = \frac{2\pi r}{T}$$

$$\text{角速度} \quad \omega = \frac{\varphi}{t} = \frac{2\pi}{T} = 2\pi f$$

线速度与角速度关系：$v = \omega r$

$$\text{向心加速度} \quad a = \omega^2 r = \frac{v^2}{r}$$

$$\text{向心力} \quad F = ma = m\omega^2 r = m\frac{v^2}{r}$$

习　题

1．求匀速圆周运动的周期、角速度或频率

(1) 已知 $f = 50\text{Hz}$，求 T、ω；

(2) 已知 $\omega = 3.4\text{rad/s}$，求 T、f；

(3) 已知 $T = 0.1\text{s}$，求 ω、f。

2．求匀速圆周运动的线速度 v

(1) 已知 $f = 20\text{Hz}$，$r = 0.2\text{m}$；

(2) 已知 $\omega = 100\pi\text{rad/s}$，$r = 0.2\text{m}$；

(3) 已知 $\omega = 20\text{rad/s}$，$r = 0.2\text{m}$。

3．求匀速圆周运动的向心加速度

(1) 已知 $\omega = 50\pi\text{rad/s}$，$r = 0.1\text{m}$；

(2) 已知 $v = 200\text{m/s}$，$r = 1\text{m}$；

(3) 已知 $v = 36\text{km/h}$，$r = 0.6\text{m}$。

4．求作匀速圆周运动的物体受到的向心力

(1) 已知 $m = 0.2\text{kg}$，$a = 5\text{m/s}^2$；

(2) 已知 $m = 2\text{kg}$，$a = 5\text{m/s}^2$；

(3) 已知 $m = 2\text{kg}$，$T = 0.1\text{s}$，$r = 0.2\text{m}$。

2.7　物体的平衡

(1) 共点力的平衡

共点力平衡的条件是合力等于零

【例 2-24】　在绳的下端挂一个重 20N 的物体，在水平方向用 15N 的力拉它（图 2-26），物体移到另一位置而静止，求绳子的拉力及绳与竖直方向的夹角。

【解】　物体受到三个力的作用，一个是绳子的拉力 F_1，一个是水平拉力 F_2，另一个是物体的重力 G。物体平衡时，三个力的合力等于零。F_1 与 F_2 的合力 R 必然与物体的重力 G 大小相等，方向相反，在同一直线上。

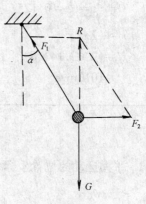

图　2-26

拉力　$F_1 = \sqrt{R^2 + F_2^2} = \sqrt{20^2 + 15^2} = 25\text{N}$

$$\tan\alpha = \frac{F_2}{R} = \frac{15}{20} = 0.75, \therefore \alpha = 37°$$

48

（2）力矩　力矩的平衡

1）从转动轴到力的作用线的垂直距离叫做力臂。力和力臂的乘积叫做力矩。

如果用 r 表示力臂，F 表示作用力，M 表示力矩，那么

$$M = Fr \qquad (2\text{-}21)$$

力矩的单位是牛顿米，简称牛米，符号是 N·m。

通常规定，使物体向逆时针方向转动的力矩为正，向顺时针方向转动的力矩为负。

2）有固定转轴物体的平衡条件是：作用在物体上的力矩的代数和等于零，即

$$\Sigma M = 0 \qquad (2\text{-}22)$$

这也是力矩的平衡条件。

3）杠杆的平衡条件：

动力矩等于阻力矩。

【例 2-25】 用图解法，求作用在物体同一点的三个力的合力，并说明在共点力的作用下物体能否保持平衡。

（1）已知 $F_1 = F_2 = F_3 = 10\text{N}$，它们之间的夹角都是 120°（图 2-27）。

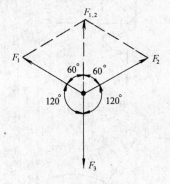

图　2-27

（2）已知 $F_1 = F_2 = 10\text{N}$，$F_3 = 12\text{N}$，它们之间的夹角都是 120°（图 2-28）。

【解】（1）作图求出 F_1 与 F_2 的合力 $F_{1,2} = 10\text{N}$，（图 2-27）

$F_{1,2}$ 与 F_3 大小相等，方向相反，所以三个共点力的合力为零。物体处于平衡状态。

（2）作图求出 F_1 与 F_2 的合力 $F_{1,2} = 10\text{N}$，（图 2-28）

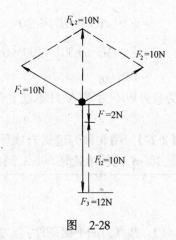

图　2-28

$F_{1,2}$ 的方向与 F_3 方向相反，所以三个共点力的合力等于 2N，合力方向与 F_3 方向相同。

因为合力不为零，物体不能保持平衡。

【例 2-26】 图 2-29 中的 AB 是一根水平横杆，长 20cm，横杆安装在轴 O 上，作用在杆的两端的力都是 100N，横杆受到的合力矩是多大？横杆能否处于平衡状态？（横杆的质量不计）

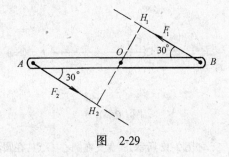

图　2-29

【解】 横杆的转轴为 O。

F_1 对轴 O 的力臂 $OH_1 = OB\sin30°$

F_1 对轴 O 的力矩 $M_1 = F_1 \cdot OH_1 = F_1 \cdot OB\sin30°$（逆时针方向）

F_2 对轴 O 的力臂 $OH_2 = OA\sin30°$

F_2 对轴 O 的力矩 $M_2 = F_2 \cdot OH_2 = F_2 \cdot AO\sin30°$（逆时针方向）

两个力矩方向相同，所以合力矩

$$\Sigma M = M_1 + M_2$$
$$= F_1 \cdot OB\sin30° + F_2 \cdot AO\sin30°$$

$$= F_1 \cdot (AO + OB)\sin 30°$$

$$= F_1 \cdot AB \cdot \sin 30° = 100 \times 0.2 \times \frac{1}{2}$$

$$= 10\text{N·m}$$

因为合力矩不为零,横杆不能处于平衡状态。

【例2-27】 用轮轴匀速提升物体,设轴的半径是10cm,轮的半径是60cm,问在轮上需要用多大的力,才能把轴上所悬挂的300kg的重物提起?(不计无用阻力)

【解】 动力臂 $R = 0.6\text{m}$,阻力臂 $r = 0.1\text{m}$。

被提升的物体重力 $G = mg = 300 \times 9.8 = 2940\text{N}$。

在不计无用阻力时,根据力矩的平衡条件动力 $F = \dfrac{G \cdot r}{R} = \dfrac{2940 \times 0.1}{0.6} = 490\text{N}$

小　　结

1. 共点力的平衡条件:合力等于零。
2. 力矩:力和力臂的乘积叫做力矩。力矩的单位是 N·m。
3. 力矩平衡的条件:$\Sigma M = 0$
4. 杠杆的平衡条件:

$$动力矩 = 阻力矩$$

习　题

1. 如图2-30、图2-31所示,物体 A、B 受到的合力是多大? 物体能否保持平衡?

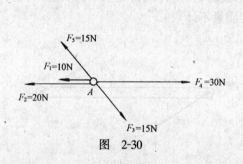

图 2-30

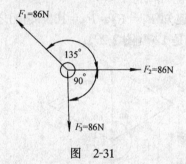

图 2-31

2. 如图2-32所示,圆盘支在圆心 O 点,在圆盘的同一平面内圆盘受到4个力的作用,求合力矩。

3. 如图2-33所示,求杠杆受到的合力矩。

4. 如图2-34所示,木杆 AO 重200N,木杆长2.6m,A 端受到水平方向的拉力 $F_1 = 800$N,为了使木杆保持垂直,在 A 端加一个与木杆成45°角的拉力 F_2,求:

(1) 2个力的力臂;

(2) F_2 的大小;

(3) 地面受到的压力。

5. 如图2-35所示,是一支曲臂杠杆,O 是支点,A 的质量是50kg,为了使杠杆平衡,在 D 端需要加的最小作用力是多大? 这个力的方向应该怎样? (杆的质量不计,$OB = 1$m,$OC = 2$m,$CD = 3$m)。

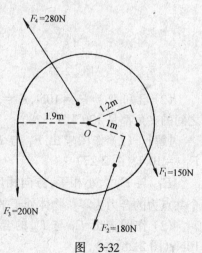

图 3-32

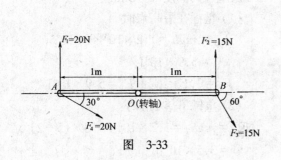

图 3-33

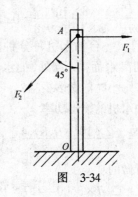

图 3-34

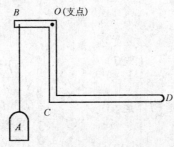

图 2-35

2.8 功和能

2.8.1 功、功率

(1) 功

力对物体做的功,等于力的大小、位移的大小、力跟位移方向间夹角的余弦三者的乘积。公式是

$$W = Fs\cos\alpha \qquad (2-23)$$

功是标量,单位是焦耳,符号为 J。

公式讨论:

1) 当 $\alpha = 0°$ 时,$\cos\alpha = 1$,$W = Fs$,F 做最大正功;

2) 当 $0° < \alpha < 90°$ 时,$\cos\alpha > 0$,$W > 0$,F 做正功;

3) 当 $\alpha = 90°$ 时,$\cos\alpha = 0$,$W = 0$,F 没有做功;

4) 当 $90° < \alpha \leqslant 180°$ 时,$\cos\alpha < 0$,$W < 0$,F 做负功。

F 做正功,物体获得能量;F 做负功又称为物体克服阻力 F 做功,物体能量减少。

(2) 功率

$$P = \frac{W}{t} \qquad (2-24)$$

功率是标量。在国际单位制中,功率的单位是瓦特(W),工程上还常用千瓦(kW)、兆瓦(MW)。

$$1kW = 10^3 W, 1MW = 10^6 W$$

功率也可以用力和速度的乘积来表示:

1) 平均功率 $P = \dfrac{W}{t} = \dfrac{Fs\cos\alpha}{t}$

$$= F\bar{v}\cos\alpha \qquad (2-25)$$

2) 瞬时功率 $P_t = Fv_t\cos\alpha \qquad (2-26)$

【例 2-28】 一台电动机的额定功率是 8kW,用这台电动机匀速提升 3×10^4 kg 的物体,最大提升速度是多少?(不计空气阻力)。

【解】 功率 $P = 8kW = 8 \times 10^3 W$,物体重力 $G = mg$,

重物匀速上升时,不计空气阻力,所以电动机的牵引力 $F = G$。

$\therefore P = Fv = mgv$

51

得 $v = \dfrac{P}{mg} = \dfrac{8 \times 10^3}{3 \times 10^4 \times 9.8} = 0.027 \text{m/s}$

【例 2-29】 一台抽水机每分钟能把 2t 的地下水抽到离水面 4m 高处,抽水机的输出功率多大?每小时能做多少功?

【解】 抽水机的输出功率

$$P = \frac{W}{t} = \frac{mgh}{t} = \frac{2 \times 10^3 \times 9.8 \times 4}{60} = 1307 \text{W}$$

每小时所做的功

$$W = P \cdot t = 1307 \times 3600 = 4.7 \times 10^6 \text{J}$$

2.8.2 动能、势能、机械能

(1) 动能 $E_k = \dfrac{1}{2} m v^2$ (2-27)

单位:焦耳(J)

式中:m 是物体的质量,v 是物体运动的速度

(2) 重力势能 $E_p = mgh$ (2-28)

单位:焦耳(J)

式中:m 为物体的质量,g 为重力加速度,h 为物体所在的高度

(3) 弹性势能 $E_p = \dfrac{1}{2} k x^2$ (2-29)

单位:焦耳(J)

式中:k 为弹簧的劲度系数,x 为弹簧的伸长量。

(4) 机械能守恒定律

机械能

动能和势能(重力势能和弹性势能)统称为机械能。

机械能守恒定律

在只有重力和弹力做功的物体系内,动能和势能(重力势能、弹性势能)可以互相转化,而总的机械能保持不变。

【例 2-30】 蒸汽打桩机重锤的质量是 1.2t,把它提升到离地面 5m 高处,然后让它自由落下,求:(1)重锤在最高点的重力势能、动能和机械能;(2)重锤下落 2m 时的重力势能、动能和速度;(3)重锤落到地面时的重力势能、动能和速度。

【解】 重锤质量 $m = 1.2\text{t} = 1.2 \times 10^3 \text{kg}$,重锤的高度 $h = 5\text{m}$。

(1) 重锤在最高点时

$$E_p = mgh = 1.2 \times 10^3 \times 9.8 \times 5$$
$$= 5.9 \times 10^4 \text{J};$$
$$E_k = 0, E = E_k + E_p = 5.9 \times 10^4 \text{J}$$

(2) 重锤下落 2m 时:

$$E_{p1} = mgh_1 = 1.2 \times 10^3 \times 9.8 \times (5-2)$$
$$= 3.5 \times 10^4 \text{J}$$
$$E_{k1} = E - E_{p1} = 2.4 \times 10^4 \text{J}$$
$$E_{k1} = \frac{1}{2} m v_1^2,$$

$$\therefore v_1 = \sqrt{\frac{2 E_{k1}}{m}} = \sqrt{\frac{2 \times 2.4 \times 10^4}{1.2 \times 10^3}}$$
$$= 6.3 \text{m/s}$$

(3) 重锤落地时:

$$E_{p2} = 0, E_{k2} = E = 5.9 \times 10^4 \text{J}$$

$$v_2 = \sqrt{\frac{2 E_{k2}}{m}} = \sqrt{\frac{2 \times 5.9 \times 10^4}{1.2 \times 10^3}} = 9.9 \text{m/s}$$

2.8.3 机械的功的原理 机械效率

(1) 机械的功的原理

使用一切机械可以省力,但不能省功,即

$$W_{动力} = W_{克阻} \qquad (2\text{-}30)$$
$$W_{动力} = W_{有用} + W_{额外} \qquad (2\text{-}31)$$

(2) 机械效率

$$\eta = \frac{W_{有用}}{W_{动力}} \times 100\% \quad 或者 \quad (2\text{-}32)$$

$$\eta = \frac{W_{输出}}{W_{输入}} \times 100\% \qquad (2\text{-}33)$$

【例 2-31】 如图 2-36,斜面长 4m,高 1.4m,沿与斜面平行向上,大小等于 800N 的力把 200kg 的重物由斜面的底端移到顶端。

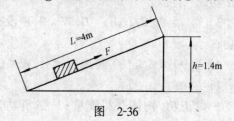

图 2-36

求该斜面的机械效率。

【解】 斜面长 $L=4$m,高 $h=1.3$m
拉力 $F=800$N,物体质量 $m=200$kg
物体重力 $G=mg$
$$=200\times9.8=1960\text{N}$$

拉力所做的有用功
$$W_{有}=G\cdot h$$

拉力所做的总功
$$W_{动}=F\cdot L$$

$\therefore$ 机械效率 $\eta=\dfrac{W_{有}}{W_{动}}$

$$=\dfrac{G\cdot h}{F\cdot L}=\dfrac{1960\times1.4}{800\times4}$$
$$=0.86=86\%$$

【例 2-32】 如图 2-37 利用劈来举起 2t 的重物,动力作用在直角劈的劈背上,力的大小为 980N,方向水平向前,如果劈向前移动的距离等于劈的底长 b,求劈的机械效率。已知:$b=1.2$m,劈高 $h=4$cm。

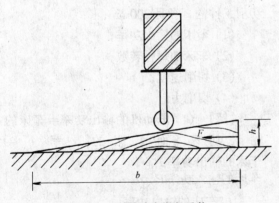

图 2-37 利用劈来举起重物

【解】 已知被举起物体质量为 2t,
其重力 $G=mg$
$$=2\times10^3\times9.8=19600\text{N}$$

动力向前移动距离为 b 时,重物升高的高度为 h,所以有用功 $W_{有}=G\cdot h$,
动力所做的功 $W_{动}=F\cdot b$

$\therefore$ 机械效率 $\eta=\dfrac{W_{有}}{W_{动}}$

$$=\dfrac{G\cdot h}{F\cdot b}=\dfrac{19600\times0.04}{980\times1.2}$$

$$=0.67=67\%$$

【例 2-33】 如图 2-38 用举重螺旋举起重物,求螺旋的机械效率。已知螺距为 h,螺旋把手的末端到轴线的长为 L,设动力为 F 垂直作用于把手的末端,被举起物体的重力为 G,求:

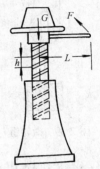

图 2-38 举重螺旋

1) 计算螺旋机械效率的式子。

2) 设被举起物体质量 $m=2.8$t,$h=0.5$cm,$L=40$cm,$F=120$N,求机械效率。

【解】 (1) 求 η 的计算式

螺旋转动一周时,动力 F 所做的功
$$W_{动}=F\times s=F\cdot 2\pi L$$

与此同时,重物沿轴线方向向上升高一段距离,这个距离等于螺距 h,所以有用功
$$W_{有}=G\cdot h$$

$\therefore$ 机械效率

$$\eta=\dfrac{W_{有}}{W_{动}}=\dfrac{Gh}{2\pi F\cdot L}$$

(2) $m=2.8$t,则
$G=mg=2.8\times10^3\times9.8=27440\text{N}$

把 $h=0.005$m,$L=0.4$m,$F=120$N 代入

$$\eta=\dfrac{Gh}{2\pi F\cdot L}=\dfrac{27440\times0.005}{2\times3.14\times120\times0.4}$$

$$=0.46=46\%$$

【例 2-34】 如图 2-39 有一个定滑轮和一个动滑轮组成一个滑轮组,并利用它把重 750N 的物体提高 10m,如果滑轮组的效率是 70%,求有用功、动力功和动力。

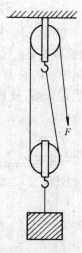

图 2-39 滑轮组

【解】 $W_{有用} = 750N \times 10m = 7500J$

根据机械效率定义,得

$$W_{动力} = \frac{W_{有用}}{\eta} = \frac{7500}{0.7} = 10714J$$

当重物被提高 10m 时,动力 F 要向下移动 20m,即 $W_{动力} = F \cdot 2h$

$$\therefore F = \frac{W_{动力}}{2h} = \frac{10714}{20} = 535.7N$$

2.8.4 传动装置

传动装置用来传递功率,并按实际需要还可用来改变转动速度的大小和方向。

$$传动速度比 = \frac{从动轮每秒转数\ n_2}{主动轮每秒转数\ n_1}$$

(2-34)

(1) 皮带传动

两个皮带轮的每秒钟转数与它们的直径成反比,即

$$\frac{n_2}{n_1} = \frac{d_1}{d_2}$$

(2-35)

(2) 齿轮传动

两个啮合的齿轮的每秒钟转数与它们的齿数成反比,即

$$\frac{n_2}{n_1} = \frac{Z_1}{Z_2}$$

(2-36)

【例 2-35】 内燃机的飞轮依靠皮带传动与发电机的皮带轮联结在一起,飞轮的直径是 1.2m,每分钟转数是 120,为了使发电机的电枢每分钟转数是 600,应采用多大直径的皮带轮。

【解】 主动轮的直径 $d_1 = 1.2m$,每秒转数

$$n_1 = \frac{120}{60} = 2s^{-1}$$

从动轮每秒转数 $n_2 = \frac{600}{60} = 10s^{-1}$

由 $\frac{n_2}{n_1} = \frac{d_1}{d_2}$ 得

皮带轮直径 $d_2 = \frac{n_1}{n_2} \cdot d_1$

$$= \frac{2}{10} \times 1.2 = 0.24m$$

【例 2-36】 电动机的输出功率为 3.5kW,它的皮带轮的直径是 5cm,用来带动效率是 80% 的车床,车床皮带轮的直径是 20cm,如果电动机的每分钟的转数是 1200,在车床上切削工件的直径是 200mm,求:

(1) 车床的输出功率;

(2) 车床的每秒转数;

(3) 切削速度;

(4) 切削力。

【解】 (1) 电动机的输出功率 = 车床的输入功率。而车床的效率 $\eta = \dfrac{车床的输出功率\ P_出}{车床的输入功率\ P_入}$

∴ 车床的输出功率

$P_出 = \eta P_入 = 0.8 \times 3.5 = 2.8kW$

$= 2.8 \times 10^3 W$

(2) 车床每秒转数可通过传动速度比来求得:

$$\frac{n_2}{n_1} = \frac{d_1}{d_2}$$

$$\therefore n_2 = n_1 \cdot \frac{d_1}{d_2} = \frac{1200}{60} \times \frac{0.05}{0.2} = 5s^{-1}$$

(3) 切削速度 $v = \omega \cdot r_2$

$$= 2\pi n_2 \cdot r_2$$

$$= 2 \times 3.14 \times 5 \times 0.1$$
$$= 3.14 \text{m/s}$$

切削力 $F = \dfrac{P_{出}}{v} = \dfrac{2.8 \times 10^3}{3.14}$
$$= 8.9 \times 10^2 \text{N}$$

(4) 切削力可通过公式 $P_{出} = Fv$ 来求得

小　　结

1. 功的量度

$$W = Fs \cos\alpha$$

当 $\alpha = 0$ 时, $W = Fs$;

当 $\alpha = 90°$ 时, $W = 0$;(力没有做功)

当 $\alpha = 180°$ 时, $W = -Fs$,(物体反抗阻力做功)

2. 功率

$$P = \frac{W}{t} \text{ 或 } P = Fv$$

从 $P = Fv$ 可以看出各种动力设备的输出功率一定时,动力和速度成反比。

3. 动能

$$E_k = \frac{1}{2}mv^2$$

外力对物体做正功,物体的动能增加;

外力对物体做负功,物体的动能减小。

4. 势能

重力势能　　　　　　$E_p = mgh$

弹性势能　　　　　　$E_p = \frac{1}{2}kx^2$

5. 机械能守恒定律

物体在只有重力做功时,它的动能和势能之和(即机械能)保持不变。

6. 机械效率

$$\eta = \frac{W_{有用}}{W_{动力}} \times 100\%$$

7. 传动装置

皮带传动　　　　　　$\dfrac{n_2}{n_1} = \dfrac{d_1}{d_2}$

齿轮传动　　　　　　$\dfrac{n_2}{n_1} = \dfrac{Z_1}{Z_2}$

习　题

1. 根据公式 $W = Fs \cos\alpha$ 求合力所做的功。

(1) 已知 $F = 400\text{N}, s = 100\text{cm}, \alpha = 0°$;

(2) 已知 $F = 1\text{N}, s = 400\text{m}, \alpha = 0°$;

(3) 已知 $F = 400\text{N}, s = 1\text{km}, \alpha = 180°$;

(4) 已知 $F = 1\text{N}, s = 100\text{cm}, \alpha = 30°$;

(5) 已知 $F = 1\text{N}, s = 100\text{cm}, \alpha = 120°$;

(6) 已知 $F = 10^8\text{N}, s = 10\text{km}, \alpha = 90°$

2. 根据公式 $P = \dfrac{W}{t}$ 求功率

(1) 已知 $W = 8 \times 10^4\text{J}, t = 1\text{min}$;

(2) 已知 $W = 3.2 \times 10^6\text{J}, t = 1\text{h}$;

(3) 已知 $W = 1.60 \times 10^{-19}\text{J}, t = 10^{-3}\text{s}$;

3. 电动机的输出功率为 12kW, 用它匀速提升 $3.0 \times 10^4\text{N}$ 的重物, 提升速度可以达到多大?(不计空气及其他阻力)。

4. 一台起重机, 每次能把 4.2m^3 的钢材提升到 20m 高的地方, 起重机平均每小时能吊 12 次, 起重机 2h 能做多少功?(钢材密度是 $7.8 \times 10^3\text{kg/m}^3$)

5. 刨床工作时, 刨刀在一次刨削行程中移动的距离是 200mm, 动力做的功是 $2.4 \times 10^3\text{J}$, 刨刀所克服的阻力是多少?

6. 一台抽水机, 每小时能把 1t 的地下水抽到距水面 2m 高处, 如果用它把相同质量的水抽到距水面 6m 高处, 需要多长时间? 这台抽水机每小时做的功是多少?

7. 根据公式 $P_t = Fv_t\cos\alpha$, 求牵引力 F。

(1) 已知 $P_t = 2\text{kW}, v_t = 4\text{m/s}, \alpha = 0°$;

(2) 已知 $P_t = 1\text{kW}, v_t = 36\text{km/h}, \alpha = 0°$;

8. 根据公式 $P_t = Fv_t\cos\alpha$, 求功率 P_t 或速度 v_t。

(1) 已知 $F = 800\text{N}, v_t = 72\text{km/h}, \alpha = 0°$, 求 P_t;

(2) 已知 $F = 800\text{N}, v_t = 36\text{km/h}, \alpha = 0°$, 求 P_t;

(3) 已知 $P_t = 200\text{kW}, F = 10^3\text{N}, \alpha = 0°$, 求 v_t;

(4) 已知 $P_t = 200\text{kW}, F = 10^4\text{N}, \alpha = 0°$, 求 v_t。

9. 根据公式 $E_k = \dfrac{1}{2}mv^2$, 求动能 E_k。

(1) 已知 $m = 2\text{kg}, v = 10\text{m/s}$;

(2) 已知 $m = 2\text{kg}, v = 72\text{km/h}$;

(3) 已知 $m = 200\text{kg}, v = 72\text{km/h}$。

10. 根据公式 $E_k = \dfrac{1}{2}mv^2$ 求速度 v 或质量 m

(1) 已知 $E_k = 4 \times 10^6\text{J}, m = 2\text{kg}$, 求 v;

(2) 已知 $E_k = 1.60 \times 10^{-19}\text{J}, m = 9.1 \times 10^{-31}\text{kg}$, 求 v;

(3) 已知 $E_k = 8 \times 10^6\text{J}, v = 10\text{m/s}$, 求 m。

11. 根据公式 $E_p = mgh$ 计算重力势能 E_p。

(1) 已知 $m = 2\text{kg}, h = 6\text{m}$;

(2) 已知 $m = 2 \times 10^8\text{kg}, h = 0$。

12. 根据公式 $E_p = mgh$ 计算物体离地面高度 h。

(1) 已知 $E_p = 2 \times 10^6\text{J}, m = 800\text{kg}, g = 9.8\text{m/s}^2$;

(2) 已知 $E_p = 2 \times 10^6\text{J}, m = 800\text{kg}, g = 10\text{m/s}^2$。

13. 根据公式 $E_p = \dfrac{1}{2}kx^2$ 计算弹性势能 E_p。

(1) 已知 $k = 200\text{N/m}, x = 1\text{cm}$;

(2) 已知 $k = 200\text{N/m}, x = 1.3\text{cm}$。

14．只有重力对物体做功，求动能和势能，($g\approx10\text{m/s}^2$)

（1）质量是2kg的物体从4m高处落下，求物体落至地面时的动能和势能；

（2）质量是2kg的物体以10m/s的速度，从地面竖直向上抛出，求物体在离地面2m高处的动能和势能。

15．站在10m高的平台上以8m/s的速度抛出一个小球，如果空气阻力不计，小球落地时的速度多大？它在离地面4m高度时的速度多大？

16．如图2-40所示，用线把小球挂在 O 点上，线长为 l，把小球向一旁拉开，使悬线与竖直方向成 θ 角，松开小球，让它自由摆动。

图 2-40

（1）小球通过最低点时的速度是多大？

（2）设小球在最低点时的势能为零，小球在任意位置时的机械能是多大？

17．在滑轮组中动力做的功为 10^5J，动滑轮对重物做的功是 7×10^4J 求：

（1）机械克服额外阻力做的功；

（2）机械克服有用阻力做的功；

（3）滑轮组的机械效率。

18．把质量为200kg的物体沿长4m、高1m的斜面由底推向顶端，沿斜面的推力是800N，求

（1）动力做的总功；

（2）动力做的有用功；

（3）斜面的机械效率。

19．一个滑轮组用6根绳子承担 4.2×10^3kg 的货物，如果滑轮组的机械效率是60%，用它提起货物需用多大的拉力？

20．螺旋起重器的螺距是1.2cm，用它提起闸门，手轮直径是60cm，机械效率是65%，推动手轮的力是100N，求：

（1）动力做的总功；

（2）动力做的有用功；

（3）闸门的质量。

21．有一台消防水泵的效率是85%，要在1min内把 5m^3 的水打到30m的高处，需要使用输出功率是多大的电动机来带动？

22．用一台10kW的电动机，带动水泵抽水，水泵的效率是80%，水泵每小时能把多少吨的水抽到2m高处？

23．利用齿轮传动把每分钟300周的转动改变为210周。如果主动轮上的齿数是42，求从动轮上的齿数是多少？

24．利用皮带传动把每分钟240周的转动改变为768周，如果主动轮的直径是64cm，求从动轮的直径是多少？

25．已知传动速度比是1:4，主动皮带轮每分钟的转数是3000，从动皮带轮的直径是24cm，传递的功率是3kW，求作用在从动皮带轮边缘上的力是多大？

2.9 振动和波

（1）简谐振动

物体在跟位移成正比而方向相反的回复力作用下的振动，叫做简谐振动。

1）振幅、周期、频率。

振动物体离开平衡位置的最大位移叫做振幅。

振动物体完成一次全振动所用的时间叫做周期、周期用 T 表示，单位是秒（s）。

单位时间内完成振动的次数叫做频率。频率用 f 表示，单位是赫兹（Hz）。此外还有千赫兹（kHz）。$1\text{kHz}=10^3\text{Hz}$

周期与频率的关系是 $f=\dfrac{1}{T}$ (2-37)

角频率 $\omega=\dfrac{2\pi}{T}$ 或 $\omega=2\pi f$ (2-38)

单位符号是 rad/s

2）振动方程

$$x=A\sin(\omega t+\varphi_0)$$ (2-39)

位移 x 是时间的正弦函数。式中 A 为振幅；括号里的量 $\omega t+\varphi_0$ 为用弧度表示的角，称为相位；φ_0 是初相。

3）简谐振动的位移随时间变化的图像是正弦曲线。

【例 2-37】 求下面 2 个简谐振动的振幅、频率、周期、角频率、初相：

$$x_1=20\sin314t\,(\text{cm})$$

$$x_2=\sin\left(628t+\dfrac{\pi}{3}\right)(\text{cm})$$

【解】 对照振动方程 $x=A\sin(\omega t+\phi_0)$ 可知

$A_1=20\text{cm},\omega_1=314\text{rad/s},\varphi_{01}=0,$

$$f_1=\dfrac{\omega_1}{2\pi}=\dfrac{314}{2\times3.14}=50\text{Hz},$$

$$T_1=\dfrac{1}{f_1}=\dfrac{1}{50}=0.02\text{s}$$

$A_2=1\text{cm},\omega_2=628\text{rad/s},\varphi_{02}=\dfrac{\pi}{3}$

$$f_2=\dfrac{\omega_2}{2\pi}=\dfrac{628}{2\times3.14}=100\text{Hz},$$

$$T_2=\dfrac{1}{f_2}=\dfrac{1}{100}=0.01\text{s}$$

【例 2-38】 已知 2 个简谐振动的振幅、频率（或周期）、初相分别为：$A_1=400\text{mm}$，$f_1=600\text{Hz}$，$\varphi_{01}=90°$；$A_2=40\text{cm}$，$T_2=0.04\text{s}$，$\varphi_{02}=-90°$。写出它们的振动方程。

【解】 对照振动方程 $x=A\sin(\omega t+\varphi_0)$ 可知

$$A_1=400\text{mm}=0.4\text{m},$$

$$\omega_1=2\pi f_1=2\pi\times600=1200\pi\text{rad/s},$$

$$\varphi_{01}=90°=\dfrac{\pi}{2},$$

$$\therefore x_1=0.4\sin\left(1200\pi t+\dfrac{\pi}{2}\right)(\text{m})$$

$$A_2=40\text{cm}=0.4\text{m}$$

$$\omega_2=\dfrac{2\pi}{T_2}=\dfrac{2\pi}{0.04}=50\pi\text{rad/s}$$

$$\varphi_{02}=-90°=-\dfrac{\pi}{2},$$

$$\therefore x_2=0.4\sin\left(50\pi t-\dfrac{\pi}{2}\right)(\text{m})$$

【例 2-39】 图 2-41 是一个简谐振动的图像。根据图像写出它的振幅、周期、角频率、初相，然后列出它的振动方程。

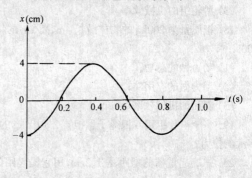

图 2-41

【解】 振幅 $A=4\text{cm}$

周期 $T=0.8\text{s}$

角频率 $\omega=\dfrac{2\pi}{T}=\dfrac{2\pi}{0.8}=2.5\pi\text{rad/s}$

从图像可看出在 $t=0$ 时，$x=-4\text{cm}$，所以

$\sin(\omega\cdot0+\varphi_0)=-1$，则初相 $\varphi_0=-\dfrac{\pi}{2}$

振动方程

$$x=A\sin(\omega t+\varphi_0)$$

$$=4\sin\left(2.5\pi t-\dfrac{\pi}{2}\right)(\text{cm})$$

（2）简谐振动跟匀速圆周运动的关系

作匀速圆周运动的质点在圆的直径上的投影的运动是简谐振动

（3）机械波

1）机械振动在媒质中的传播叫机械波。机械波传递机械能。

2）波源振动的频率也就是波的频率，波源振动 1 个周期 T，波在媒质中向前传播的距离为 1 个波长 λ。

3）波长 λ，波速 v 和频率 f 的关系

$$v = \frac{\lambda}{T} \quad 或 \quad v = \lambda \cdot f \quad (2\text{-}40)$$

即波速等于波长和频率的乘积—这个关系对于无线电波、光波也同样适用。

【例 2-40】 每秒钟完成 400 次全振动的波源产生的波，它的频率、周期各多少？如果波速是 340m/s，波长是多少？

【解】 $f = 400\text{Hz}$，

$$T = \frac{1}{f} = \frac{1}{400} = 2.5 \times 10^{-3}\text{s}$$

$$\lambda = v \cdot T = 340 \times 2.5 \times 10^{-3} = 0.85\text{m}$$

【例 2-41】 一台收音机的收音频率范围是:535～1605kHz，它接收的波长范围是多少？（无线电波在真空中传播的速度 $c = 3.0 \times 10^{8}$m/s）

【解】 根据公式 $v = \lambda \cdot f$ 可得 $\lambda = \frac{v}{f}$，式中 $v = c = 3.0 \times 10^{8}$m/s。

当频率 $f_1 = 535\text{kHz}$ 时，

波长 $\lambda_1 = \frac{c}{f_1} = \frac{3.0 \times 10^{8}}{535 \times 10^{3}} = 560.7\text{m}$

当频率 $f_2 = 1605\text{kHz}$ 时，

波长 $\lambda_2 = \frac{c}{f_2} = \frac{3.0 \times 10^{8}}{1605 \times 10^{3}} = 186.9\text{m}$

这台收音机接收的波长范围从 560.7m 到 186.9m

小　结

1. 描述振动特征的物理量及关系式

周期(T)、频率(f)、角频率(ω)、振幅(A)、初相(φ_0)

$$f = \frac{1}{T}, \omega = \frac{2\pi}{T} = 2\pi f$$

2. 振动方程与振动图像

$$x = A\sin(\omega t + \varphi_0)$$

式中 $\omega t + \varphi_0$ 为相位，φ_0 是初相位，A 是振幅。

振动图像是正弦曲线

3. 波长、频率和波速的关系

$$v = \lambda f = \frac{\lambda}{T}$$

习　题

1. 人能听到的声音，频率范围是 20～20000Hz，求周期范围是多少？

2. 已知振动周期求频率 f、角频率 ω。

(1) $T = 2.0 \times 10^{-8}\text{s}$；

(2) $T = 3\text{ms}$

3. 已知角频率求周期和频率。

(1) $\omega = 100\pi\,\text{rad/s}$；

(2) $\omega = 120\pi\,\text{rad/s}$

4. 根据振动方程求振幅、周期、初相。

(1) $x_1 = 0.3\sin\left(100\pi t + \frac{\pi}{6}\right)(\text{m})$；

(2) $x_2 = \sin\left(628t - \dfrac{2\pi}{3}\right)$(cm)；

(3) $x_3 = \sin 2 \times 10^6 \pi t$(cm)

5. 已知 4 个简谐振动的振幅、频率(或角频率)、初相,分别写出它们的振动方程。

(1) $A_1 = 8$cm, $f_1 = 10$Hz, $\varphi_1 = 0$；

(2) $A_2 = 2$cm, $\omega = 200\pi$rad/s, $\varphi_2 = \dfrac{\pi}{3}$；

(3) $A_3 = 3.2$cm, $\omega = 628$rad/s, $\varphi_3 = -\dfrac{\pi}{3}$；

(4) $A_4 = 9.0 \times 10^{-4}$m, $f = 50$Hz, $\varphi_4 = \dfrac{\pi}{2}$

6. 画出 $x_1 = 7 \times 10^{-3} \sin 2\pi t$(cm)和 $x_2 = 1.4 \times 10^{-2} \sin 2\pi t$(cm)的图像。

7. 画出 $x_1 = 2\sin\left(2\pi t + \dfrac{\pi}{6}\right)$(cm)和 $x_2 = \sin\left(2\pi t - \dfrac{\pi}{6}\right)$(cm)的图像。

8. 画出 $x_1 = 2\sin 100\pi t$(cm)和 $x_2 = 2\sin 200\pi t$(cm)的图像。

9. 根据公式 $v = \lambda \cdot f$ 求波长或频率

(1) 已知 $v = 340$m/s, $f = 400$Hz,求波长；

(2) 已知 $v = 3 \times 10^5$km/s, $f = 10^6$Hz,求波长；

(3) 已知 $v = 3 \times 10^5$km/s, $\lambda = 10$cm,求频率。

10. 在真空中,波长分别为 $0.77\mu m$ 的红光, $0.60\mu m$ 的黄光和 $0.45\mu m$ 的紫光,频率各是多少?

2.10 热和功 能量守恒定律

（1）物体内能的变化 热和功

内能

一个物体中所有分子的动能和势能的总和叫做物体的内能。内能的单位是焦耳(J)。

做功和热传递都可以改变物体的内能。

1) 对物体做功,或者物体吸收热量,物体的内能增加。

2) 物体对外界做功,或者物体放出热量,物体的内能减少。

在热传递过程中,传递的能量的多少叫做热量,热量的单位和功的单位一样都是焦耳(J)。

（2）能量有各种不同的形式,如机械能、内能、电能、光能、核能、化学能等等。各种形式的能量的单位都是焦耳。

能量既不能消失,也不能创生,它只能从一种形式转化成另一种形式,或者从一个物体转移到另一个物体,而能的总量保持不变。这个规律叫做能量守恒定律。

【例 2-42】 使用电热水器烧水,电流放出的热量是 6×10^4J,水的内能增加了 4.2×10^4J,有多少热量散失了? 热水器的效率是多少?

【解】 热水器散失的热量:

$Q_散 = 6 \times 10^4 - 4.2 \times 10^4 = 1.8 \times 10^4$J

热水器的效率:

$$\eta = \frac{Q_吸}{Q_放} = \frac{4.2 \times 10^4}{6 \times 10^4} = 0.7 = 70\%$$

【例 2-43】 有一台电动机,它的铭牌标出的输出功率是 7kW,效率是 90%。问从电源输入的电功率是多少? 电动机内部损失的功率是多少?

【解】 电动机输出的是拖动负载的机械功率,电动机在运行中,不可避免地会有能量的损耗。因此,从电源输入的电功率总是大于电动机轴上输出的有用机械功率。

$$P_入 = \frac{P_出}{\eta} = \frac{7\text{kW}}{0.9} = 7.8\text{kW}$$

损失功率 $P_损 = P_入 - P_出$

$$= 7.8\text{kW} - 7\text{kW}$$

$$= 0.8\text{kW}$$

（3）热交换定律(热平衡方程式)

在任何传递热量的系统中,温度高的物

体放出的热量总是等于温度低的物体所吸收的热量。用公式来表示：

$$Q_{放} = Q_{吸} \qquad (2\text{-}41)$$

这个公式叫做热平衡方程式。

（4）热机的效率

在热机里，用来做有用功的那部分热量和燃料完全燃烧放出的热量之比，叫做热机的效率。

即
$$\eta = \frac{Q_{有用}}{Q_{总}} \times 100\% \qquad (2\text{-}42)$$

【例 2-44】 一台柴油机的功率是 40kW，每小时消耗柴油 12.5kg，这台柴油机的效率是多大？（柴油的燃烧值 $q = 3.3 \times 10^7 J/kg$）

【解】 每小时柴油完全燃烧时放出的总热量

$$Q_{总} = q \cdot m = 3.3 \times 10^7 \times 12.5 = 4.13 \times 10^8 J$$

每小时做有用功的热量

$$Q_{有} = 40 \times 10^3 \times 3600 = 1.44 \times 10^8 J$$

所以效率 $\eta = \dfrac{Q_{有}}{Q_{总}}$

$$= \frac{1.44 \times 10^8}{4.13 \times 10^8} = 0.35$$
$$= 35\%$$

小 结

1. 在热传递过程中，传递的能量的多少叫做热量。热量的国际制单位是焦耳。

2. 做功和热传递在改变物体的内能上都是等效的。

3. 能量的形式是很多的，任何一种形式的能量在转化为其他形式的能量过程中都遵守能量守恒定律。

4. 热平衡方程式：$Q_{放} = Q_{吸}$。它是能量守恒定律在热学中的具体应用。

5. 热机的效率 $\eta = \dfrac{Q_{有用}}{Q_{总}} \times 100\%$

习 题

1. 功率是 4.5kW 的电炉，在 1 小时内电流做的功能产生多少热量？

2. 用 100N 的力拉锯，锯条移动的距离是 60cm，拉锯所做的功 40% 转变成热，求拉锯 1 次能产生多少热量。

3. 柴油机的功率是 60kW，效率是 30%，每小时消耗燃料多少？（燃烧值 $q = 3.3 \times 10^7 J/kg$）。

4. 汽车发动机的功率是 65kW，效率为 26%，若汽车以 54km/h 的平均速度行驶 100km，需要消耗多少汽油？（汽油的燃烧值 $q = 4.6 \times 10^7 J/kg$）

5. 一台功率为 100kW 的柴油机，效率为 32%，工作 1 小时需要多少柴油？（燃烧值 $q = 3.3 \times 10^7 J/kg$）。

6. 柴油机的功率是 30kW，效率为 30%，带动一部效率为 60% 的水泵将水抽到 6m 高处，求：

（1）每分钟能抽多少立方米的水？

（2）每分钟需要消耗多少柴油？

2.11 静电场

（1）真空中的库仑定律

在真空中两个点电荷间的作用力跟它们的电量的乘积成正比，跟它们间的距离的平方成反比，作用力的方向在它们的连线上。这就是库仑定律。

用公式表示

$$F = k \frac{Q_1 Q_2}{r^2} \qquad (2\text{-}43)$$

式中 k 是比例恒量，叫做静电力恒量。

$$k = 9 \times 10^9 \text{N} \cdot \text{m}^2 / \text{C}^2$$

Q_1、Q_2——点电荷的电量,单位是库仑(C);

r——电荷间的距离,单位是米(m);

F——静电力,单位是牛顿(N)。

【例 2-45】 在真空中有两个相距 30cm 的点电荷,带的电量分别是 -2×10^{-8}C 和 1×10^{-8}C,求两个电荷间的静电力。

【解】 $F = k \dfrac{Q_1 Q_2}{r^2}$

$$= \frac{9 \times 10^9 \times 10^{-8} \times 2 \times 10^{-8}}{0.3^2}$$

$$= 2 \times 10^{-5} \text{N}$$

由于两个电荷是异种的,所以它们间的静电力是引力。

(2)电场强度(E)

放入电场中某一点的电荷受到的电场力跟它的电量的比值,叫做这一点的电场强度。

用公式表示　$E = \dfrac{F}{q}$ 　　　(2-44)

电场强度简称为场强,场强是矢量。我们规定电场中某点的场强方向跟正电荷在该点的受力方向相同。

场强的单位是牛/库(N/C)

【例 2-46】 真空中有一个电场,在这个电场中的某一点放入电量为 5.0×10^{-9}C 的点电荷,它受到的电场力为 3.0×10^{-4}N,求这一点处场强的大小。

【解】 场强的大小

$$E = \frac{F}{q} = \frac{3.0 \times 10^{-4}}{5.0 \times 10^{-9}} = 6.0 \times 10^4 \text{N/C}$$

(3)电位　电位差

1)电势能(E_p)

电荷在电场中具有的势能叫做电势能,单位是焦耳(J)。

电势能的大小与重力势能的大小一样,只具有相对的值。

2)电位(U)

电场中某点的电位,等于放在那点的电荷具有的电势能跟它的电量的比。

$$U = \frac{E_p}{q} \qquad (2-45)$$

电位的单位是伏特(V)。

3)电位差(电压)

设电场中 A、B 两点处的电位分别是 U_A、U_B,则 $U_A - U_B$ 叫做 A、B 两点间的电位差,又叫做电压,用 $U_{AB} = U_A - U_B$ 表示,单位是伏特(V)。

(4)电场力移动电荷时所做的功

电场力使电荷 q 从 A 点移到 B 点时,它所做的功

$$W = q U_{AB} \qquad (2-46)$$

式中　W——电场力所做的功(J);

q——被移动的电荷的电量(C);

U_{AB}——A、B 两点间的电压(V)。

【例 2-47】 在电场中有 A、B 两点,A 点的电位是 380V,B 点的电位是 280V。把电量是 10^{-7}C 的电荷从 A 点移到 B 点。1)是什么力做功;2)做了多少功。

【解】 1)因为是正电荷从高电位 A 点移向低电位 B 点,所以是电场力做正功。

2)做的功　$W = q U_{AB}$

$$= 10^{-7} \times (380 - 280)$$

$$= 10^{-5} \text{J}$$

(5)电位差和场强的关系

1)场强的方向就是电位降低的方向

2)数值上的关系

在匀强电场里,场强的大小等于沿场强方向的单位长度上的电位差。

即　　　$E = \dfrac{U_{AB}}{d}$ 　　　(2-47)

式中　U_{AB}——电位差(V);

d——沿场强方向的距离(m);

E——匀强电场的场强(V/m)。

注意:1V/m = 1N/C

【例 2-48】 金属圆板 A、B 相距 2cm。用电压为 30V 的电池组使它们带电(图

62

2-42)，它们间的匀强电场的场强是多大，方向 如何？

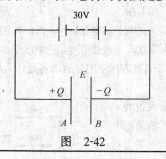

图 2-42

【解】 金属板间的电位差就是电池组的电压，知道这个电位差 U 后，便可求场强。

$$E = \frac{U}{d} = \frac{30}{2 \times 10^{-2}} = 1.5 \times 10^3 \text{V/m}$$

A 板带正电，B 板带负电，所以场强的方向是由 A 板指向 B 板。

小　　结

1．真空中的库仑定律公式

$$F = k \frac{Q_1 Q_2}{r^2}$$

2．电场强度是矢量

大小用 $E = \dfrac{F}{q}$ 来量度，它决定于电场本身。

方向跟正电荷在电场中所受电场力的方向相同。

匀强电场的场强 $E = \dfrac{U}{d}$。

3．电位　电位差

电位是标量，用 $U = \dfrac{E_\text{p}}{q}$ 来量度。

电位差（电压）$U_{\text{AB}} = U_\text{A} - U_\text{B}$。

4．电场力移动电荷做功

$$W = q U_{\text{AB}}$$

习　　题

1．真空中的两个点电荷，带的电量分别是 $+4.0 \times 10^{-8}\text{C}$ 和 $-2.0 \times 10^{-8}\text{C}$，相距 20cm，求每个电荷受到的静电力有多大，是引力还是斥力？

2．真空中两个点电荷之间的距离为 1m 时，相互排斥的力为 $2.0 \times 10^{-3}\text{N}$，当它们相距 20cm 时，相互排斥的力会是多大？

3．在真空中有一个电场，在这个电场中的某一点放入电量为 $5.0 \times 10^{-8}\text{C}$ 的点电荷，它受到的电场力为 10^{-3}N，求该点场强的大小。

4．设有两点电荷 $Q_1 = 10^{-5}\text{C}$，$Q_2 = 2 \times 10^{-5}\text{C}$，它们在真空中相距 2m，求这两电荷连线中点处的场强大小和方向。

5．电场中有 A、B 两点，A 点的电位是 500V，B 点的电位是 300V，把电量是 $-5 \times 10^{-8}\text{C}$ 的电荷从 B 点移到 A 点，是什么力做功？做了多少功？

6．一个电量为 $5 \times 10^{-8}\text{C}$ 的电荷，从电位为 180V 的 A 点移到 B 点，外力克服电场力做的功是 $1.1 \times 10^{-5}\text{J}$，求（1）电压 U_{AB}；（2）B 点的电位 φ_B。

7. 在匀强电场中,沿电场的方向依次排列 A、B、C 三点,AB 间距离是 6cm,BC 间距离是 4cm,若场强是 1.5×10^4V/m,求电压(1)U_{AB};(2)U_{BC};(3)U_{CA};(4)U_{AC};(5)U_{BA};(6)U_{CB}。

8. 一个电子通过电压为1V 的两点间时得到的能量是多少焦耳。(电子的电量 $e = -1.60 \times 10^{-19}$C)

9. 水平放置的平行金属板间的距离是 2cm。两板间的电压为 200V,上板带正电,一个电子由水平方向射入两板间,求(1)电子所受电场力的大小和方向;(2)电子在水平和竖直方向上的分运动各是什么样的运动。(电子的电量 $e = -1.60 \times 10^{-19}$C)。

10. 如图 2-43 所示,电源电压为 60V,平行板 MN 相距 12mm,两板间的一点 A 与 N 板相距 10mm。计算:(1)两板间的电位差;(2)M 板的电位;(3)N 板的电位;(4)A 点的电位;(5)电子从 N 板向 M 板移动,电场力所做的功是多少? 电子的电势能增加还是减少,改变了多少?

11. 匀强电场中 a、b 两点的电位分别是 80V 和 20V,两点之间相距 1cm,电场力将正电荷 q 从 a 点移到 b 点,做功 180J,计算:(1)q 所带的电量;(2)电场力的大小。

12. 电场中各点的电位值与零参考点的选取有关。设以 O 点为参考点时,a 点的电位是 3V,b 点电位是 36V,c 点电位是 180V。如果重新选取 a 点为零参考点,求:(1)b、c、O 各点的电位;(2)电压 U_{ao}、U_{bo}、U_{bc}。

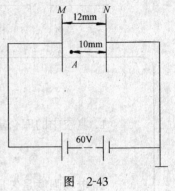

图 2-43

第3章　直流电路的计算

直流电路的计算是根据直流电路的特点及描述直流电路的各物理量之间的关系进行的,是电工计算的基础,也是电路分析的基础。通过直流电路的计算结果,可帮助我们对电路的电流分布、电压降落和能量分配等进行综合的电路分析。

3.1　电流强度及电压的有关计算

3.1.1　电流强度的计算

电流是大量电荷的定向移动形成的。在相同的时间里通过导体横截面积的电量越多,电流越强;通过的电量越少,电流则越弱。电流的强弱用电流强度表示。

(1)电流强度的定义

单位时间内通过导体横截面的电量,定义为电流强度,用字母 I 表示。

(2)电流强度的数学表达式

$$I = \frac{Q}{t} \qquad (3-1)$$

式中　I——导体中通过的电流强度;

　　　Q——在 t 时间内通过导体横截面的电量;

　　　t——导体中通过电量 Q 所用的时间。

(3)电流强度的单位

电流强度的单位有安培(A)、毫安(mA)、微安(μA)。它们的换算关系为:

$$1A = 10^3 mA$$
$$1mA = 10^3 \mu A$$

在 1s 的时间内通过导体横截面的电量为 1C 时,电流的强度为 1A。

【例3-1】　在 5min 内通过灯泡灯丝的电量为 180C,则通过灯丝的电流强度是多少?

已知:$Q = 180C$　$t = 5min = 300s$

求:通过灯丝的电流 I。

【解】　根据电流强度的数学表达式(3-1)得:

$$I = \frac{Q}{t} = \frac{180}{300} = 0.6A$$

由计算结果可知通过灯丝的电流强度为 0.6A。

【例3-2】　电镀某零件消耗 1680C 的电量,如果通过的电流强度是 4A,那么电镀这个零件需要多长时间?

已知:$Q = 1680C$　$I = 4A$

求:时间 t

【解】　根据电流强度数学表达式 $I = \frac{Q}{t}$ 得:

$$t = \frac{Q}{I} = \frac{1680}{4} = 420s$$

当电流为 4A 时,电镀这个零件需要 420s。

【例3-3】　用蓄电池供电,放电电流为 0.5A,可持续放电 3600s,若放电电流改为 0.2A,要求通过导体横截面的电量不变,则放电时间变为多少?

已知:$I_1 = 0.5A$　$t_1 = 3600s$　$I_2 = 0.2A$

求:t_2

【解】　根据题意,在两种不同的放电电流情况下,通过导体横截面的电量不变。即:

$$Q_1 = Q_2$$
$$I_1 \cdot t_1 = I_2 \cdot t_2$$

$$t_2 = \frac{I_1 \cdot t_1}{I_2} = \frac{0.5 \times 3600}{0.2} = 9000\text{s}$$

当放电电流为 0.2A 时，放电时间变为 9000s。亦就是说当电量不变时，减少放电电流，可延长放电时间。

3.1.2 电压的计算

电压是衡量电场对电荷做功本领大小的物理量。若电场力将电荷 q 从电场中的 a 点移到场中的 b 点所做的功为 W，则 a、b 两点间电压的计算公式为：

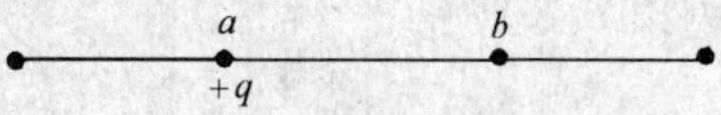

图 3-1

$$U_{ab} = \frac{W}{q} \qquad (3-2)$$

式中　U_{ab}——a、b 两点之间的电压；
　　　W——电场力移动电荷 q 从 a 点到 b 点所做的功；
　　　q——被移动电荷的电量。

电压的单位：伏特（V）　千伏（kV）

（1）伏特的含义

移动单位电量（1C）的电荷由 a 点到 b 点电场力做功恰好为 1J 时，则 a、b 两点间的电压为 1V。

即：
$$1\text{V} = \frac{1\text{J}}{1\text{C}}$$

（2）换算关系
$$1\text{V} = 10^{-3}\text{kV}$$

【例 3-4】　电场力移动 5C 的正电荷从电场中的 a 点移到 b 点做功 20J，问 a、b 两点间的电压是多少？若将电量为 10C 的电荷同样由 a 点移到 b 点，电场力做功为多少？

已知：$q_1 = 5\text{C}$　$W_1 = 20\text{J}$　$q_2 = 10\text{C}$
求：U_{ab}、W_2

【解】　$U_{ab} = \dfrac{W_1}{q_1} = \dfrac{20}{5} = 4\text{V}$

因为同一电场中相同两点间电压值是确

定的，所以有：
$$W_2 = U_{ab} \cdot q_2 = 4 \times 10 = 40\text{J}$$

由上例计算可知，在同一电场中的两点间，移动不同电量的电荷，电场力做的功虽不同，但两点间的电压是一确定的值。

上述为电压的一种计算方法，在电工计算中，若已知电场中某两点的电位值，也可得到电压的大小。下面介绍电压的第二种计算方法。

定义：电路中任意两点间的电位之差称为电压。也叫电位差。

即：
$$U_{AB} = \varphi_A - \varphi_B \qquad (3-3)$$
式中　U_{AB}——电路中 A、B 间的电压；
　　　φ_A——电路中 A 点的电位；
　　　φ_B——电路中 B 点的电位。

【例 3-5】　电路如图所示，若 a 点的电位为 100V，b 点的电位为 40V，c 点电位为 -50V。则 U_{ab}、U_{bc}、U_{ac} 分别是多少？

图　3-2

已知：$\varphi_a = 100\text{V}$，$\varphi_b = 40\text{V}$，$\varphi_c = -50\text{V}$
求：U_{ab}、U_{bc}、U_{ac}。

【解】　根据电压的定义式有：
$$U_{ab} = \varphi_a - \varphi_b = 100 - 40 = 60\text{V}$$
$$U_{bc} = \varphi_b - \varphi_c = 40 - (-50) = 90\text{V}$$
$$U_{ac} = \varphi_a - \varphi_c = 100 - (-50) = 150\text{V}$$

【例 3-6】　若上题中 b 点接地，其它条件不变，那么 U_{ab}、U_{bc}、U_{ca} 及 U_{cb} 又是多少？

【解】　b 点接地，b 点的电位为零，即：
$$\varphi_b = 0$$
$$U_{ab} = \varphi_a - \varphi_b = 100 - 0 = 100\text{V}$$
$$U_{bc} = 0 - (-50) = 50\text{V}$$
$$U_{ca} = -50 - 100 = -150\text{V}$$
$$U_{cb} = \varphi_c - \varphi_b = -50 - 0 = -50\text{V}$$

小　结

1. 电流的计算

电流强度是描述电流大小的物理量。用符号 I 表示。

计算公式：
$$I = \frac{Q}{t}$$

单位：安(A)　毫安(mA)　微安(μA)

换算关系：1 安(A) = 10^3 毫安(mA)

1 毫安(mA) = 10^3 微安(μA)

2. 电压的计算

(1) 通过移动单位电量的电荷电场力所做的功计算电压。

即：
$$U_{ab} = \frac{W}{q}$$

(2) 利用电路中各点电位的差值计算电压

即：
$$U_{ab} = \varphi_a - \varphi_b$$

单位：伏(V)　千伏(kV)

换算关系：$1V = 10^{-3}(kV)$

3. 在进行电流、电压计算时，公式使用要正确，单位要统一。电压计算时特别要注意：
$$U_{AB} \neq U_{BA}$$

习　题

1. 完成下列换算

(1) 0.5A = _____ mA = _____ μA

(2) 25μA = _____ mA = _____ A

(3) 110kV = _____ V

(4) 220V = _____ kV

2. 1min 内通过灯泡灯丝的电量是 18C，则流过灯丝的电流强度是多少？

3. 一个电炉在工作时通过电炉丝的电流为 3A，若此电炉工作 10min，求通过电炉丝的电量。

4. 电路中 A 点的电位为 12V，B 点的电位是 6V，那么 A、B 两点间的电压 U_{AB} 是多少？B、A 两点间的电压 U_{BA} 又是多少？

5. 电场力移动电量为 150C 的正电荷由电场中的 a 点移到 b 点所做的功为 900J，问场中 a、b 两点间的电势差是多少？

3.2　电阻的计算

电阻反映导体阻碍电流的性质，也就是导体对电流的阻碍作用。这种阻碍作用的大小与材料的性质，材料的横截面积及材料的温度有关。

常用电阻的图形符号和文字符号如图 3-3 所示。

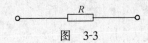

图　3-3

电阻的单位:欧姆(Ω)简称:欧

千欧(kΩ)

兆欧(MΩ)

换算关系为:$1\Omega = 10^{-3}k\Omega$

$1k\Omega = 10^{-3}M\Omega$

3.2.1 电阻定律

电阻定律的数学表达式:

$$R = \rho \frac{L}{S} \qquad (3\text{-}4)$$

式中　R——导体的电阻　单位:Ω;

ρ——导体材料的电阻率　单位:Ω·m;

L——导体材料的长度　单位:m;

S——导体材料的横截面积　单位:m^2。

几种常用材料的电阻率和电阻温度系数见表3-1

表 3-1

材 料 名 称	电阻率 $\rho(\Omega\cdot m)(20℃)$	电阻温度系数 $\alpha(1/℃)$
银	1.65×10^{-8}	3.6×10^{-3}
铜	1.75×10^{-8}	3.9×10^{-3}
铝	2.8×10^{-8}	3.9×10^{-3}
钨	5.5×10^{-8}	4.4×10^{-3}
镍	7.3×10^{-8}	6.2×10^{-3}
铁	9.8×10^{-8}	6.2×10^{-3}
锡	1.14×10^{-7}	4.4×10^{-3}
铂	1.05×10^{-7}	4.0×10^{-3}
锰铜(85%铜 + 3%镍 +12%锰)	$4.2\sim4.8\times10^{-7}$	$\sim0.6\times10^{-5}$
康铜(58.8%铜+40% 镍+1.2%锰)	$4.8\sim5.2\times10^{-7}$	$\sim0.5\times10^{-5}$

【例3-7】　现有一根长200m、横截面积为4mm²的铜导线,它的电阻多大?

已知:$L = 200m$　$S = 400mm^2 = 4\times 10^{-6}m^2$

求:R

【解】　查表得:铜的电阻率 $\rho = 1.75\times 10^{-8}\Omega\cdot m$

$$R = \rho \frac{L}{S}$$
$$= 1.75\times 10^{-8}\times \frac{200}{4\times 10^{-6}}$$
$$= 0.875\Omega$$

该铜导线的电阻率为0.875Ω。

【例 3-8】　某电阻丝的横截面积为0.1mm²,电阻率为$5\times 10^{-7}\Omega\cdot m$,如果用它绕制一个6Ω的电阻,需要用多长的电阻丝?

已知:$S = 0.1mm^2 = 1\times 10^{-7}m^2$　$\rho = 5\times 10^{-7}\Omega\cdot m$　$R = 6\Omega$

求:L

【解】　根据 $R = \rho \frac{L}{S}$

$$L = \frac{R\cdot S}{\rho} = \frac{6\times 1\times 10^{-7}}{5\times 10^{-7}} = 1.2m$$

该结果说明:在上述条件下绕制一个6Ω的电阻需用1.2m长的电阻丝。

3.2.2 电阻的温度系数

导体的电阻除与材料的性质、横截面积有关外,还与导体的温度有关。大多数导体的电阻随温度的升高而增大。

(1)电阻的温度系数

温度升高1℃时,电阻的改变量与原电阻的比值称为电阻的温度系数。用字母 α 表示。单位是1/℃。

(2)计算公式

$$\alpha = \frac{R_2 - R_1}{R_1(t_2 - t_1)} \qquad (3\text{-}5)$$

或:$R_2 = R_1[1 + \alpha(t_2 - t_1)]$ 　$(3\text{-}6)$

式中　α——电阻的温度系数　单位:1/℃;

R_1——温度为 t_1 时电阻值　单位:Ω;

R_2——温度为 t_2 时的电阻值　单位:Ω。

【例3-9】　100W 的钨丝白炽灯泡,在0℃时的电阻值是9.6Ω,点亮后它的电阻变为120Ω,求灯丝在炽热时的温度。

已知：$R_1 = 9.6\Omega$ $R_2 = 120\Omega$ $t_1 = 0℃$
求：t_2

【解】　查表得：钨丝的温度系数 $\alpha = 4.4 \times 10^{-3}1/℃$

根据：$\alpha = \dfrac{R_2 - R_1}{R_1(t_2 - t_1)}$ 得：

$$t_2 = \dfrac{R_2 - R_1}{R_1 \cdot \alpha} + t_1$$
$$= \dfrac{120 - 9.6}{9.6 \times 4.4 \times 10^{-3}} + 0$$
$$= 2614℃$$

可见：白炽灯钨丝的电阻值随温度的升高而增大。

正因为导体电阻随温度可发生变化，所以我们一般所说的电阻率是指在 20℃ 时导体的电阻率。

【例 3-10】　电动机的铜线绕阻，在 15℃ 时的电阻为 150Ω，求温度为 80℃ 时的电阻值。

已知：$t_1 = 15℃$　$R_1 = 150\Omega$　$t_2 = 80℃$
求：R_2

【解】　查表得铜的温度系数 $\alpha = 3.9 \times 10^{-3}1/℃$

$$R_2 = R_1[1 + \alpha(t_2 - t_1)]$$
$$= 150[1 + 3.9 \times 10^{-3}(80 - 15)]$$
$$= 188\Omega$$

小　　结

1．电阻定律：金属导体的电阻与导体的长度成正比，与它的横截面积成反比，还与材料的电阻率有关。

2．电阻定律的数学表达式：

$$R = \rho\dfrac{L}{S}$$

3．电阻率：ρ
各种材料在温度为 20℃ 时、长为 1m、截面为 1m^2 时的电阻值。

4．电阻的温度系数 α
温度每升高 1℃ 时，电阻的改变量与原电阻值的比值称为电阻的温度系数。

5．电阻与温度变化的关系式：

$$\alpha = \dfrac{R_2 - R_1}{R_1(t_2 - t_1)}$$

或　　　　　　　$R_2 = R_1[1 + \alpha(t_2 - t_1)]$

注意在使用电阻定律计算时，要统一单位。

习　　题

1．完成下列单位换算

(1) 200Ω = _____ kΩ

(2) 6.4kΩ = _____ Ω

(3) 1.5MΩ = _____ Ω

2．有一条输电铝线，全长 200m，线的横截面积为 16mm^2，求这条输电铝线的电阻。

3．用横截面积为 0.5mm^2 的金属丝制作电阻为 50Ω 的电炉。如果所用电炉丝为康铜，问需要的长度是多少米？

4. 现有一根长 100m,横截面积为 5mm² 的铝导线,它的电阻是多大? 如果将它拉成截面为 2.5mm² 的导线,电阻值又是多少?

5. 长 100m、截面积为 4mm² 的铜导线,在 80℃ 时的电阻值是多少?

6. 2500kW 的汽轮发电机,转子线圈铜导线的横截面积为 121mm²,总长度为 2188m,试计算线圈在 20℃ 时和 100℃ 时的电阻值。

7. 有一台电动机,它的绕组是铜线,在室温 26℃ 时测得电阻为 1.25Ω。转动 3h 后,测得的电阻增加到 1.5Ω,问此时电动机绕组线圈的温度是多少?

3.3 欧姆定律

3.3.1 部分电路欧姆定律

部分电路欧姆定律给出了电路中的一部分导体两端的电压、导体中通过的电流及导体本身的电阻之间的关系。

(1)部分电路欧姆定律的内容

导体中的电流强度跟导体两端的电压成正比,跟这段导体的电阻成反比。

(2)部分电路欧姆定律的数学表达式

$$I = \frac{U}{R} \quad 或 \quad U = IR \qquad (3-7)$$

式中 I——导体中的电流强度 单位:A;

  U——导体两端的电压 单位:V;

  R——导体的电阻 单位:Ω。

(3)部分电路欧姆定律的适用条件

部分电路欧姆定律适用于金属和液体导体,对于气体则不适用。

【例 3-11】 有一电阻,当其两端加上 50V 的电压时,通有 2A 的电流,该电阻的阻值是多少?

已知:$U = 50V$,$I = 2A$

求:R

【解】 根据部分电路欧姆定律 $I = \frac{U}{R}$

得:

$$R = \frac{U}{I} = \frac{50}{2} = 25Ω$$

【例 3-12】 已知某白炽灯的额定电压是 220V,正常发光时的电阻为 242Ω,试求流过灯丝的电流强度。

已知:$U = 220V$,$R = 242Ω$

求:I

【解】 根据部分电路欧姆定律

$$I = \frac{U}{R} = \frac{220}{242} ≈ 0.91A$$

【例 3-13】 设人体的最小电阻为 800Ω,通过人体的电流只要不大于 50mA,就没有生命危险,求最高的安全电压。

已知:$R = 800Ω$,$I = 50mA = 0.05A$

求:U

【解】 $U = IR = 0.05 × 800 = 40V$

人体的最高安全电压为 40V。为保险起见,一般规定安全电压为 36V 以下。

3.3.2 全电路欧姆定律

全电路是含有电源在内的闭合电路。分内、外电路。所谓内电路是指电源内部的电路,外电路是指电源外部的电路。一般内电路可等效看成一个电动势与一个内阻的串联(或并联)。

(1)全电路欧姆定律的内容

闭合电路中的电流强度与电源的电动势成正比、与内、外电路的总电阻成反比。

(2)数学表达式

$$I = \frac{\varepsilon}{R + r} \qquad (3-8)$$

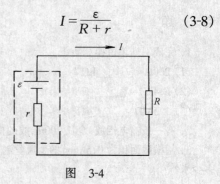

图 3-4

式中　ε——电源的电动势　单位：V；

$\quad\quad$ I——电路中的电流强度　单位：A；

$\quad\quad$ R——外电路的电阻　单位：Ω；

$\quad\quad$ r——内电路的电阻　单位：Ω。

（3）全电路欧姆定律的另一种表达形式

$$\varepsilon = U + Ir$$

式中　U——路端电压，即外电路两端的电压。

【例 3-14】　如图 3-5 所示的电路中，电源电动势为 6V，内电阻为 2Ω，外电路中用电器的电阻是 10Ω。试计算：

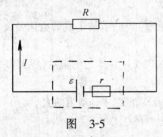

图　3-5

1）电路中的电流强度；

2）外电路两端的电压；

3）内电阻上的电压降。

已知：$\varepsilon = 6$V，$r = 2\Omega$，$R = 10\Omega$

求：I、$U_外$、$U_内$。

【解】　1）根据全电路欧姆定律

$$I = \frac{\varepsilon}{R + r} = \frac{6}{10 + 2} = 0.5\text{A}$$

2）外电路两端的电压，也就是电阻 R 两端的电压，可根据部分欧姆定律计算而得即：

$$U = IR = 0.5 \times 10 = 5\text{V}$$

3）$U_内 = I \cdot r = 0.5 \times 2 = 1\text{V}$

或　$U_内 = \varepsilon - I \cdot R = 6 - 0.5 \times 10 = 1\text{V}$

由上述计算可知：电源电动势可分为两部分，一部分是提供给外电路的路端电压，另一部分则降在电源的内电阻上。

【例 3-15】　在图 3-6 所示的电路中，外电路的电阻 R_1 为 14Ω，R_2 为 9Ω。当单刀双掷开关 S 扳到位置 1 时，测得电流强度为 0.2A；当开关 S 扳到位置 2 时，测得电流强度为 0.3A，求电源的电动势和内电阻。

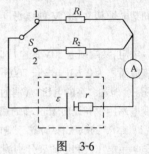

图　3-6

已知：$R_1 = 14\Omega$，$R_2 = 9\Omega$，$I_1 = 0.2$A，$I_2 = 0.3$A

求：ε、r

【解】　因电源电动势 ε 及内电阻 r 与外电路的电阻无关，于是有：

$$\varepsilon = I_1 R_1 + I_1 r$$

$$\varepsilon = I_2 R + I_2 r$$

消去 ε 得：$I_1 R_1 + I_1 r = I_2 R_2 + I_2 r$

电源内阻：$r = \dfrac{I_1 R_1 - I_2 R_2}{I_2 - I_1}$

$$= \frac{0.2 \times 14 - 0.3 \times 9}{0.3 - 0.2}$$

$$= 1\Omega$$

电源电动势：$\varepsilon = I_1 R_1 + I_1 r$

$$= 0.2 \times 14 + 0.2 \times 1$$

$$= 3\text{V}$$

由上例可知：利用全电路欧姆定律可测定电源电动势和内电阻。

小　结

1. 部分电路欧姆定律：　$I = \dfrac{U}{R}$ 或 $U = IR$

2. 全电路欧姆定律：　$I = \dfrac{\varepsilon}{R + r}$

3．路端电压的计算方法：

(1) $U = IR$——电流与外电阻的乘积。

(2) $U = \varepsilon - Ir$——电动势减去内阻上的电压。

习　题

1．已知某电炉接在 220V 的电源上，正常工作时流过电阻丝的电流为 4A，试求此时电炉丝的电阻值。

2．有一电阻，两端加上 50V 的电压时，通过的电流为 2A；两端加 10V 的电压，通有多大的电流？

3．用横截面积为 0.63mm^2、长 200m 的铜丝绕制一个线圈。这个线圈允许通过的最大电流是 8.0A，求这个线圈两端最多能加多高的电压？（铜的电阻率 ρ 取 $1.75 \times 10^{-8} \Omega \cdot m$）

4．某变电站用铜导线向 1km 外的用户供电，变电站的输出电压为 237V，若输电线的电流强度为 5A，为了使用户获得 220V 的电压，试计算该输电线的横截面积。

5．某同学用电压表和电流表分别测量甲、乙两种导体的端电压和通过导体的电流后，根据数据给出的 V-A 特性曲线如图 3-7 所示，试分别比较两导体电阻值的大小。

6．电源电动势为 2V，电路中的电流强度为 0.5A，内电阻为 0.5Ω，求电路中外电阻的大小。

7．有一电路，电源的电动势为 1.5V，内电阻是 0.12Ω，外电阻是 1.08Ω，求：

(1) 电路中的电流强度、路端电压和内电路两端的电压。

(2) 若外电路发生短路，电流强度的最大值是多少？

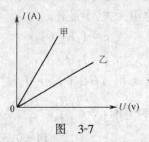

图　3-7

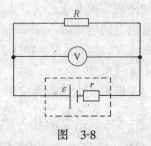

图　3-8

8．电池的内电阻是 0.2Ω，外电路两端的电压是 1.8V，电路中的电流强度是 0.2A，试计算电池的电动势。

9．电源电动势为 1.5V，外电路的电阻为 3.5Ω，电压表的读数为 1.4V，求电源的内电阻（图 3-8）。

10．把一个滑动变阻器和一个安培计串联在电池的电路里，并把一个伏特计并联在电池的两极上，当变阻器在某一位置时，安培计和伏特计的读数分别为 0.2A 和 1.8V，变阻器在另一位置时，安培计和伏特计的读数分别为 0.4A 和 1.6V，求电池的电动势和内电阻。

3.4　电功及电功率的计算

3.4.1　电功

电流在电路中通过，总要消耗电能而转化成其他形式的能。这就是电流的做功过程。电流做多少功，就有多少电能转化为其他形式的能。电流所做的功叫电功。用字母 W 表示。

(1) 电功的大小

电流在一段电路上所做的功，等于这段电路两端的电压、电路中的电流强度及通电时间的乘积。

即： $$W = UIt \qquad (3\text{-}9)$$

式中　W——电流的功，单位：J；

　　　U——电路两端的电压，单位：V；

　　　I——电路中的电流强度，单位：A；

　　　t——通电时间，单位：s。

（2）电功的单位

焦耳（J）　千瓦时（kW·h）

$$1J = 1V \times 1A \times 1s$$

$$1kW\cdot h = 3.6 \times 10^6 J$$

【例 3-16】 导体两端的电压是 120V，通过它的电流为 5A，通电时间为 100s，则电流通过导体做的功是多少？导体消耗的电能是多少？

已知：$U = 120V, I = 5A, t = 100s$

求：W

【解】 根据电功大小的计算公式

$$W = UIt$$
$$= 120 \times 5 \times 100$$
$$= 6 \times 10^4 J$$

电流对导体做多少功，导体消耗的电能就是多少，所以导体消耗的电能为 $6 \times 10^4 J$。

【例 3-17】 如果通过导体的电流强度为 0.5A，在 10s 内，电流对导体做了 20J 的功，求加在导体两端的电压。

已知：$I = 0.5A, t = 10s, W = 20J$

求：U

【解】 根据 $W = IUt$ 有

$$U = \frac{W}{I \cdot t} = \frac{20}{0.5 \times 10} = 4V$$

如果导体是纯电阻，根据部分电路欧姆定律 $U = IR$ 或 $I = \dfrac{U}{R}$ 可得到功的另外两个计算公式。即：

$$W = I^2 \cdot Rt \qquad (3\text{-}10)$$

$$W = \frac{U^2}{R} \cdot t \qquad (3\text{-}11)$$

上两式中，R 为导体的电阻，单位为 Ω，其他量的单位不变。

【例 3-18】 某滑线变阻器阻值为 50Ω，允许通过的电流为 0.2Ω，若将滑线变阻器通

电 10min，消耗的电能是多少 J？

已知：$R = 50\Omega, I = 0.2A, t = 10min = 600s$

求：W

【解】 $$W = I^2 \cdot Rt$$
$$= 0.2^2 \times 50 \times 600$$
$$= 1200J$$

【例 3-19】 某灯泡灯丝的电阻为 1210Ω，将其接入电源电压为 220V 的电路中，问将其点燃 5h 消耗的电能是多少 J？合多少 kW·h？

已知：$R = 1210\Omega, U = 220V, t = 5h = 1.8 \times 10^4 s$

求：W

【解】 根据已知条件选用公式

$$W = \frac{U^2}{R} \cdot t$$

$$W = \frac{U^2}{R} \cdot t = \frac{220^2}{1210} \times 1.8 \times 10^4$$
$$= 7.2 \times 10^5 J$$
$$= 0.2 kW \cdot h$$

需要说明的是：一般电路计算时，为使问题简化，如不特别声明，则一律忽略电阻随温度的变化。

3.4.2　电功率

电流通过不同的设备时，做功的快慢不同，也就是说在相同的时间内做功的多少不同，为了表示电流通过导体时做功的快慢程度，引入电功率的概念。

（1）电功率的定义

电流通过导体时所做的功和完成这些功所用时间的比值，叫做电功率。也可定义为单位时间内，电流对导体做的功。电功率用字母 P 表示。

（2）电功率的定义式

$$P = \frac{W}{t} \qquad (3\text{-}12)$$

式中　W——电流对导体做的功；

t——电流做功为 W 时所用时间；

P——导体的电功率。

(3) 电功率的单位

瓦特(W) 千瓦(kW)

$$1W = \frac{1J}{1s}$$

$$1kW = 10^3 W$$

(4) 电功率的导出公式

将电功的定义式代入(3-12)得出：

$$P = UI \qquad (3-13)$$

式中 U——导体两端的电压；

I——导体中通过的电流；

P——导体的电功率。

利用式(3-13)可估算设备正常工作时的电流，如标有"220V40W"的白炽灯，工作电流为 0.18A(不考虑温度对灯丝的影响)。

【例3-20】 如图3-9将用电器接入电源电压为24V的电路中，与用电器相串联的电流表的读数为 0.3A，试计算该用电器的功率。该用电器工作多长时间消耗一度电？

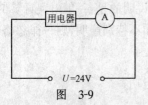

图 3-9

已知：$U = 24V$，$I = 0.3A$，$W = 1(kW \cdot h) = 3.6 \times 10^6 J$

求：P、t。

【解】 根据电功率的导出公式：

$$P = IU = 24 \times 0.3 = 7.2W$$
$$= 7.2 \times 10^{-3} kW$$

$$t = \frac{W}{P} = \frac{1}{7.2 \times 10^{-3}} = 138.89h$$

如果导体是纯电阻，根据部分电路欧姆定律 $U = IR$ 或 $I = \frac{U}{R}$ 可得出电功率的另外两个计算公式，即：

$$P = I^2 \cdot R \qquad (3-14)$$

$$P = \frac{U^2}{R} \qquad (3-15)$$

式中 R 为导体的电阻，单位：Ω。

【例3-21】 一个标有"220V40W"的白炽灯，正常工作时的电流强度是多少？该白炽灯灯丝的电阻是多少？

已知：$U = 220V$、$P = 40W$

求：I、R

【解】 $$P = UI$$

$$I = \frac{P}{U} = \frac{40}{220} \approx 0.18A$$

又 $\because P = \frac{U^2}{R}$

$$R = \frac{U^2}{P} = \frac{220^2}{40} = 1210\Omega$$

(5) 额定功率和实际功率

在用电器的铭牌上都标有额定电压和额定功率。额定电压是指用电器的正常工作电压。额定功率是用电器在额定电压下工作时取用的功率。例如一标有"220V100W"的灯泡，其含义为该灯泡在工作电压为 220V 时，正常发光功率为 100W。

如果用电器工作时的电压不等于它的额定电压，或由于其他原因使通过用电器的电流过大或过小时，这时用电器取用的功率就不等于额定功率，此时的功率称为实际功率。

【例3-22】 一个标有"220V800W"字样的电炉，问：(1)该电炉的额定电压和额定功率各是多少？ (2)如果把该电炉接在电压为 110V 的电路中，它的实际功率为多少？

已知：$U = 220V$，$P = 800W$，$U' = 110V$

求：(1) U_N、P_N；

(2) $P_{实}$。

【解】 (1) 根据规定：电气设备铭牌上所标定的值为额定值，因此该电炉的额定电压 $U_N = 220V$，额定功率 $P_N = 800W$。

(2) 根据电炉的额定电压和额定功率先计算出该电炉的电阻：

$$R = \frac{U_N^2}{P_N} = \frac{220^2}{800} = 60.5\Omega$$

$$P_实 = \frac{U^2}{R} = \frac{110^2}{60.5} = 200W$$

将电炉接入电压为 110V 的电路中,亦就是相当于将阻值为 60.5Ω 的电阻接入电压为 110V 的电路中,于是有:

计算结果说明,若将"220V800W"的电炉接入电压为 110V 的电路中使用,电炉的实际功率降为 200W。

小　结

1. 电功的计算

(1) 电功的定义:电流通过导体所做的功。

(2) 电功的计算公式

$$W = UIt$$

$$W = I^2Rt = \frac{U^2}{R} \cdot t \quad (\text{适用纯电阻电路})$$

(3) 电功的单位:焦耳(J)　千瓦时(kW·h)

$$1kW \cdot h = 3.6 \times 10^6 J$$

2. 电功率的计算

(1) 电功率的定义:电流的功与完成这个功所用时间的比值。

(2) 计算公式:

$$P = \frac{W}{t}$$

$$P = UI$$

$$P = I^2R = \frac{U^2}{R} \quad (\text{适用于纯电阻电路})$$

(3) 单位:瓦(W)　千瓦(kW)

$$1kW = 10^3 W$$

习　题

1. 电功和电功率的单位是(　　　)。

A. J 和 V
B. W 和 J
C. J 和 W
D. J 和 A

2. 一度电可以使(　　　)

A. 80W 的电视机正常工作 25h

B. 40W 的日光灯正常工作 60h

C. 100W 的电烙铁正常工作 10h

D. 1000W 的碘钨灯正常工作 10h

3. 某用电器两端的电压是 220V,流过它的电流为 5A,若通电时间为 10min,试计算该用电器取用的电能。

4. 加在导体两端的电压是 12V,通过导体横截面的电量为 8C,求电流通过导体所做的功是多少?

5．1个标有"220V60W"字样的灯泡,正常工作 8h,消耗的电能是多少 J？合多少 kW·h？

6．1只灯泡两端的电压是 3V,电流在 1 分钟内做了 9J 的功,通过这个小灯泡的电流是多少 A？

7．某用电器的工作电压为 220V,允许通过的电流强度为 0.45A,试计算该用电器的额定功率。

8．1只标有"220V100W"的白炽灯泡,试计算：

（1）它的额定电压是多少 V？

（2）该灯泡的额定电流和灯丝电阻是多少？

（3）若将此灯接入电压为 110V 的电源上,它的实际功率是多少？

9．有一电炉的额定电压为 220V,额定电流为 3A,电炉使用 2h,消耗了多少电能？产生了多少热量？

10．某家庭中有 40W 的电灯 4 盏、1.5kW 的热水器 1 台、若这些电器在家庭中同时正常使用 2h,问消耗的电能是多少？

3.5 串联电路的计算

如果在一段电路上,把几个电阻一个接一个地连接起来,且在其中没有分岔支路,这种电路称为串联电路。如图 3-10 所示。

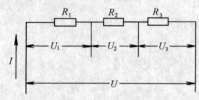

图 3-10　3 个电阻的串联

3.5.1 串联电路的特点

（1）串联电路中的电流强度处处相等。

即：　$I = I_1 = I_2 = I_3 = \cdots\cdots$　　（3-16）

（2）电路两端的总电压等于各部分电路两端的电压之和。

即：$U = U_1 + U_2 + U_3 + \cdots\cdots$　　（3-17）

（3）几个电阻的串联,可以用 1 个等效电阻来代替。在串联电路中,总电阻等于各电阻之和,如图 3-11。

即：$R = R_1 + R_2 + R_3 + \cdots\cdots$　　（3-18）

3.5.2 串联电路的分压作用

串联电路中,各电阻两端的电压与它的阻值成正比。

即：$\dfrac{U_1}{R_1} = \dfrac{U_2}{R_2} = \dfrac{U_3}{R_3} = \cdots\cdots = \dfrac{U}{R}$

可见：串联电路中每个电阻都分担了一部分电压,因此串联电路具有分压作用。各电阻上的电压与总电压的关系可表示为：

$$\left.\begin{array}{l} U_1 = IR_1 = \dfrac{U}{R}R_1 = \dfrac{R_1}{R_1 + R_2 + R_3}U \\[2mm] U_2 = IR_2 = \dfrac{U}{R}R_2 = \dfrac{R_2}{R_1 + R_2 + R_3}U \\[2mm] U_3 = IR_3 = \dfrac{U}{R}R_3 = \dfrac{R_3}{R_1 + R_2 + R_3}U \end{array}\right\}$$

（3-19）

3.5.3 串联电路的功率

（1）各电阻取用的功率

$$\left.\begin{array}{l} P_1 = IU_1 = I^2R_1 \\ P_2 = IU_2 = I^2R_2 \\ P_3 = IU_3 = I^2R_3 \end{array}\right\}\quad（3-20）$$

（2）电路的总功率

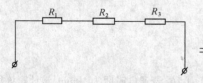 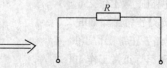

图 3-11　等效电路

$$P = P_1 + P_2 + P_3 \qquad (3\text{-}21)$$

【例3-23】 在图3-12所示的电路中,如果 A、B 两端的电压 U_{AB} 为6V,电阻 R_1 及 R_2 分别为10Ω和20Ω,求:

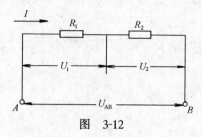

图 3-12

(1) A、B 的总电阻;
(2) 电路中的电流强度;
(3) 每个电阻两端的电压;
(4) 每个电阻消耗的功率。

已知: $U_{AB} = 6V$, $R_1 = 10Ω$, $R_2 = 20Ω$
求:(1)R,(2)I,(3)U_1、U_2,(4)P_1、P_2

【解】 (1) 串联电路的总电阻
$$R = R_1 + R_2 = 10 + 20 = 30Ω$$

(2) 电路中的电流强度
$$I = \frac{U_{AB}}{R} = \frac{6}{30} = 0.2A$$

(3) 两个电阻的端电压分别为:
$$U_1 = IR_1 = 0.2 \times 10 = 2V$$
$$U_2 = IR_2 = 0.2 \times 20 = 4V$$
或 $$U_2 = U_{AB} - U_1 = 6 - 2 = 4V$$

(4) 两个电阻消耗的功率分别为:
$$P_1 = I^2 \cdot R_1 = 0.2^2 \times 10 = 0.4W$$
$$P_2 = I^2 \cdot R_2 = 0.2^2 \times 20 = 0.8W$$

【例3-24】 如图3-13所示的电路中,有一盏白炽灯的额定电压是24V,正常工作时通过的电流为1.67A,要想将它接入电压为36V的照明电路中,需要给它串联一个多大的分压电阻?该电阻的功率至少是多大?

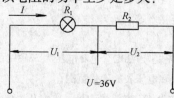

图 3-13 分压电路

已知: $U_1 = 24V$, $I = 1.67A$, $U = 36V$
求: R_2、P_2

【解】 分压电阻 R_2 两端的电压为:
$$U_2 = U - U_1 = 36 - 24$$
$$= 12V$$
$$R_2 = \frac{U_2}{I} = \frac{12}{1.67} \approx 7.19Ω$$

该分压电阻的功率至少应为:
$$P_2 = IU_2 = 1.67 \times 12$$
$$= 20.04W$$

【例3-25】 如图3-14所示:电源电压 $U = 12V$,电阻 R_1 和 R_2 分别为350Ω和550Ω,电位器电阻 R_W 为270Ω,试计算输出电压 U_0 的变化范围。

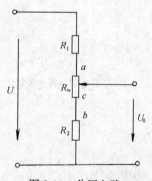

图 3-14 分压电路

已知: $R_1 = 350Ω$, $R_2 = 550Ω$, $R_W = 270Ω$, $U = 12V$
求: U_0 的取值范围

【解】 调节电位器 R_W 的滑动端 c 滑到 b 点时,输出电压为最小值,即:
$$U_{0\min} = \frac{R_2}{R_1 + R_2 + R_W}U$$
$$= \frac{550}{350 + 550 + 270} \times 12$$
$$= 5.6V$$

再调节 R_W 的滑动端 c 到 a 点,可获得输出电压的最大值。即:
$$U_{0\max} = \frac{R_2 + R_W}{R_1 + R_2 + R_W}U$$
$$= \frac{550 + 270}{350 + 550 + 270} \times 12$$

$= 8.4\text{V}$　　　　　　　围在 $5.6\text{V} \sim 8.4\text{V}$ 之间。可表示为：$5.6\text{V} \leqslant$
由计算结果可知：输出电压 U_0 的变化范　　$U_0 \leqslant 8.4\text{V}$。

小　结

1. 串联电路的特点

(1) 电流处处相等　即：$I = I_1 = I_2 = I_3 = \cdots\cdots$

(2) 总电压等于分电压之和　即：
$$U = U_1 + U_2 + U_3 + \cdots\cdots$$

(3) 总电阻等于各分电阻之和　即：
$$R = R_1 + R_2 + R_3 + \cdots\cdots$$

2. 串联电路具有分压作用，其分压公式为：
$$U_1 = \frac{R_1}{R_1 + R_2 + R_3} \cdot U$$
$$U_2 = \frac{R_2}{R_1 + R_2 + R_3} \cdot U$$
$$U_3 = \frac{R_3}{R_1 + R_2 + R_3} \cdot U$$

3. 串联电路中各电阻上消耗的功率与其阻值成正比。
$$P_1 = I^2 R_1$$
$$P_2 = I^2 R_2$$
$$P_3 = I^2 R_3$$

总功率为：　　　　　　$P = P_1 + P_2 + P_3$

习　题

1. 两只电阻 $R_1 = 6\Omega$，$R_2 = 18\Omega$，串联后接在电压为 12V 的电路中。试计算(1)电路的总电阻；(2)电路中的电流强度；(3)各电阻两端的电压。

2. 在图 3-15 所示的电路中，电压表和电流表的显示数分别为 2.4V 和 0.4A，已知电源电压为 3V。求电灯 L_1 和 L_2 的电阻值。

3. 用伏特表测量一恒压电源的电压，显示数为 220V，如果将伏特表串联 1 个电阻，然后再将它接入该电路中，伏特表的显示数为 110V，设伏特表的内阻为 840Ω。求所串联电阻的阻值。

4. 一只标有"12V6W"字样的小灯泡，如果要将它接在电压为 36V 的电源上，并使它正常发光，应接入 1 个阻值多大的电阻器？怎样连接？这个电阻器消耗的功率是多少？

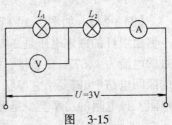

图 3-15

5. 如图 3-16 所示的电路中，电阻 R 为 10Ω，滑动变阻器的规格是"2A20Ω"，电源电压为 5V 并保持不变。

求：(1) 当滑动变阻器的滑片 P 从 a 端滑到 b 端时，电流表和电压表的变化范围；

(2) 当滑动片 P 在 a、b 的某一位置时，电压表的显示数为 4V，电流表的显示数为 0.4A，此时滑动

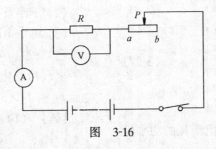

图 3-16

变阻器接入电路部分的阻值是多少?

6. 1只小灯泡,将它与阻值为5Ω的电阻串联后接入电压为15V的电源上,灯泡恰好正常发光,通过小灯泡的电流为0.6A,求小灯泡正常工作时的电阻和小灯泡的额定电压。

3.6 并联电路的计算

如果将几个电阻的一端连接在电路的同一点上,而把它们的另一端连接在电路的另一点上,这种电路称为并联电路,如图3-17所示。

3.6.1 并联电路的特点

(1) 加在各并联支路两端的电压相等。

(2) 并联电路中的总电流等于各分支路的电流之和。

即: $I = I_1 + I_2 + I_3 + \cdots\cdots$ (3-22)

(3) 并联电路的等效电阻(总电阻)的倒数等于各并联电阻的倒数之和。

即: $\dfrac{1}{R} = \dfrac{1}{R_1} + \dfrac{1}{R_2} + \dfrac{1}{R_3} + \cdots\cdots$

(3-23)

1) 如果有几个相同的电阻并联,总电阻为:

$$R_{并} = \frac{R}{n}   (3-24)$$

2) 如果只有两个电阻并联,总电阻为:

$$R_{并} = \frac{R_1 \cdot R_2}{R_1 + R_2}   (3-25)$$

3.6.2 并联电路的分流作用

在直流电路中,可以通过并联电阻达到分流的目的。各支路电流与其电阻成反比。

分流公式为:

$$\left.\begin{aligned} I_1 &= \frac{U}{R_1} = \frac{R}{R_1} I \\ I_2 &= \frac{U}{R_2} = \frac{R}{R_2} I \\ I_3 &= \frac{U}{R_3} = \frac{R}{R_3} I \end{aligned}\right\}   (3-26)$$

式中 R 为并联电路的总电阻。

3.6.3 并联电路的功率

并联电路中各电阻上消耗的功率为:

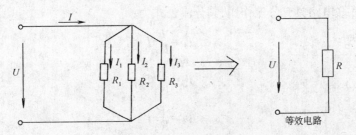

图 3-17 三个电阻的并联

等效电路

79

$$P_1 = I_1 U = \frac{U^2}{R_1}$$
$$P_2 = I_2 U = \frac{U^2}{R_2}$$
$$P_3 = I_3 U = \frac{U^2}{R_3}$$
$$(3-27)$$

可见在并联电路中各电阻消耗的功率与它的阻值成反比。

【例3-26】 在图3-18所示的电路中,如果 A、B 两端的电压 U_{AB} 为3V,电阻 R_1 及 R_2 分别为6Ω和3Ω,求:

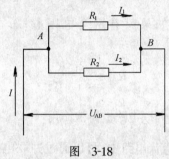

图 3-18

(1)并联电路的总电阻

(2)干路及支路上的电流

(3)每个电阻消耗的电功率

已知:$U_{AB} = 3V$,$R_1 = 6\Omega$,$R_2 = 3\Omega$

求:(1)总电阻 R,(2)总电流 I 和支路电流 I_1 和 I_2,(3)P_1、P_2

【解】 (1)并联电路的总电阻

$$R = \frac{R_1 \cdot R_2}{R_1 + R_2} = \frac{6 \times 3}{6 + 3} = 2\Omega$$

(2)干路电路(总电流)

$$I = \frac{U_{AB}}{R} = \frac{3}{2} = 1.5A$$

支路电流

$$I_1 = \frac{U_{AB}}{R_1} = \frac{3}{6} = 0.5A$$

$$I_2 = \frac{U_{AB}}{R_2} = \frac{3}{3} = 1A$$

或 $I_2 = I - I_1 = 1.5 - 0.5 = 1A$

(3) $P_1 = I_1 \cdot U_{AB} = \frac{U_{AB}^2}{R_1} = \frac{3^2}{6} = 1.5W$

$$P_2 = I_2 \cdot U_{AB} = \frac{U_{AB}^2}{R_2} = \frac{3^2}{3} = 3W$$

小 结

1.并联电路的特点

(1)各支路两端电压相等 即
$$U_1 = U_2 = U_3 \cdots\cdots = U$$

(2)总电流等于各支路电流之和 即
$$I = I_1 + I_2 + I_3 \cdots\cdots$$

(3)总电阻的倒数等于各分电阻的倒数之和,即
$$\frac{1}{R} = \frac{1}{R_1} + \frac{1}{R_2} + \frac{1}{R_3} + \cdots\cdots$$

2.并联电路具有分流作用,其分流公式为:

$$I_1 = \frac{R}{R_1} I$$

$$I_2 = \frac{R}{R_2} I$$

$$I_3 = \frac{R}{R_3} I$$

3. 并联电路中各电阻上消耗的功率与其阻值成反比

$$P_1 = \frac{U^2}{R_1}$$

$$P_2 = \frac{U^2}{R_2}$$

$$P_3 = \frac{U^2}{R_3}$$

习　题

1. 有 2 个电阻并联,已知 $R_1 = 6\Omega$,电路中的总电流为 2A,通过电阻 R_2 的电流是 1.5A,求:(1)通过电阻 R_1 的电流,(2)电路的总电压,(3)电阻 R_2 的阻值。

2. 在图 3-19 所示的电路中,电源电压是 6V,电阻 R_1 和 R_2 分别是 20Ω 和 10Ω,通过电阻 R_1 的电流 I_1 为 0.2A,试计算电流 I_2 和 I 之值。

3. 如图 3-20 所示,电源电压 $U = 110$V,电阻 $R_1 = 110\Omega$,电阻 R_1 和 R_2 消耗的总功率为 330W。求(1)电阻 R_1 消耗的功率,(2)电阻 R_2 的阻值。

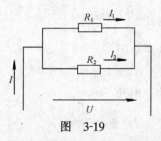

图　3-19

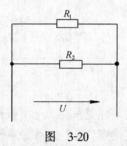

图　3-20

4. 有一台电压为 220V,额定功率为 1.1kW 的电烤箱和一组共 11 盏电压为 220V,功率为 40W 的白炽灯并接于电压为 220V 的线路中,如图 3-21 所示,求(1)电灯支路的电流 I_1 和电烤箱支路的电流 I_2,(2)干路电流 I。

5. 如图 3-22 所示的电路中,电压 $U = 90$V,2 只灯泡的电阻分别为 $R_1 = 15\Omega, R_2 = 30\Omega$,求(1)电流表的读数,(2)电路的总电阻,(3)如果 R_1 的灯丝被烧断,将会发生什么现象?

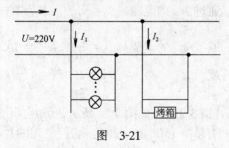

图　3-21

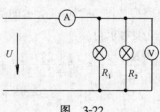

图　3-22

3.7　混联电路的计算

既有串联又有并联的电路称为混联电路。在混联电路的计算中,我们只要按串联

和并联电路的计算方法,一步一步地将电路简化,最终求出电路的等效电阻。但是,在有些混联电路中,往往一下不易看清各电阻之间的连接关系,无法下手分析,这时要根据电路的具体结构,按照串、并联电路的性质把各

81

电阻的连接关系搞清楚,进行电路的等效变换,使其电阻之间的关系一目了然,而后根据串、并联电路的特点、欧姆定律及电功、电功率的公式进行电路计算。

【例 3-27】 如图 3-23 所示。

已知:$R_1 = 1.8\Omega$,$R_2 = 1\Omega$,$R_3 = 3\Omega$,$R_4 = 2\Omega$,$R_5 = 2\Omega$

求:ab 两点间的等效电阻 R_{ab}。

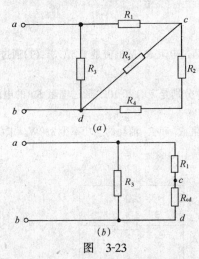

图 3-23

【解】 并联电路是头接头、尾接尾。电路中只有两个连接点,几个支路都承受同一电压。所以,图 3-23(a)中的 R_3 为一支路,R_1、R_2、R_4、R_5 组成另一支路。先分析后一支路,看 c、d 两点之间,R_2 和 R_4 串联后再与 R_5 并联。若用 R_{cd} 代替 R_2、R_4 和 R_5,则后一支路可看成是 R_1 和 R_{cd} 的串联电路。这时整个电路变成图 3-23(b)所示的等效电路。此时 R_{ab} 便可求得。

$$R_{cd} = \frac{(R_2 + R_4) \cdot R_5}{R_2 + R_4 + R_5} = \frac{(1+2) \times 2}{1+2+2} = 1.2\Omega$$

$$R_1 + R_{cd} = 1.8 + 1.2 = 3\Omega$$

$$R_{ab} = \frac{R_3(R_1 + R_{cd})}{R_3 + R_1 + R_{cd}} = \frac{3 \times 3}{3+3} = 1.5\Omega$$

在上述电路变换时,按计算要求的两个端点(如 a、b)进行变换。端点的选择不同,电阻之间的关系也不同。同学们可以计算一下例题 3-27 中 c、d 两点间的等效电阻。画出等效电路图后与图 3-23(b)对照比较。

【例 3-28】 如图 3-24 所示,A、B 两点间的电压 $U = 20V$,电阻 $R_1 = 2\Omega$、$R_2 = 12\Omega$、$R_3 = 4\Omega$,求电路中各支路的电流及 C、D 之间的电压。

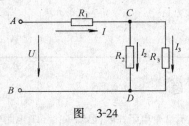

图 3-24

已知:$U = 220V$、$R_1 = 2\Omega$、$R_2 = 12\Omega$、$R_3 = 4\Omega$

求:I、I_2、I_3 及 U_{CD}

【解】 该电路为混联电路,R_2 与 R_3 并联再与 R_1 串联而成。先计算 CD 间的等效电阻

$$R_{CD} = \frac{R_2 \cdot R_3}{R_2 + R_3} = \frac{12 \times 4}{12 + 4} = 3\Omega$$

电路的总电阻

$$R = R_1 + R_{CD} = 2 + 3 = 5\Omega$$

电路的总电流

$$I = \frac{U}{R} = \frac{20}{5} = 4A$$

C、D 之间的电压

$$U_{CD} = I \cdot R_{CD} = 4 \times 3 = 12V$$

或　$U_{CD} = U - IR_2 = 20 - 4 \times 2 = 12V$

通过 R_2 的电流 $I_2 = \dfrac{U_{CD}}{R_2} = \dfrac{12}{12} = 1A$

通过 R_3 的电流 $I_3 = \dfrac{U_{CD}}{R_3} = \dfrac{12}{4} = 3A$

或
$$I_3 = I - I_1 = 4 - 1$$
$$= 3A$$

【例 3-29】 如图 3-25 所示,已知电阻 $R_1 = 30\Omega$,$R_2 = 15\Omega$,$R_3 = 20\Omega$。它们消耗的总功

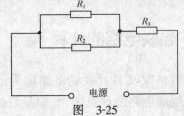

图 3-25

率为45W。问各电阻消耗的功率是多少?

已知:$R_1 = 30\Omega$、$R_2 = 15\Omega$、$R_3 = 20\Omega$、$P = 45W$。

求:P_1、P_2、P_3

【解】 由题图可知 R_1 与 R_2 并联后再与 R_3 串联,该电路的总电阻为

$$R = \frac{R_1 \cdot R_2}{R_1 + R_2} + R_3 = \frac{30 \times 15}{30 + 15} + 20 = 30\Omega$$

根据给定的总功率和已求出的总电阻,可计算出电路的总电流。该电流也是通过电阻 R_3 的电流。

$$P = I^2 \cdot R$$

$$I^2 = \frac{P}{R} = \frac{45}{30} = 1.5$$

电阻 R_3 消耗的功率为:

$$P_3 = I^2 \cdot R_3 = 1.5 \times 20 = 30W$$

因 R_1 与 R_2 并联,所以两电阻的端电压相等,可利用两电阻消耗的功率之比,分别求出两电阻消耗的功率。

$$\frac{P_1}{P_2} = \frac{U^2/R_1}{U^2/R_2} = \frac{R_2}{R_1} = \frac{15}{30} = \frac{1}{2}$$

$$P_1 + P_2 = P - P_3 = 45 - 30 = 15W$$

解得:$P_1 = 5W$,$P_2 = 10W$

【例3-30】 四只标有"220V40W"的白炽灯泡,并联后接入电动势为220V、内阻为2Ω的电源上。问:

(1) 开一盏灯时,此灯两端的电压是多少?

(2) 同时开4盏灯时,两端的电压又是多少?

(3) 比较(1)(2)计算结果,说明路端电压随负载电阻变化的关系。

已知:$U_N = 220V$,$P_N = 100W$,$r = 2\Omega$,$\varepsilon = 220V$。

求:(1) 开1盏灯时端电压 U_1;

(2) 开4盏灯时端电压 U_2;

(3) 对(1)(2)计算结果进行比较

【解】 根据灯泡的额定电压和额定功率,先计算1盏灯的电阻

$$R = \frac{U_N^2}{P} = \frac{220^2}{100} = 484\Omega$$

4盏灯并联后的电阻为

$$R_{并} = \frac{R}{4} = \frac{484}{4} = 121\Omega$$

(1) 开1盏灯时

$$U_1 = \varepsilon - I_1 r = \varepsilon - \frac{\varepsilon}{R + r} \cdot r$$

$$= 220 - \frac{220}{484 + 2} \times 2 = 219.1V$$

(2) 开4盏灯时

$$U_2 = \varepsilon - I_2 r = \varepsilon - \frac{\varepsilon}{R_{并} + r} \cdot r$$

$$= 220 - \frac{220}{121 + 2} \times 2 = 216.4V$$

(3) 比较(1)(2)两种情况下的端电压可知:路端电压,即灯泡两端的电压随负载电阻的减少而减少。

本例题中的电源内阻也可理解为线路电阻,利用该例题解释用电高峰时电压偏低的原因。

通过以上计算可知,只要熟练掌握欧姆定律及串、并联电路的特点及功率的计算方法,对所有简单直流电路的问题均可得到解决。

小　结

本节为前六节内容的综合、总结。重点介绍了简单直流电路的解题方法。在解题过程中注意以下几点:

(1) 明确电路中各电阻器的连接方法。

(2) 熟练掌握串、并联电路的特点及欧姆定律。

(3) 功率计算公式的正确使用。

习　题

1．图 3-26 中,所有的电阻均为 R,求各电路的等效电阻 R_{ab}。

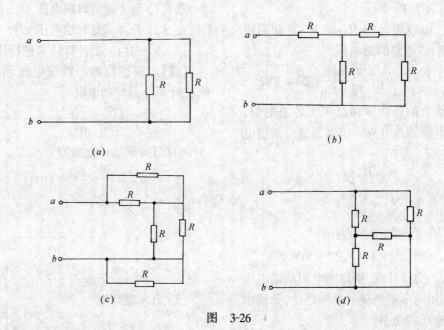

图　3-26

2．如图 3-27 所示,已知:$U=30V,R_2=10\Omega,R_3=30\Omega$,通过 R_2 的电流为 0.6A。求各电阻上的电压、电流及电阻 R_1。

3．如图 3-28 所示,电阻 $R_1=4\Omega,R_2=3\Omega、R_3=6\Omega$,电源电压 $U=12V$,试计算 R_1 中的电流及各电阻取用的功率。

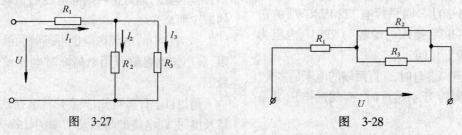

图　3-27　　　　　　　　　　　　　　图　3-28

4．额定电压和额定功率分别是 220V、60W 和 220V、100W 的 2 只灯泡,并接于电压为 220V 的线路上,问哪只灯泡较亮? 为什么? 如果把它们串联后接在电压为 220V 的线路中,它们的端电压和实际功率各是多少? 哪只灯泡亮?(设灯丝的电阻不变)。

5．如图 3-29 所示:已知电源电动势 $\varepsilon=20V$,(电源内阻可忽略不计)电阻 $R_1=10\Omega$ 在 (1) $R_2=30\Omega$;(2) $R_2=0$;(3) $R_2\to\infty$(断路)三种情况下,分别求出电流 I、电压 U_1 和 U_2。

6．图 3-30 中,当开关 S 闭合时,伏特计的读数 $U=1.1V$,安培计的读数 $I=0.5A$;当开关 S 断开时,伏特计的读数 $U'=1.5V$。如果电阻 $R_2=R_3=2\Omega$,求电阻 R_1 之值和内阻 r 各为多少?

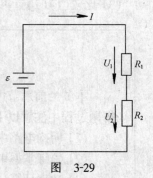

图　3-29

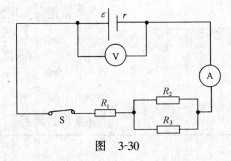

图 3-30

3.8 仪表量程的计算

在进行电流、电压测量时,首先要选择适当的量程,以保证测量结果的准确性及确保仪表的使用安全。但仪表往往由于精度的影响而量程较小,不能满足测量电路的要求。此时需将表头适当地改造,在表头上串一电阻或并一电阻,以达到扩大其量程的目的。

3.8.1 扩大电压表的量程

在进行电压测量时,若电压表的量程不能满足被测电路的要求,可以在原电压表表头上串一分压电阻,即分压器,使大于表头量程的电压降在分压电阻上。

【例 3-31】 有一表头(图 3-31),它的满刻度电流 I_g 是 $50\mu A$(即允许通过的最大电流是 $50\mu A$),内阻 R_g 为 $3k\Omega$。若将其改装成量程为 10V 的电压表,问应串联多大的分压电阻?

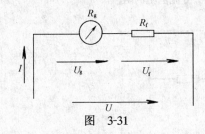

图 3-31

已知:$R_g = 3k\Omega = 3 \times 10^3 \Omega$

$I_g = 50\mu A = 5 \times 10^{-5} A$

$U = 10V$

求:R_f

【解】 当表头满量程时,表头两端的电压为

$$U_g = I_g \cdot R_g = 5 \times 10^{-5} \times 3 \times 10^3 = 0.15V$$

由计算结果可知,不能将表头直接接入 10V 的电压上,需在表头上串联一分压电阻以扩大测量范围。设需串联的分压电阻为 R_f。则

$$R_f = \frac{U_f}{I_f} = \frac{U - U_g}{I_f} = \frac{1.0 - 0.15}{5 \times 10^{-5}} = 197k\Omega$$

上述计算说明,在表头上串一阻值为 197kΩ 的电阻,才能把表头改装成量程为 10V 的电压表。

3.8.2 扩大电流表的量程

在进行电流测量时,若电流表的量程不能满足被测电路的测量要求时,可在电流表表头两端并一分流电阻,利用并联电路的分流作用,可使大于表头量程的电流通过分流电阻进行分流,使电流表量程扩大。

【例 3-32】 一量程为 $100\mu A$ 的电流表,表头内阻为 0.9Ω,如要把它的测量范围扩大到 1mA,问应并联多大的分流电阻 R_f?

已知:$I_g = 100\mu A$,$R_g = 0.9\Omega$,$I = 1mA$ $= 1000\mu A$。

求:R_f

【解】 这是个扩大电流表量程的问题。要使用该电流表测量大于 $100\mu A$ 的电流,就要给表头并联一个分流电阻 R_f(图 3-32),使得 R_f 中通过的电流

$$I_f = I - I_i = 1000 - 100 = 900\mu A$$

此时表头内仍通过 $100\mu A$ 的电流。

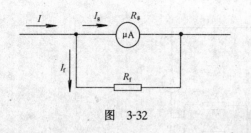

图 3-32

根据并联电路两端电压相等,即

$$I_g \cdot R_g = (I - I_g) \cdot R_f$$

$$R_f = \frac{I_g \cdot R_g}{I - I_g} = \frac{100 \times 0.9}{1000 - 100} = 0.1\Omega$$

上例说明,在表头两端并联电阻,可扩大电流表的量程。

小　结

1.在表头上串一分压电阻可以扩大电压表的量程。

2.在表头两端并一分流电阻可以扩大电流表的量程。

3.分压电阻和分流电阻的计算可利用串并联电路的特点及欧姆定律来解决。

习　题

1.一个量程为 1.5V 的电压表,已知表头内阻为 300Ω,今欲用来测量 300V 的电压,应在电压表上串联多大的分压电阻? 并画出电路图。

2.某万用表的电压档如图所示(图 3-33)表头电流(量程)为 0.5mA,内阻为 700Ω,电压量程分别为 $U_1 = 10V$, $U_2 = 50V$, $U_3 = 250V$,试计算各档的分压电阻 R_1、R_2、R_3。

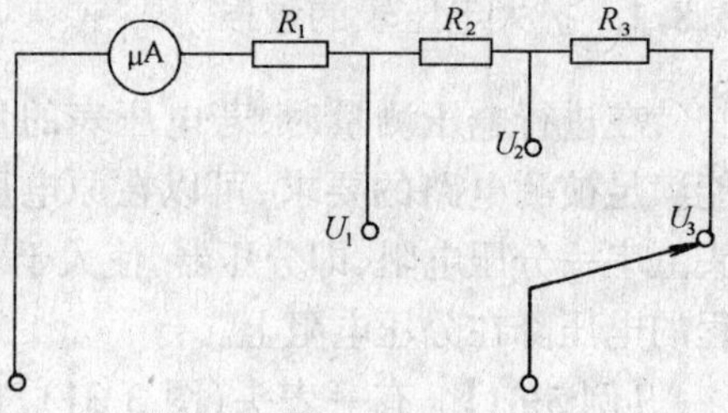

3.某一电流表的电阻为 40Ω,在它两端加上 100mV 的电压时,指针就偏转到满刻度。问该电流表的量程是多少? 怎样把它改装成一只量程为 3A 的安培表?

4.试把一内阻为 25Ω,量程为 1mA 的电流表改装成:

(1)量程为 1A 的安培计,应并联多大的分流电阻?

(2)量程为 10V 的伏特计,应串联多大的分压电阻?

图　3-33

5.某万用表的电流档如图 3-34 所示,表头内阻为 2333Ω,量程为 150μA。欲将其改装为量程是 500μA、10mA、100mA 的多量程安培计,试计算分流电阻 R_1、R_2、R_3 三个分流电阻的阻值。

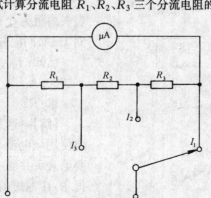

图　3-34

3.9 电路中各点电位的计算

在电路分析中,常通过电路中各点之间电位的高低来确定电流的方向及电路的工作状态。为了确定电路中各点的电位值,必须在电路中选一个参考电位点作为电位零点也称为"接地"点。零电位点在电路图中用符号⊥表示。有了零电位点之后,电路中任意点的电位就可与零电位点进行比较而确定。下面我们举例说明。

【例 3-33】 如图 3-35 所示

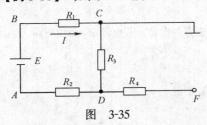

图 3-35

已知：$E = 24V$、$R_1 = 6\Omega$、$R_2 = 4\Omega$、$R_3 = 2\Omega$。

求：图中 A、B、C、D、F 各点的电位 φ_A、φ_B、φ_C、φ_D、φ_F

【解】 电路 $ABCD$ 中的电流强度

$$I = \frac{E}{R_1 + R_2 + R_3} = \frac{24}{6+4+2} = 2A$$

因 C 点接地,所以 $\varphi_C = 0$

$$U_{BC} = IR_1 = 2 \times 6 = 12V$$

$$U_{BC} = \varphi_B - \varphi_C$$

所以 $\quad \varphi_B = U_{BC} + \varphi_C = U_{BC} = 12V$

$$U_{CD} = IR_3 = 2 \times 2 = 4V$$

$$U_{CD} = \varphi_C - \varphi_D$$

$$\varphi_D = -U_{CD} = -4V$$

$$U_{DA} = IR_2 = 2 \times 4 = 8V$$

$$U_{DA} = \varphi_D - \varphi_A$$

$$\varphi_A = \varphi_D - U_{DA} = -4 - 8 = -12V$$

由于 D、F 两点之间没有电流,也就是 R_4 两端没有电位差,所以 $\varphi_F = \varphi_D = -4V$。

【例 3-34】 若上例中将 A 点作为参考点即接地点,计算图中各点的电位,如图 3-36。

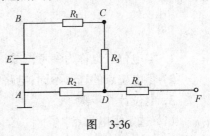

图 3-36

【解】 因 A 点是零电位点

所以 $\quad\quad\quad \varphi_A = 0$

$$U_{BA} = E = 24V$$

$$U_{BA} = \varphi_B - \varphi_A$$

所以 $\quad \varphi_B = U_{BA} + \varphi_A = 24V$

在 E、R_1、R_2 及 R_3 构成的闭合电路中,

电流强度 $I = \dfrac{E}{R_1 + R_2 + R_3} = \dfrac{24}{6+4+2} = 2A$

$$U_{BC} = IR_1 = 2 \times 6 = 12V$$

$$U_{BC} = \varphi_B - \varphi_C$$

$$\varphi_C = \varphi_B - U_{BC} = 24 - 12 = 12V$$

$$U_{CD} = IR_3 = 2 \times 2 = 4V$$

$$U_{CD} = \varphi_C - \varphi_D$$

$$\varphi_D = \varphi_C - U_{CD} = 12 - 4 = 8V$$

因 R_4 中无电流 $\quad U_{DF} = 0$

所以 $\quad \varphi_F = \varphi_D = 8V$

由上述计算可知,电路中各点电位的高低与零电位点的选取有关,零电位点不同,电路中各点电位不同,但任意两点之间的电位差是不变的。

综上所述,计算电位的基本步骤是：

第一,选定零电位点。电路图中有时已指定了零电位点。若未指定时,可任意选取。

第二,选择路径。要计算某点的电位,可从这点出发,通过一定的路径绕到零电位点或已知电位点。

第三、确定正负。绕行路径上电压和电动势的正负可根据以下原则确定：电阻上的电压正负根据电阻上的电流方向来确定。电源电动势的正负一般是直接给出的。

习　　题

1. 在图 3-37 中,已知 $E_1 = 5V$, $E_2 = 4V$。求电路中 a、b、c 三点的电位。若电源 E_1 因故短路,问 a、b、c 三点的电位又是多少?

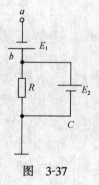

图　3-37

2. 在如图 3-38 中,已知 $E_1 = 12V$, $E_2 = 15V$, $E_3 = 12V$, $R_1 = R_2 = R_3 = 10\Omega$,求点 A、B、C、D、F、G 的电位。

3. 如图 3-39 所示。当开关 S 断开和闭合时,试分别计算 A 点和 B 点的电位。

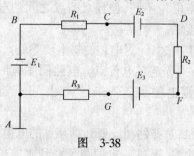

图　3-38

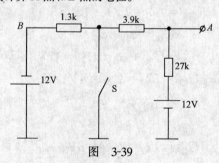

图　3-39

88

第4章 电容器的有关计算

电容器是电工和电子技术中的主要元件之一。本章主要通过电容器在电路中的一些基本作用,掌握电容器的有关计算。

4.1 电容器的电容量

电容器可以储存电荷,成为储存电荷的容器,称为电容器。最简单的平行板电容器基本结构如图 4-1(a)所示。

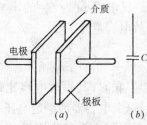

图 4-1 平板电容器及符号

对于某一电容器来说,当它的结构和几何尺寸确定之后,电容器中任一极板所储存的电量与两极板间的电压的比值是一个常数。这一比值表示电容器储存电荷的本领,称为电容量(简称电容),用字母 C 表示,即:

$$C = \frac{Q}{U} \qquad (4-1)$$

式中 Q——任一极板上的电量,单位:库仑(C);

U——两极板间的电压,单位:伏特(V);

C——电容量。单位:法拉(F),简称法。

在实际应用中,法拉这一单位太大,常用较小的单位,微法(μF)和皮法(pF)。

【例 4-1】 单位换算

$$33\mu F = 33 \times 10^{-6} F$$
$$2F = 2 \times 10^{6} \mu F$$

$$5000pF = 5000 \times 10^{-6}\mu F$$
$$= 5 \times 10^{-3}\mu F$$

【例 4-2】 某个电容器的电容为 $200\mu F$,将它连接到 300V 直流电源上充电,问充电后电容器所带的电量是多少?

【解】 将 $C = 200\mu F = 200 \times 10^{-6} F$,

$U = 300V$,代入公式 $C = \frac{Q}{U}$ 故

$$Q = C \cdot U$$
$$= 200 \times 10^{-6} \times 300 = 0.06C$$

4.2 平行板电容器的容量计算

对于某一个固定电容器来说,它的电容是一个常数。电容的大小仅与电容器极板的形状,大小和相对位置以及极板间绝缘介质的性质有关,而与电量的多少,电压的高低无关。

平行板电容器的电容为:

$$C = \frac{\varepsilon_0 \cdot \varepsilon_\gamma \cdot S}{d} \qquad (4-2)$$

式中 ε_0——真空的介电常数,$\varepsilon_0 = 8.85 \times 10^{-12} F/m$;

ε_γ——绝缘介质的相对介电常数(见表 4-1),它的大小由介质的性质决定;

S——电容器一块极板的面积,单位 m^2;

d——电容器极板之间的距离,单位 m。

常用绝缘介质的相对介电常数 ε_γ(表 4-1)。

介质名称	相对介电常数	介质名称	相对介电常数
真　空	1.0	陶　瓷	6~7
空　气	1.0059	玻　璃	5~10
纸	3.0~3.5	塑　料	4.8
云　母	6~8	聚乙烯	2.3

由公式(4-2)可以看出平行板电容器的电容与电容器极板的面积和相对介电常数成正比,与两极板间的距离成反比。

4.3 电容器的串联、并联及混联的计算

电容器有一定的规格,而在实际工作中常常遇到现有的电容器规定的容量不能满足工作的需要,这样就必须把几只电容器串联或并联起来使用。

（1）电容器的串联

假设两只电容器,电容量分别为 C_1 和 C_2,把 C_1 的一个极板和 C_2 的一个极板连在一起,电源电压 U 接到另外两个极板上去,这种连接方式叫做串联。如图 4-2(a)所示。

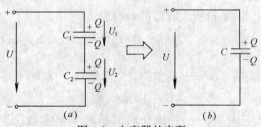

图 4-2　电容器的串联

(a)两个电容器的串联;(b)串联电容器的等效电路

在和电源连接的两块极板上,分别出现正、负电荷 $+Q$ 和 $-Q$;同时,在其他极板上由于静电感应的结果,也会出现相同数量的异种电荷。

根据电容的定义,总电压 U 和总电容 C 的关系为:$U = \dfrac{Q}{C}$

对每个电容器有 $U_1 = \dfrac{Q}{C_1}$,$U_2 = \dfrac{Q}{C_2}$

但　$U = U_1 + U_2$

所以　$\dfrac{Q}{C} = \dfrac{Q}{C_1} + \dfrac{Q}{C_2}$

于是得

$$\frac{1}{C} = \frac{1}{C_1} + \frac{1}{C_2} \qquad (4-3)$$

如果有 n 只电容器串联,那么

$$\frac{1}{C} = \frac{1}{C_1} + \frac{1}{C_2} + \cdots\cdots + \frac{1}{C_n} \qquad (4-4)$$

式(4-4)表示,串联电容器的等效电容量的倒数等于各个电容器的电容量的倒数之和。

如果 n 只电容量为 C_0 的电容器相串联,那么等效电容量是

$$C = \frac{C_0}{n}$$

电容器串联时,其等效电容比每一个电容都小。当每个电容器的额定电压小于外加工作电压时,可将电容器串联使用。每个电容器的电压分配为

$$\frac{U_1}{U_2} = \frac{\dfrac{Q}{C_1}}{\dfrac{Q}{C_2}} = \frac{C_2}{C_1}$$

可见,电容器串联时,电压的分配与电容成反比。

【例 4-3】　有两个电容器,电容分别为 $40\mu F$ 和 $100\mu F$,求这两个电容器串联后的等效电容是多少?

【解】　已知 $C_1 = 40\mu F$,$C_2 = 100\mu F$。C_1 和 C_2 串联后的等效电容为

$$\frac{1}{C} = \frac{1}{C_1} + \frac{1}{C_2}$$

$$C = \frac{C_1 \cdot C_2}{C_1 + C_2} = \frac{40 \times 100}{40 + 100} = 28.6\mu F$$

（2）电容器的并联

把电容器 C_1 和 C_2 各自的一个极连在一起,另一个极也连在一起,然后接到电源上,这种连接方式叫做并联。如图 4-3(a)所

示。

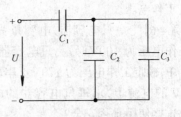

这时所有电容器处在同一电压 U 的作用下，故各电容器极板上的电量为：

$$Q_1 = C_1 \cdot U, \quad Q_2 = C_2 \cdot U$$

电源供给两个电容器极板上的总电量为

$$Q = Q_1 + Q_2$$

总电容为：

$$C = \frac{Q}{U} = \frac{Q_1 + Q_2}{U} = C_1 + C_2$$

$$C = C_1 + C_2$$

即并联电容器的等效电容等于各个并联电容器的电容之和。

如果 n 只电容为 C_0 的电容器并联，则等效电容为：

$$C = n \cdot C_0$$

可见，当需要较大的电容量，可以把电容器并联起来使用。

【例 4-4】 有两个电容器，电容分别为 $0.002\mu F$ 和 $8000pF$，求并联使用时的总电容是多少？

【解】 已知 $C_1 = 0.002\mu F$，$C_2 = 8000pF$，计算时应首先使各电容器的电容的单位统一，因此，$C_1 = 0.002\mu F = 2000pF$，$C_1$ 和 C_2 并联后的总电容为：

$$C = C_1 + C_2 = 2000 + 8000 = 10000pF$$

$$= 0.01\mu F$$

（3）电容器的混联

既有串联又有并联的电容器组合叫做电容器的混联。在实际使用和计算混联电路时，要依据实际电路分别应用串联和并联知识来分析。如图 4-4 所示。

图 4-4 电容器的混联

【例 4-5】 图 4-4 所示的电路为混联电路，其中 $U = 100V$，$C_1 = 30\mu F$，$C_2 = 20\mu F$，$C_3 = 40\mu F$。求总电容量及各电容器上的电量及电压。

【解】 C_2 与 C_3 并联，总电容量为

$$C_{23} = C_2 + C_3 = 20 + 40 = 60\mu F$$

C_1 再与 C_{23} 串联，即为电路的总电容量。

$$C = \frac{C_1 \cdot C_{23}}{C_1 + C_{23}} = \frac{30 \times 60}{30 + 60} = 20\mu F$$

所以总电量

$$Q = C \cdot U = 20 \times 100 = 2000\mu C$$

C_1 的电量 $Q_1 = Q = 2000\mu C$

C_1 所受电压 $U_1 = \frac{Q_1}{C_1} = \frac{2000}{30} = 66.7V$

C_2 与 C_3 所受电压

$$U_2 = U_3 = U - U_1 = 100 - 66.7$$

$$= 33.3V$$

C_2 的电量

$$Q_2 = C_2 \cdot U_2 = 20 \times 33.3 = 666\mu C$$

C_3 的电量

$$Q_3 = C_3 \cdot U_3 = 40 \times 33.3 = 1332\mu C$$

4.4 电容器的额定电压

电容器的额定电压是指电容器能长时间工作而电容器的介质不损坏的直流电压数值。电容器在工作时，实际所加电压的最大值不能超过其额定工作电压，否则介质的绝缘性能将受到破坏，电容器会被击穿。

一般在电容器的外壳上都标有标称容量

和额定工作电压。

【例 4-6】 一只电容器,电容量为 $3\mu F$,额定工作电压为 100V;另一只电容器,电容量为 $6\mu F$,额定工作电压为 120V。串联后接在 300V 的电源上,求每只电容器的电压是多少? 这样使用是否安全?

【解】 总电容

$$C = \frac{C_1 \cdot C_2}{C_1 + C_2} = \frac{3 \times 6}{3 + 6} = 2\mu F$$

每只电容器的电量为

$$Q_1 = Q_2 = Q = C \cdot U$$
$$= 2 \times 300 = 600\mu C$$

所以 C_1 所受的电压

$$U_1 = \frac{Q}{C_1} = \frac{600}{3} = 200V$$

C_2 所受的电压

$$U_2 = \frac{Q}{C_2} = \frac{600}{6} = 100V$$

由于 C_1 电容器所受电压 200V 大于其额定电压 100V,所以 C_1 被击穿,使电源电压 300V 全部加到 C_2 上,大于 C_2 额定工作电压 120V,因而 C_2 接着也会被击穿,这样使用不安全。

4.5 RC 电路充放电时间

电容器充电时,当电路中电阻一定,电容量越大则达到同一电压所需要的电荷就越多,因此所需要的时间就越长;若电量一定,电阻越大,充电电流就越小,因此充电到同样的电荷值所需要的时间就越长。放电规律也是如此。这说明电阻 R 和电容 C 的大小影响着充放电时间的长短。我们把 R 与 C 的乘积叫 RC 电路的时间常数,用 τ 表示,即:

$$\tau = R \cdot C$$

若 R 的单位用欧姆(Ω),C 的单位用法拉(F),则 τ 的单位为秒(s)。

时间常数的单位除用秒(s)外,常用的单位还有毫秒(ms),微秒(μs)。

因此,充电和放电的快慢可以用时间常数来衡量,τ 越大,充电越慢,放电也越慢。反之,τ 越小;充电就越快,放电也越快。

小 结

1. 电容器是储存电荷的容器。电容器的两极板在单位电压作用下,每一极板上所储存的电荷量叫该电容器的电容。

2. 在一定电压下,电容器储存电荷越多,容量就越大。电容量与极板面积、介质的介电常数和介质厚度有关。

3. 电容器的联接方法有并联、串联和混联三种。并联时电压相等,等效容量等于各并联电容之和;电容器串联时各串联电容的容量与其电压成反比,等效容量的倒数等于各串联电容量倒数之和。

4. 电容器最主要的指标是标称容量,允许误差和额定工作电压,一般都直接标注在电容器外壳上,是使用的依据。

习 题

1. 单位换算

1) $4.7\mu F$ 合多少 F;   2) $3300\mu F$ 合多少 F;

3) $100\mu F$ 合多少 F;   4) 0.25F 合多少 μF;

5) 5000pF 合多少 μF。

2. 两个电容器,一个电容量较大,另一个较小,充电到同样电压时,哪一个带电量多? 如果带电量相同,哪一个电压高?

3. 一个电容器的电容为 470μF,将它连接到 12V 直流电源上充电,问充电后电容器所带的电量是多少?

4. 把一个电容为 2000μF 的电容器,接到一直流电源上充电,已知充电后电容器带有的电量是 0.12C,问充电电压是多大?

5. 如图(4-5)所示,已知 $R_1 = 4\Omega$,$R_2 = 6\Omega$,$C = 0.1\mu$F,$U = 10$V,问电容器两端电压是多少? 电容器极板上所带电量又是多少?

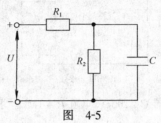

图 4-5

6. 以空气为绝缘介质的平行板电容器,在下面情况下电容发生什么变化?

(1) 增大电容器两极板间的距离。

(2) 增大电容器两极板的有效面积。

(3) 在电容器两极板间插入某一绝缘介质。

7. 有一以空气为绝缘介质的平行板电容器,已知一块极板的面积为 20cm^2,两极板间的距离为 2mm,则平行板电容器的电容是多大? 如果在两极板间插入 2mm 厚的硬纸片,则电容器的电容又为多大?

8. 某个以聚乙烯为绝缘介质的平行板电容器,已知一块极板的面积为 12cm^2,两极板间的距离为 5mm,则平行板电容器的电容是多大?

9. 有 2 只电容器,$C_1 = 10\mu$F,$C_2 = 20\mu$F,把它们串联后使用,等效电容是多少?

10. 如图 4-6(a)和(b)所示,$C_1 = 4\mu$F,$C_2 = C_3 = 6\mu$F,求 AB 间的等效电容。

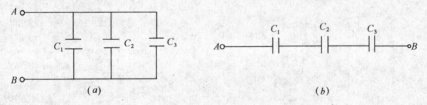

(a) $\qquad\qquad\qquad\qquad\qquad$ (b)

图 4-6

11. 如图 4-7 所示,$C_1 = C_2 = 15$pF,$C_3 = C_4 = 30$pF,求 AB 间的等效电容。

12. 四个电容器,$C_1 = C_4 = 0.2\mu$F,$C_2 = C_3 = 0.6\mu$F,按图 4-8 连接起来,分别求开关 K 断开和合上时,AB 两点间的等效电容。

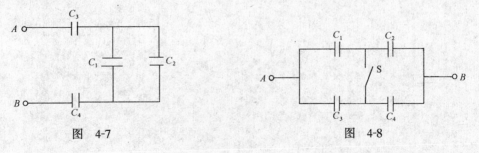

图 4-7 $\qquad\qquad\qquad\qquad\qquad\qquad$ 图 4-8

93

13. 有三只电容器,$C_1 = 4\mu F$,$C_2 = 6\mu F$,$C_3 = 12\mu F$,串联之后接在电压 $U = 120V$ 电源上,求它们的总电容,总电量。

14. 把一只电容量为 1000pF,额定工作电压 6V 的电容器和另一只电容量为 200pF,额定工作电压 12V 的电容器串联后接到 18V 的直流电源上,问电容器会被击穿吗?

15. 将三只电容器按图 4-9 接成混联电路,已知 $C_1 = 40\mu F$,耐压为 100V;$C_2 = 15\mu F$,耐压为 50V;$C_3 = 20\mu F$,耐压为 100V,求等效电容及最大安全工作电压。

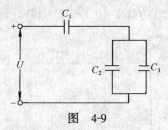

图 4-9

16. 在 RC 串联电路中,已知电容器 $C = 200\mu F$,电阻 $R = 1M\Omega$。求当接至电源上时,电路的时间常数是多少?

17. 在一半导体收音机的自动音量控制线路中用电阻 R 和电容器 C 串联,若时间常数 τ 为 0.1s,而电容器的电容 $C = 20\mu F$,求线路中所串联的电阻为多大?

94

第五章　电磁基本知识与计算

电和磁是相互联系不可分割的两个基本现象,几乎所有电气设备的工作原理都与电和磁相关。本章主要介绍其基本现象及规律的有关计算。

5.1　磁场对通电导线的作用力

我们知道把通电导体放在磁场中要受到力的作用。这个作用力称做电磁力,用 F 表示。

磁场中与磁场方向垂直的通电导体受到的力 F,它的大小与磁场的磁感应强度 B,导体的长度 l 和流过导体的电流 I 成正比。可表示为

$$F = BIl \qquad (5-1)$$

需要指出,式(5-1)是在通电直导体与磁感应强度的方向互相垂直时得出的,这时通电导体受力最大。如果将通电导体与磁感应强度的方向互相平行放置,通电导体将不受力。如果通电直导体与磁感应强度方向成 α 角(图 5-1),我们可把矢量 B 分解为两个分量:与导体平行的 B_1;与导体垂直的 B_2。前者对通电导体没有作用,后者决定了通电导体受力的大小与方向。

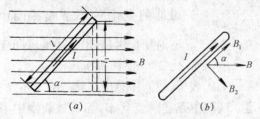

图 5-1　磁场中的通电直导体

由图 5-1(b)可以求出 $B_1 = B\cos\alpha$,$B_2 = B\sin\alpha$。将 $B_2 = B\sin\alpha$ 代入 $F = B_2 Il$ 中可得

$$F = BIl\sin\alpha \qquad (5-2)$$

式(5-2)是一个普遍公式,它说明通电导体与磁感应强度的方向成 α 角时,通电导体受力 F 与 $\sin\alpha$ 成正比。

【例 5-1】　在一个匀强磁场中放一根 10cm 长的直导线,并通入 6A 的直流电流。如果磁场的磁感应强度为 5T,磁感应强度的方向与直导线的夹角为 30°,求直导线所受作用力的大小。如果磁感应强度的方向与直导线的夹角为 90°,求这时直导线所受作用力的大小。

【解】　(1) 当 $\alpha = 30°$ 时

$$F = BIl\sin\alpha = 5 \times 6 \times 0.1 \times \sin30°$$
$$= 1.5\text{N}$$

(2) 当 $\alpha = 90°$ 时

$$F = BIl\sin\alpha = 5 \times 6 \times 0.1 \times \sin90°$$
$$= 3\text{N}$$

通电直导体受力的方向与磁感应强度的方向(磁场方向)和流过直导体电流的方向有关。通电直导体受力的方向可用左手定则来判定。

左手定则是:伸出左手,让拇指和四指在同一平面内,并且将大拇指与四指垂直。让磁力线穿过手心,四指指向电流的方向,则拇指所指方向就是导体受力方向。

若电流方向与磁力线方向不是垂直的,则可将电流 I 的垂直分量分解出来,然后再用左手定则来判定作用力方向。

5.2　磁场对通电平面线圈的作用力矩

(1) 通电线圈在磁场中受力转动

如图 5-2(a)所示,在均匀磁场中放置一通电矩形线圈 abcd,当线圈平面与磁力线平

行时,由于 ad 边和 bc 边与磁力线平行而不受磁场的作用力,但 ab 边和 cd 边因与磁力线垂直将受到磁场的作用力 F_1 和 F_2,而且 $F_1=F_2=BIl$。这两个力不仅大小相等而且根据左手定则可知,受力方向正好相反,因而构成一对力偶,使线圈绕轴线做顺时针方向转动。

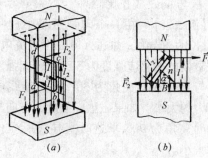

图 5-2 磁场对通电线圈的作用

(2) 通电线圈在磁场中的转矩

在图 5-2(a)中,设 $ab=cd=l_1$
$$ad=bc=l_2$$
力偶矩(即转矩)等于其中任一个力与力偶臂的乘积,因而此时的转矩为:
$$M=F_1l_2=BIl_1l_2=BIS \tag{5-3}$$
式中 B——均匀磁场的磁感应强度;

　　　 I——线圈中的电流;

　　　 S——线圈的面积,$S=l_1l_2(\mathrm{m}^2)$。

如图 5-2(b)所示,若线圈在转矩 M 的作用下顺时针方向旋转,当线圈平面的法线与磁力线的夹角为 α 时,则线圈的转矩为:
$$M=BIS\sin\alpha \tag{5-4}$$
上式为单匝线圈的转矩表示式。如果矩形线圈由 N 匝绕制,则转矩为:
$$M=NBIS\sin\alpha \tag{5-5}$$
由(5-4)式可知:当线圈平面与磁力线平行时,$\alpha=90°$,$\sin90°=1$,这时的转矩达到最大值,$M=BIS$。当线圈平面与磁力线垂直时,$\alpha=0°$,$\sin0°=0$,这时的转矩为零。

【例 5-2】 如图 5-2 所示,矩形线圈两边长度分别为 20cm 和 10cm,有 100 匝,匀强磁场的磁感应强度为 $1T$,流入线圈的电流为 1A。当线圈平面的法线与磁感应强度的方向成 30°角时,试求引起线圈转动的力偶矩是多少?

【解】 $S=0.2\times0.1=0.02(\mathrm{m}^2)$ 代入公式
$$\begin{aligned}M&=BISN\sin\alpha\\&=1\times1\times0.02\times100\times\sin30°\\&=1\mathrm{N\cdot m}\end{aligned}$$

5.3 法拉第电磁感应定律的有关计算

法拉第电磁感应定律

线圈中感应电动势的大小与穿越同一线圈的磁通变化率(即变化快慢)成正比。这一规律就叫做法拉第电磁感应定律。

设通过线圈的磁通量为 Φ,则单匝线圈中产生的感应电动势的大小为:
$$e=\left|\frac{\Delta\Phi}{\Delta t}\right| \tag{5-6}$$
对于 N 匝线圈,其感应电动势为:
$$e=\left|N\frac{\Delta\Phi}{\Delta t}\right| \tag{5-7}$$
式中 e——在 Δt 时间内感应电动势的平均值(V);

　　　 N——线圈的匝数;

　　　 $\dfrac{\Delta\Phi}{\Delta t}$——磁通的变化率。$\Delta\phi$ 是线圈中磁通变化量(Wb),Δt 是磁通变化 $\Delta\Phi$ 所需的时间(s)。

上式表明,线圈中感应电动势的大小,决定于线圈中磁通的变化率,而不是线圈中磁通本身的大小。如果 $\dfrac{\Delta\Phi}{\Delta t}=0$,则 $e=0$;$\dfrac{\Delta\Phi}{\Delta t}\neq0$,则 $e\neq0$;$\dfrac{\Delta\Phi}{\Delta t}$ 越大,则 e 越大。若 $\dfrac{\Delta\Phi}{\Delta t}=0$,即使线圈中磁通再大,也不会产生感应电动势。

式(5-6)是计算感应电动势的普遍公式。

对于在磁场中切割磁力线的直导体来说,计算感应电动势的公式为:

$$e = Blv\sin\alpha \qquad (5-8)$$

式中　B——磁场中的磁感应强度(Wb/m^2);

　　　l——导体在磁场中的有效长度(m);

　　　v——导体在磁场中的运动速度(m/s);

　　　α——导体运动方向与磁力线的夹角。当 $\alpha = 0$ 时,即导体运动方向与磁力线平行,则 $e = 0$。

当 $\alpha = 90°$ 时,即导体垂直于磁力线运动,则 $e = Blv$ 取最大值。

【例 5-3】　一根长 30cm 的直导体,放在磁感应强度为 2000。T_s 的均匀磁场中,并与磁力线垂直,现以 1m/s 的速度与磁力线成 30°角的方向作匀速运动,求导体中感应电动势的大小?

【解】　$e = Blv\sin\alpha$

$\qquad = 2000 \times 10^{-4} \times 30 \times 10^{-2} \times 1$
$\qquad\quad \times \sin 30°$

$\qquad = 3 \times 10^{-2} V$

小　结

1. 直导体或线圈中有电流流过时,则其周围就产生磁场。电流磁场的方向可用右手螺旋定则确定。

2. 磁感应强度 B 是描述磁场中各点磁场强弱和方向的物理量,它等于单位面积的磁通量。即:

$$B = \frac{\Phi}{S}$$

3. 通电导体(或线圈)在磁场中所受的作用力,称做电磁力。

(1) 磁场对通电直导体的电磁力大小是:

$$F = BIl\sin\alpha$$

电磁力的方向可用左手定则确定。

(2) 磁场对通电矩形线圈的转矩是

$$M = BIS\sin\alpha$$

若线圈有 N 匝,则 $M = NBIS\sin\alpha$

习　题

1. 在匀强磁场中,放入一根长 20cm 的直导线,并通入 10A 电流。如果磁场的磁感应强度为 $B = 2T$,且磁感应强度的方向与直导体成 30°角,求直导体所受作用力的大小。

2. 在一均匀磁场中放一根 $l = 0.8m$,$I = 12A$ 的载流直导体,它与磁感应强度的方向成 $\alpha = 30°$ 角,若这根载流直导体所受的作用力 $F = 2.4N$,试求磁感应强度 B 的大小及 $\alpha = 60°$ 时导体受到的作用力为多少。

3. 试确定图 5-3 中各载流导体的受力方向。

4. 在匀强磁场中放一矩形线圈,两边长度分别为 50cm 和 40cm,磁感应强度为 2000T,线圈共有 200 匝,线圈中通入电流 0.5A。试求产生的最大力偶矩是多少?

5. 在均匀磁场中放一个 5 匝的正方形通电线圈,每边边长为 40cm,已知 $B = 0.5T$,$I = 2A$,当线圈平面与磁力线平行时,求线圈受到的力偶矩为多大?

6. 把磁棒的 N 极用 1.5s 的时间由线圈的顶部一直插到底部。在这段时间内穿过每 1 匝线圈的磁通量改变了 $5.0 \times 10^{-5} Wb$,线圈的匝数为 60,求线圈中感应电动势的大小?

7. 在图 5-4 中,若导体的有效长度为 0.5m,匀强磁场的磁感应强度是 $0.05 Wb/m^2$,导体以 15m/s 的速度在磁场中移动,移动的方向与磁力线成60°角,求导体中感生电动势的大小和方向。

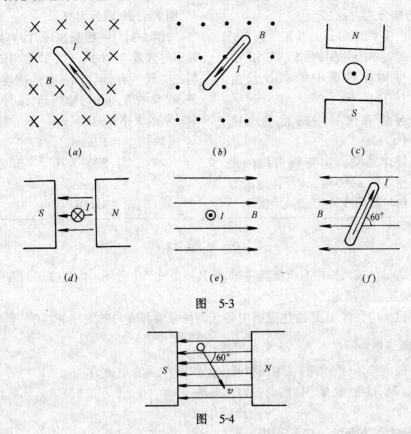

图 5-3

图 5-4

第6章 单相交流电路的计算

本章将学习由单相正弦交流电源供电的各种电路的基本计算问题。

交流电是交变电流、交变电压、交变电动势的总称。

6.1 正弦交流电的基本概念

（1）正弦交流电

大小和方向随时间按正弦规律变化的电流，一般简称为交流电。

（2）交流电的波形图

用来描绘电流（或电压、电动势）随时间变化的规律的曲线。

6.1.1 周期、频率、角频率

（1）周期（T）

交流电变化一周所经历的时间，单位是s。

（2）频率（f）

交流电 1 秒钟内变化的周数，单位是 Hz。频率的单位还有 kHz 和 MHz。

$1kHz = 10^3 Hz$, $1MHz = 10^6 Hz$。

（3）角频率（ω）

交流电 1s 内变化的电角度，单位是 rad/s。

周期、频率、角频率之间的关系：

$$T = \frac{1}{f} \text{或} f = \frac{1}{T} \qquad (6-1)$$

$$\omega = \frac{2\pi}{T} = 2\pi f \qquad (6-2)$$

【例6-1】 已知交流电的频率是 50Hz，求 T 和 ω。

【解】 $T = \dfrac{1}{f} = \dfrac{1}{50} = 0.02s$,

$\omega = 2\pi f = 2 \times 3.14 \times 50$

$= 314 rad/s$。

6.1.2 瞬时值、最大值、有效值

（1）瞬时值

交流电在任意瞬间具有的数值叫瞬时值。电流、电压、电动势的瞬时值可用三角函数式表达：

$$i = I_m \sin(\omega t + \phi_i) \qquad (6-3)$$

$$u = U_m \sin(\omega t + \phi_u) \qquad (6-4)$$

$$e = E_m \sin(\omega t + \phi_e) \qquad (6-5)$$

（2）最大值

交流电在变化过程中，出现的最大瞬时值。电流、电压、电动势的最大值用字母 I_m、U_m、E_m 来表示。

（3）有效值

在发热效应上与交流电具有同等效应的直流电的数值。电流、电压、电动势的有效值用大写字母 I、U、E 来表示。

最大值与有效值的关系：

$$I_m = \sqrt{2} I \text{ 或 } I = \frac{1}{\sqrt{2}} I_m = 0.707 I_m \quad (6-6)$$

$$U_m = \sqrt{2} U \text{ 或 } U = \frac{1}{\sqrt{2}} U_m = 0.707 U_m$$

$$(6-7)$$

$$E_m = \sqrt{2} E \text{ 或 } E = \frac{1}{\sqrt{2}} E_m = 0.707 E_m$$

$$(6-8)$$

【例6-2】 供照明用的交流电压是 220V，其电压的最大值是多少？

【解】 通常所说的交流电，如果没有特别说明，都是指它的有效值。所以电压的最大值

$$U_m = \sqrt{2} U$$

$$= \sqrt{2} \times 220 = 311V$$

【例 6-3】 已知电流 $i = 6\sin(100\pi t + \phi)$(A)，求电流的最大值；有效值；角频率；周期；频率各是多少？

【解】 对照公式(6-3)可知

最大值 $I_m = 6A$；

有效值 $I = \dfrac{I_m}{\sqrt{2}} = 0.707 \times 6 = 4.24A$

角频率 $\omega = 100\pi = 100 \times 3.14$
$$= 314 \text{rad/s}$$

频率 $f = \dfrac{\omega}{2\pi} = \dfrac{100\pi}{2\pi} = 50Hz$

周期 $T = \dfrac{1}{f} = \dfrac{1}{50} = 0.02s$

6.1.3 相位、初相位、相位差

（1）相位

反映交流电在任意时刻所处变化状态的电角度，单位是 rad。

（2）初相位

交流电在初始时刻（$t = 0$ 时）的相位，简称初相。

（3）相位差

同频率的交流电的初相位之差。

【例 6-4】 已知 $i = 2\sin\left(314t + \dfrac{\pi}{2}\right)$(A)，
$$u = 100\sin\left(314t - \dfrac{\pi}{6}\right)(V)。$$

求电流与电压的相位差。

【解】 电流的初相位 $\varphi_i = \dfrac{\pi}{2}$，

电压的初相位 $\varphi_u = -\dfrac{\pi}{6}$。

二者频率相同，相位差 $\Delta\varphi = \varphi_i - \varphi_u = \dfrac{\pi}{2} - \left(-\dfrac{\pi}{6}\right) = \dfrac{2}{3}\pi$，即电流比电压超前 $\dfrac{2}{3}\pi$。

【例 6-5】 已知三个正弦交流电，比较它们之间的相位关系。
$$i_1 = 0.34\sin(100\pi t + 90°)(A)$$
$$i_2 = 1.6\sin(100\pi t - 90°)(A)$$
$$i_3 = \sin 100\pi t(A)。$$

【解】 由已知条件可看出，三个电流的频率相同，它们的相位关系是：

（1）$\varphi_1 - \varphi_2 = 90° - (-90°) = 180°$
i_1 与 i_2 反相。

（2）$\varphi_2 - \varphi_3 = -90° - 0° = -90°$
i_2 较 i_3 滞后 90°。

（3）$\varphi_3 - \varphi_1 = 0 - 90° = -90°$
i_3 较 i_1 滞后 90°。

小　　结

1．按正弦规律变化的交变电流、电压、电动势统称为交流电。

2．交流电的最大值、角频率和初相位是确定交流电的三要素。

3．角频率、频率、周期之间的关系：
$$f = \dfrac{1}{T}, \quad \omega = \dfrac{2\pi}{T} = 2\pi f$$

4．最大值与有效值的关系：
$$I = \dfrac{1}{\sqrt{2}} I_m = 0.707 I_m$$
$$U = \dfrac{1}{\sqrt{2}} U_m = 0.707 U_m$$
$$E = \dfrac{1}{\sqrt{2}} E_m = 0.707 E_m$$

习　题

1．已知交流电的频率求周期。

(1) $f_1 = 500\text{Hz}$;　　(2) $f_2 = 50\text{kHz}$;

(3) $f_3 = 60\text{Hz}$;　　(4) $f_4 = 1.2\text{MHz}$。

2．已知交流电的周期求频率。

(1) $T_1 = 0.01\text{s}$;　　(2) $T_2 = 10^{-3}\text{s}$;

(3) $T_3 = 20\text{ms}$;　　(4) $T_4 = 7.2 \times 10^{-5}\text{s}$。

3．已知交流电的频率求角频率。

(1) $f_1 = 60\text{Hz}$;　　(2) $f_2 = 500\text{Hz}$;

(3) $f_3 = 20\text{kHz}$;　　(4) $f_4 = 200\text{MHz}$。

4．已知交流电的周期求角频率。

(1) $T_1 = 0.02\text{s}$;　　(2) $T_2 = 0.01\text{s}$;

(3) $T_3 = 20\mu\text{s}$;　　(4) $T_4 = 16\text{ms}$。

5．已知交流电的角频率求周期或频率。

(1) $\omega_1 = 100\pi\text{rad/s}$,求周期;

(2) $\omega_2 = 3.14 \times 10^6\text{rad/s}$,求周期;

(3) $\omega_3 = 200\pi\text{rad/s}$,求频率;

(4) $\omega_4 = 6280\text{rad/s}$,求频率。

6．已知交流电的 $\dfrac{T}{4} = 0.01\text{s}$,求角频率。

7．电热水器的额定电压为220V,求电压的最大值是多少?

8．熔断器额定电流为50A,该电流的最大值是多少?

9．用电表测得交流传输线上的电流为40A,求电流最大值。

10．已知交流电压 $U_\text{m} = 537\text{V}$,用电表测量时,电表读数是多少?

11．电动机从电源取用的电流为10A,求该电流的最大值。

12．耐压为直流电压250V的电容器,能否接在220V的交流电路上使用。

13．已知电流 $i = 3.2\sqrt{2}\sin(100\pi t + 30°)(\text{A})$,求(1)电流 I_m;(2)电流 I;(3)角频率 ω;(4)周期 T。

14．已知电压 $u = 380\sqrt{2}\sin(100\pi t - 90°)(\text{V})$,求(1)电压 U_m;(2)电压 U;(3)频率 f;(4)初相 φ。

15．已知 $u_1 = 600\sin\left(\omega t + \dfrac{\pi}{3}\right)(\text{V})$,$u_2 = 40\sin\left(\omega t - \dfrac{\pi}{4}\right)(\text{V})$,比较二者的相位关系。

16．已知 $e = 311\sin(100\pi t + 120°)(\text{V})$,求 $t = 5\text{ms}$ 时,电动势的瞬时值。

17．已知电流 $i = 20\sin\left(1000t + \dfrac{\pi}{6}\right)(\text{mA})$,求(1) $t = 0$ 时,电流的瞬时值;(2)电流经过多长时间后,第一次出现最大值? 最大值是多少?

18．已知电流的初相位 $\varphi = \dfrac{\pi}{6}$,当 $t = 0$ 时,瞬时值 $i = 0.5\text{A}$,求电流最大值 I_m 和有效值 I 各是多少?

19．已知电压 $u = 10\sqrt{2}\sin\left(200\pi t - \dfrac{\pi}{4}\right)(\text{V})$,求 $t = \dfrac{T}{4}$ 时电压的瞬时值是多大?

20．已知电流 $i = 30\sin\left(100\pi t + \dfrac{\pi}{3}\right)(\text{A})$,求 $t = T$ 时电流的瞬时值是多大?

6.2 交流电的表示法

正弦交流电有各种不同的表示方法,常用的有:解析法,曲线法和旋转矢量表示法。

6.2.1 解析法

用三角函数式表示正弦交流电随时间变化关系的方法叫解析法。

【例 6-6】 已知交流电三要素 $I_m = 4A$, $\omega = 100\pi\,rad/s$, $\varphi = \dfrac{\pi}{6}$, 求(1)电流 i 的三角函数式;(2) $t = 0.01s$ 时的电流值。

【解】 (1) $i = I_m\sin(\omega t + \varphi)$

$$= 4\sin\left(100\pi t + \frac{\pi}{6}\right)(A)$$

(2) $t = 0.01s$ 时

$$i = 4\sin\left(100\pi \times 0.01 + \frac{\pi}{6}\right)$$

$$= 4\sin\left(\pi + \frac{\pi}{6}\right)$$

$$= -2A$$

【例 6-7】 已知交流电压 $U = 220V$, $f = 60Hz$, $\varphi = -45°$, 求(1)电压的三角函数式;(2) $t = 0$ 时的电压值。

【解】 (1) $u = U_m\sin(\omega t + \varphi)$

式中 $U_m = \sqrt{2}\,U = \sqrt{2} \times 220V$

$\omega = 2\pi f = 2\pi \times 60 = 120\pi\,rad/s$

$\varphi = -45°$

$\therefore u = 220\sqrt{2}\sin(120\pi t - 45°)(V)$。

(2) $t = 0$ 时

$u = 220\sqrt{2}\sin(-45°)$

$$= -220\sqrt{2} \times \frac{1}{\sqrt{2}} = -220V$$

6.2.2 曲线法

建立平面直角坐标系,在坐标平面上画波形图的方法叫曲线法。

【例 6-8】 在同一坐标面上画 $i_1 =$

$0.2\sin\left(\omega t + \dfrac{\pi}{2}\right)(A)$ 和 $i_2 = 0.4\sin\omega t$ (A) 的波形图。

【解】 (1) 比较 i_1 和 i_2 可知 $\omega_1 = \omega_2$, $I_{1m} = \dfrac{1}{2}I_{2m}$, $\varphi_1 = \dfrac{\pi}{2}$, $\varphi_2 = 0$。i_1 超前 i_2 90°。为了作图简便,可先作 i_2 的波形图。如图 6-1 所示。

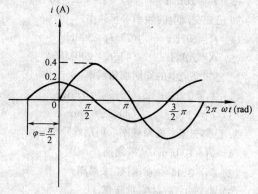

图 6-1

(2) $\because i_1$ 超前 i_2 90°, $I_{2m} = 2I_{1m}$

$\therefore$ 将 i_2 幅值缩小 $\dfrac{1}{2}$, 图形沿横轴向左移 $\dfrac{\pi}{2}$, 得到的就是 $i_1 = 0.2\sin\left(\omega t + \dfrac{\pi}{2}\right)A$ 的波形图。

【例 6-9】 从图 6-2 所示的曲线来说明两个正弦交流电的周期、最大值和相位的关系。

【解】

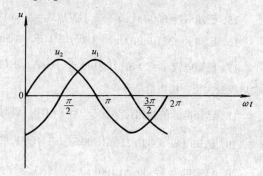

图 6-2

从波形图上可看出, u_1 和 u_2 的周期相同,最大值相等。在 $t = 0$ 时 $u_1 = -U_{1m}$, 而

$u_2 = 0$，所以 u_1 较 u_2 滞后 $90°$，或者说 u_2 较 u_1 超前 $90°$。

6.2.3 旋转矢量表示法

用一个在直角坐标中绕原点旋转的矢量来表示交流电的方法叫旋转矢量法。

作矢量图时，通常只用起始位置的矢量来表示交流电。矢量的长度表示交流电的最大值或有效值，矢量与横轴的夹角表示交流电的初相位。

注意：

(1) 当矢量的长度表示有效值时，矢量在纵轴上的投影不再表示交流电的瞬时值。

(2) 旋转矢量法只适用于频率相同的交流电的加、减运算。

(3) 矢量的加减运算服从平行四边形法则。

【例 6-10】 作 $i_1 = 20\sqrt{2}\sin(\omega t + 60°)$ (A)

$i_2 = 10\sqrt{2}\sin\omega t$ (A) 的有效值矢量图

【解】 $\varphi_1 = 60°$，$\varphi_2 = 0$，
电流比例取

$$1A \triangleq 2mm$$

有效值矢量图如图 6-3 所示。

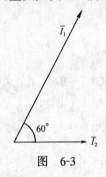

图 6-3

【例 6-11】 作 $u_1 = 300\sqrt{2}\sin(100\pi t - 30°)$ (V) 和 $u_2 = 350\sin(100\pi t + 90°)$ (V) 的有效值矢量图。

【解】 $\varphi_1 = -30°$，$\varphi_2 = 90°$
电压比例取

$$1mm \triangleq 10V$$

有效值矢量图如图 6-4 所示。

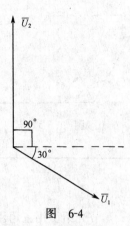

图 6-4

【例 6-12】 求电压 $u_1 = 300\sqrt{2}\sin\left(\omega t + \dfrac{\pi}{2}\right)$ (V) 与 $u_2 = 400\sqrt{2}\sin\omega t$ (V) 的和 $u = u_1 + u_2$ 的三角函数表达式。

【解】 ∵ u_1 与 u_2 频率相同，可在直角坐标中作它们的有效值矢量图求总电压 U，如图 6-5 所示。

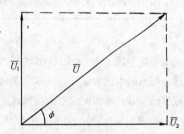

图 6-5

由勾股定律得

$$U = \sqrt{U_1^2 + U_2^2} = \sqrt{300^2 + 400^2} = 500V$$

$$\tan\phi = \frac{U_1}{U_2} = \frac{300}{400} = 0.75$$

查表 $\varphi = 37°$
所以 $u = u_1 + u_2$

$$= \sqrt{2}U\sin(\omega t + \varphi)$$

$$= 500\sqrt{2}\sin(\omega t + 37°)(V)$$

【例 6-13】 已知 $e_1 = 187\sin(\omega t + 120°)$ (V)，$e_2 = 187\sin\omega t$ (V)，求 $e = e_1 + e_2$ 的函数表达式。

【解】 $\varphi_1 = 120°$，$\varphi_2 = 0$。
作有效值矢量图并求和，如图 6-6 所示。
因为 $E_1 = E_2$，$\varphi_1 = 120°$，平行四边形是

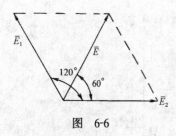

图 6-6

菱形,并且是由二个等边三角形构成。所以 $E_1 = E_2 = E$,$E_{1m} = E_{2m} = E_m = 187V$,$\varphi = 60°$。

于是可得 $e = e_1 + e_2$
$$= E_m \sin(\omega t + \varphi)$$
$$= 187 \sin(\omega t + 60°)(V)$$

小 结

1. 本节介绍了用三角函数式、波形图和旋转矢量表示正弦交流电。这些方法各有自己的特点,要求能够掌握并学会运用。

2. 解析法:是用三角函数式表示交流电,这种方法准确而严格。

3. 曲线法:是用函数式计算的数据,在坐标平面上画波形图。这方法能形象而直观地表现出电流随时间变化的状况。

4. 旋转矢量法:是用在坐标平面上绕原点旋转的矢量来表示正弦交流电。用矢量图来表示电流的相位及最大值关系时,显得简单而直观。此外,还可用平行四边形法则简化交流电的加减运算。

习 题

1. 已知交流电压 $U = 220V$,频率 $f = 50Hz$,初相 $\varphi = 120°$,用三角函数式表示电压与时间的关系。

2. 通过灯泡的电流为 0.5A,频率为 50Hz,初相为零,写出电流 i 的三角函数表达式。

3. 根据已知条件写出交流电的函数式:

(1) $I_m = 3.2A$,$\omega = 100\pi rad/s$,$\varphi = -90°$;

(2) $I = 3.2A$,$f = 50Hz$,$\varphi = 0$;

(3) $U = 220V$,$T = 0.02s$,$\varphi = 90°$;

(4) $E = 10kV$,$\omega = 314rad/s$,$\varphi = \frac{2\pi}{3}$。

4. 有三个正弦电压,它们的有效值和频率都相等,相位差互为 120°,若 $U_1 = 380V$,$f_1 = 50Hz$,$\varphi_1 = 0°$。写出三个电压的函数式。

5. 用曲线法表示两个频率相同,初相都为 $-\frac{\pi}{2}$,而最大值不等的交流电压。

6. 画 $i = \sin\left(\omega t + \frac{\pi}{6}\right)$(mA)的波形图。

7. 画 $i = \sin\left(\omega t - \frac{\pi}{6}\right)$(A)的波形图。

8. 画 $u = 10\sqrt{2}\sin(100\pi t + 120°)$(kV)的波形图。

9. 已知 $i = 16\sin\left(314t + \frac{\pi}{2}\right)$(A)

$u = 400\sin 314t$(V)

在同一坐标平面上画出它们的波形图。

10. 比较三个电流的相位关系,并在同一坐标平面上画出它们的波形图。

$i_1 = 1.6\sin\omega t$(A),

$i_2 = 1.6\sin(\omega t - 120°)\,(\text{A})$,

$i_3 = 1.6\sin(\omega t - 240°)\,(\text{A})$。

11. 作电流有效值的矢量图，比较电流或电压的大小和相位关系：

(1) $i_1 = 80\sin\omega t\,(\text{A})$, $\qquad\qquad i_2 = 80\sin(\omega t + 30°)\,(\text{A})$;

(2) $i_1 = 80\sin(\omega t - 30°)\,(\text{A})$, $\qquad i_2 = 20\sin(\omega t + 60°)\,(\text{A})$;

(3) $i_1 = 40\sin\omega t\,(\text{mA})$, $\qquad\qquad i_2 = 40\sin(\omega t - 45°)\,(\text{mA})$;

(4) $i_1 = 3\sin(\omega t + 90°)\,(\text{A})$, $\qquad i_2 = \sin(\omega t - 60°)\,(\text{A})$, $i_3 = \sin\omega t\,(\text{A})$;

(5) $u_1 = 36\sin(\omega t - 90°)\,(\text{V})$, $u_2 = 12\sin\omega t\,(\text{V})$;

(6) $i = 16\sqrt{2}\sin\left(100\pi t + \dfrac{\pi}{2}\right)(\text{A})$, $u = 220\sqrt{2}\sin 100\pi t\,(\text{V})$;

(7) $i = 34\sin\omega t\,(\text{A})$,

$u_1 = 500\sqrt{2}\sin\left(\omega t + \dfrac{\pi}{2}\right)(\text{V})$,

$u_2 = 200\sqrt{2}\sin\left(\omega t - \dfrac{\pi}{2}\right)(\text{V})$。

12. 如图 6-7 所示，$I_1 = 40\text{A}$，$\varphi_1 = 0$，$I_2 = 30\text{A}$，$\varphi_2 = -\dfrac{\pi}{2}$，求总电流的相位和有效值。

13. 如图 6-8 所示，$U_1 = 350\text{V}$，$U_2 = 400\text{V}$，$U_3 = 50\text{V}$，求总电压的有效值，并分析总电压与各分电压的相位关系。

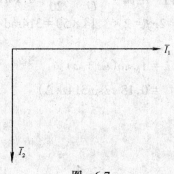

图 6-7 $\qquad\qquad\qquad\qquad\qquad\qquad$ 图 6-8

14. 作 $i_1 = 20\sin\omega t\,(\text{A})$,

$i_2 = 20\sin\left(\omega t + \dfrac{2\pi}{3}\right)(\text{A})$,

$i_3 = 20\sin\left(\omega t - \dfrac{2\pi}{3}\right)(\text{A})$,

的矢量图，并求总电流 $i = i_1 + i_2 + i_3$。

15. 已知某交流负载上的电压 $u = 220\sqrt{2}\sin(100\pi t - 30°)(\text{V})$，流过的电流 $i = 1.6\sqrt{2}\sin\omega t\,(\text{A})$。求(1)电流、电压的有效值和初相位；(2)画电流、电压的有效值矢量图。

16. 已知电流、电压的有效值矢量图，写出电流、电压的三角函数表达式(电流、电压的频率都是 50Hz)。

(1) 如图 6-9 所示，$I_1 = 300\text{A}$，$U_1 = 3\text{kV}$；

(2) 如图 6-10 所示，$I_2 = 0.65\text{A}$，$U_2 = 380\text{V}$；

(3) 如图 6-11 所示，$I_3 = 80\text{mA}$，$U_3 = 110\text{V}$。

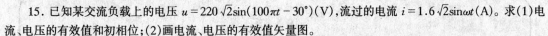
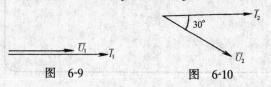
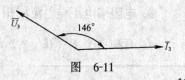

图 6-9 $\qquad\qquad\qquad$ 图 6-10 $\qquad\qquad\qquad$ 图 6-11

6.3 纯电阻电路

由纯电阻元件和交流电源所组成的电路如图 6-12 所示。

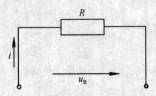

图 6-12 纯电阻电路

电流和电压同相位

$$i = I_m \sin\omega t \qquad (6\text{-}9)$$
$$u_R = U_m \sin\omega t \qquad (6\text{-}10)$$

波形图、矢量图如图 6-13 所示。

欧姆定律 $\quad I = \dfrac{U_R}{R} \qquad (6\text{-}11)$

有功功率 $P = IU_R = I^2 R = \dfrac{U_R^2}{R} \quad (6\text{-}12)$

【例 6-14】 在电压 $u = 220\sqrt{2}\sin100\pi t$ (V)的交流电路中,接入 $R = 10\Omega$ 的电阻器。求(1)电流;(2)有功功率;(3)电流的三角函数式;(4)作电流矢量图。

【解】 (1)电流 $I = \dfrac{U_R}{R} = \dfrac{220}{10} = 22\text{A}$。

(2)有功功率 $P = IU_R = 22 \times 220 = 4840\text{W}$。

(3)电流、电压同相位。

$$\therefore \; i = I_m \sin(\omega t + \varphi)$$
$$= 22\sqrt{2}\sin100\pi t\,(\text{A})$$

(4)矢量图如图 6-14 所示。

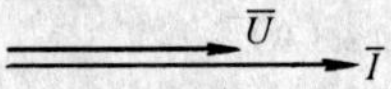

图 6-14

【例 6-15】 规格为"220V、40W"的电烙铁,接在 220V,50Hz,$\varphi = 0°$ 的电源中使用。求(1)工作电流,(2)电流 i 的三角函数式。

【解】 电流 $I = \dfrac{P}{U} = \dfrac{40}{220} = 0.18\text{A}$,

$$\omega = 2\pi f = 2 \times 3.14 \times 50 = 314\text{rad/s},$$
$$\varphi = 0°$$

$$\therefore \; i = I_m \sin(\omega t + \varphi)$$
$$= 0.18\sqrt{2}\sin314 t\,(\text{A})。$$

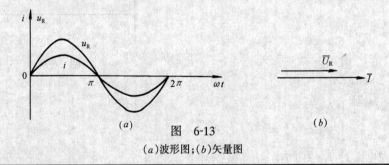

(a)   图 6-13   (b)

(a)波形图;(b)矢量图

小　结

纯电阻电路的特性:

1．电阻端电压与电流大小关系

$$U_R = IR \text{ 或 } U_m = I_m R$$

2．电阻 R 和频率 f 无关;

3．电阻端电压与电流同相;

4．有功功率 $P = IU_R = I^2 R = \dfrac{U_R^2}{R}$。

1．在 50Hz，220V 的交流电路中，接入 80Ω 的电阻丝。求(1)电流 I；(2)有功功率 P。

2．规格是"220V，100W"的白炽灯，接在 110V 的电源上使用。求(1)电流 I；(2)灯泡的发热功率 P。

3．在图 6-15 所示电路中，电压表的读数是 36V，电流表的读数是 50mA。求(1)电阻 R；(2)功率 P。

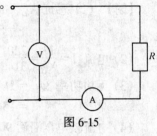

图 6-15

4．在纯电阻电路中，写出电流 i 的三角函数式。

(1) 已知 $u = 220\sqrt{2}\sin(100\pi t + 30°)(\text{V})$，$R = 10\Omega$；

(2) 已知 $U_m = 311\text{V}$，$R = 10\text{k}\Omega$，$\varphi_u = 0$，$f = 50\text{Hz}$；

(3) 已知 $U = 380\text{V}$，$P = 100\text{W}$，$\varphi_u = \dfrac{\pi}{2}$，$T = 0.02\text{s}$。

5．在纯电阻电路中，写出电压 u 的三角函数式。

(1) 已知 $i = 20\sqrt{2}\sin(314t - 90°)(\text{A})$，$R = 10\text{k}\Omega$；

(2) 已知 $i = 160\sin(314t + 40°)(\text{mA})$，$R = 1.6\text{M}\Omega$；

(3) 已知 $I = 6.8\text{A}$，$P = 1.5\text{kW}$，$\varphi_i = 0$，$f = 50\text{Hz}$。

6．在纯电阻电路中，求电流、电压的有效值并作矢量图。

(1) 已知 $i = 4\sin\omega t(\text{A})$，$R = 10\Omega$；

(2) 已知 $i = 40\sin(314t + 45°)(\text{A})$，$R = 10\text{k}\Omega$。

7．规格是"220V，100W"的白炽灯接在 220V，25Hz 的交流电源中使用，求(1)电流 I；(2)功率 P；(3)电流 i 的三角函数式。

μH，$1\text{H} = 10^3\text{mH} = 10^6\mu\text{H}$。

6.4　纯电感电路

由纯电感元件和交流电源所组成的电路如图 6-16 所示。

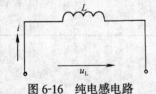

图 6-16　纯电感电路

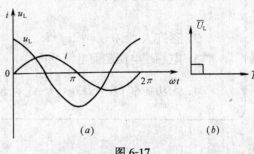

图 6-17

(a)波形图；(b)矢量图

电压超前电流90°。

$$i = I_m\sin\omega t \qquad (6\text{-}13)$$

$$u_L = U_m\sin(\omega t + 90°) \qquad (6\text{-}14)$$

波形图、矢量图如图 6-17 所示。

欧姆定律　　$I = \dfrac{U_L}{X_L}$　　　　(6-15)

或　　$I_m = \dfrac{U_m}{X_L}$　　　　(6-16)

式中　X_L——感抗，单位 Ω。

$$X_L = \omega L = 2\pi f\cdot L \qquad (6\text{-}17)$$

式中 L 是电感，单位 H，此外还有 mH 和

电路中的功率——无功功率 Q_L，单位 var。

$$Q_L = IU_L \qquad (6\text{-}18)$$

或　$Q_L = I^2 X_L = \dfrac{U_L^2}{X_L}$　　　(6-19)

【例 6-16】　一线圈的电感 $L = 200\text{mH}$，接在 $f = 50\text{Hz}$ 的交流电路中，求感抗是多少？

【解】　电感 $L = 200\text{mH} = 0.2\text{H}$

∴ 感抗 $X_L = \omega\cdot L = 2\pi f L$

$= 2 \times 3.14 \times 50 \times 0.2$

$= 62.8\Omega$

107

【例 6-17】 电感器的电感 $L = 1\text{H}$,加在电感器上的电压 $u_L = 220\sqrt{2}\sin(100\pi t + 90°)(\text{V})$,求(1)感抗;(2)电流;(3)无功功率;(4)画电流、电压矢量图。

【解】 (1) 感抗 $X_L = \omega \cdot L = 100\pi \times 1$
$$= 314\Omega$$

(2) 电流 $I = \dfrac{U}{X_L} = \dfrac{220}{314} = 0.7\text{A}$

(3) 无功功率 $Q_L = IU_L = 0.7 \times 220$
$$= 154\text{var}$$

(4) 电流较电压滞后 90°,∴ $\varphi_i = 0$
矢量图如图 6-18 所示。

【例 6-18】 有一线圈,其电阻可忽略不计,把它接在 220V,50Hz 的电源上,通过的

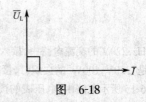

图 6-18

电流为 4A。求(1)电感;(2)无功功率。

【解】 (1) 先求感抗
$$X_L = \frac{U}{I} = \frac{220}{4} = 55\Omega$$

电感 $L = \dfrac{X_L}{2\pi f} = \dfrac{55}{2 \times 3.14 \times 50}$
$$= 0.175\text{H}$$

(2) 无功功率 $Q_L = IU_L = 4 \times 200$
$$= 880\text{var}$$

小　结

纯电感电路的特性:

1. 电感端电压与电流大小关系
$$U_L = IX_L$$

2. 感抗 $X_L = \omega \cdot L = 2\pi f \cdot L$

3. 电感端电压超前电流 90°

4. 无功功率 $Q_L = IU_L = I^2 X_L = \dfrac{U_L^2}{X_L}$

习　题

1. 把一个电感线圈接在交流电源上,计算感抗 X_L 是多大?
(1) 电感 $L = 2.5\text{H}$,电源频率 $f = 50\text{Hz}$;
(2) 电感 $L = 25\text{mH}$,电源频率 $f = 50\text{Hz}$;
(3) 电感 $L = 25\text{mH}$,电源频率 $f = 50\text{kHz}$。

2. 在 50Hz 的交流电路中,线圈的感抗为 2kΩ,求电感 L 是多大?

3. 电感 $L = 12\text{H}$ 的线圈接在交流电路中的感抗 $X_L = 1507\Omega$,求电源的频率是多大?

4. 有一个电感线圈接在 200Hz 的交流电路中,感抗是 5.65Ω,如果把它接在 200kHz 的电路中,线圈的感抗会是多大?

5. 有一扼流线圈,电感 $L = 2\text{mH}$,把它接在 600kHz、60Hz 的交流电路中,其感抗各是多大?

6. 一个线圈的电感 $L = 1\text{H}$,接在 220V,50Hz 的交流电路中,感抗是多大? 如果接在 220V 的直流电路中,感抗会是多大?

7. 把一个电感器接在 220V,50Hz 的交流电源上,测出电流为 2.6A,求电感是多大?

8. 已知纯电感电路中的电流 I、角频率 ω、线圈的电感 L,求无功功率 Q_L。

9. 已知电感端电压 U_L、电源频率 f、电感 L，求无功功率 Q_L。

10. 已知线圈的电感 $L=1.2H$，电感端电压 $U=220V$，电源频率 $f=50Hz$。求(1)电流 I;(2)无功功率 Q_L。

11. 在电感 $L=1H$ 的线圈两端，接入 $u=310\sin 314t$(V)的交流电压，求(1)电流 I;(2)画电流、电压矢量图;(3)电流 i 的函数表达式。

12. 在纯电感电路中，已知 $U_L=220V$，$Q_L=4$kvar，求感抗 X_L。

13. 在纯电感电路中，已知电压 $U_L=36V$，电源频率 $f=50Hz$，无功功率 $Q_L=300$var，求电感 L。

6.5 纯电容电路

由纯电容元件和交流电源所组成的电路如图 6-19 所示。

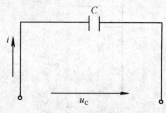

图 6-19 纯电容电路

电流超前电压 90°。

$$i = I_m\sin(\omega t + 90°) \quad (6-20)$$

$$u_C = U_m\sin\omega t \quad (6-21)$$

波形图、矢量图如图 6-20 所示。

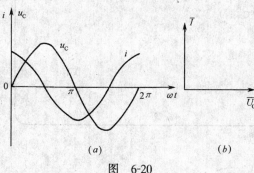

(a) (b)

图 6-20

(a)波形图;(b)矢量图

欧姆定律 $I = \dfrac{U_C}{X_C}$ (6-22)

或 $I_m = \dfrac{U_m}{X_C}$ (6-23)

式中 X_C——容抗，单位 Ω。

$$X_C = \frac{1}{\omega C} = \frac{1}{2\pi fC} \quad (6-24)$$

式中 C 是电容，单位 F，此外还有 μF 和 pF，$1F=10^6\mu F=10^{12}$pF。

电路中的功率——无功功率 Q_C，单位 var。

$$Q_C = IU_C \quad (6-25)$$

或 $Q_C = I^2 X_C = \dfrac{U_C^2}{X_C}$ (6-26)

【例 6-19】 $100\mu F$ 的电容，接在 50Hz 的交流电源上,求容抗是多大?

【解】 容抗 $X_C = \dfrac{1}{\omega C} = \dfrac{1}{2\pi fC}$

$$= \frac{1}{2\times 3.14\times 50\times 100\times 10^{-6}} = 31.8\Omega$$

【例 6-20】 100pF 的电容，接在 220V，50Hz 的交流电源上,求(1)电流;(2)无功功率。

【解】 (1)先求容抗 $X_C = \dfrac{1}{2\pi fC} =$

$\dfrac{1}{2\times 3.14\times 50\times 100\times 10^{-12}} = 31.8M\Omega$,电流

$$I = \frac{U_C}{X_C} = \frac{220}{31.8\times 10^6} = 6.9\times 10^{-6}A$$

(2) 无功功率 $Q_C = IU_C$

$$= 6.9\times 10^{-6}\times 220$$

$$= 1.5\times 10^{-3}\text{var}$$

【例 6-21】 多大容量的电容接在 220V，50Hz 的交流电路中,无功功率为 1kvar。

【解】 $\because Q_C = \dfrac{U_C^2}{X_C}$

$\therefore X_C = \dfrac{U_C^2}{Q_C} = \dfrac{220^2}{1000} = 48.4\Omega$

又 $\because X_C = \dfrac{1}{\omega C}$

$\therefore C = \dfrac{1}{\omega X_C} = \dfrac{1}{2\pi f \cdot X_C}$

$$= \frac{1}{2 \times 3.14 \times 50 \times 48.4}$$
$$= 66 \times 10^{-6}\text{F} = 66\mu\text{F}$$

【例 6-22】 22μF 的电容接在 380V，50Hz 的交流电路中，无功功率是多大？

【解】 $X_C = \frac{1}{\omega C} = \frac{1}{2\pi fC}$

$$= \frac{1}{2 \times 3.14 \times 50 \times 22 \times 10^{-6}} = 144.7\Omega$$

$$Q_C = \frac{U^2}{X_C} = \frac{380^2}{144.7} = 998\text{var}$$

即无功功率约为 1kvar。

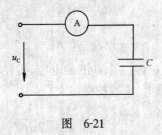

图 6-21

【例 6-23】 如图 6-21 所示，电容 $C = 0.2\mu$F，电流表读数是 2A，电压 $u_C = 220\sqrt{2}\sin\left(100\pi t - \frac{\pi}{2}\right)$(V)，求(1)容抗；(2)无功功率；(3)画电流、电压矢量图。

【解】 (1) 容抗 $X_C = \frac{U_C}{I} = \frac{220}{2}$
$$= 110\Omega$$

(2) 无功功率 $Q_C = IU_C = 2 \times 220$
$$= 440\text{var}$$

(3) ∵ 电流超前电压 90°，

∴ $\varphi_i = 0°$，矢量图如图 6-22 所示。

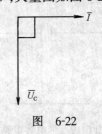

图 6-22

小　结

纯电容电路的特性：

1. 电容端电压与电流大小关系
$$U_C = IX_C$$

2. 容抗 $X_C = \frac{1}{\omega C} = \frac{1}{2\pi fC}$

3. 电容端电压滞后电流 90°

4. 无功功率 $Q_C = IU_C = I^2X_C = \frac{U_C^2}{X_C}$

习　题

1. 把一个电容器接在交流电源上，计算容抗 X_C 是多大？
(1) 电容 $C = 20\mu$F，电源频率 $f = 50$Hz；
(2) 电容 $C = 20$pF，电源频率 $f = 50$Hz；
(3) 电容 $C = 20$pF，电源频率 $f = 500$kHz。

2. 一个电容接在 50Hz 的交流电源上，容抗是 500Ω，求电容的容量。

3. 一个 10μF 的电容接在交流电路中，容抗是 1kΩ，求电源的频率。

4. 一个 66μF 的电容接在 220V，50Hz 的交流电路中，求线路中的电流 I 和无功功率 Q_C。

5. 一个电容接在 380V，50Hz 的交流电路中，无功功率是 1kvar，求该电容的容量。

6. 一个电容接在 220V,50Hz 的交流电路中,线路上的电流是 1A,将该电容接在 110V,50Hz 的交流电路中,线路上的电流会是多大?

7. 从示波器上看到三个电路的电流、电压波形图分别如图 6-23、6-24、6-25 所示。(1)各电路接的是一个什么元件。(2)求各电路的有功功率、无功功率。

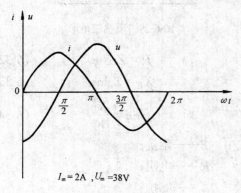

$I_m = 2A$,$U_m = 38V$

图 6-23

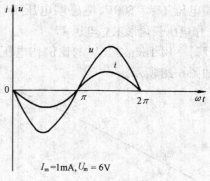

$I_m = 1mA$,$U_m = 6V$

图 6-24

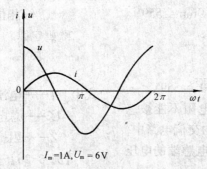

$I_m = 1A$,$U_m = 6V$

图 6-25

6.6 电阻和电感的串联电路

由电阻元件和电感元件相串联而成的交流电路,如图 6-26 所示。

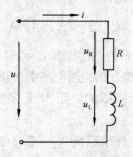

图 6-26 RL 串联电路

6.6.1 电压三角形

在电阻元件中,电流和电压同相;在电感元件中,电流滞后电压 90°。因此可作电压三角形解串联电路中的电压问题,如图 6-27 所示。

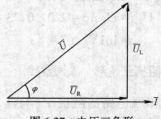

图 6-27 电压三角形

总电压 $U = \sqrt{U_R^2 + U_L^2}$ (6-27)

电阻端电压 $U_R = U\cos\varphi$ (6-28)

电感端电压 $U_L = U\sin\varphi$ (6-29)

111

总电压超前电流一个 φ 角

$$\tan\varphi = \frac{U_L}{U_R} \qquad (6\text{-}30)$$

【例 6-24】 在 RL 串联的交流电路中,电阻端电压 $U_R = 500V$,电感端电压 $U_L = 250V$,作电压三角形求总电压 U。

【解】 用 1mm $\triangleq$ 10V 的比例作电压三角形如图 6-28 所示。

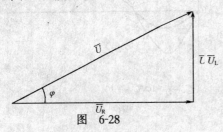

图 6-28

量度结果,总电压 $U \triangleq 55.9mm \triangleq 559V$。此题也可用勾股定律来解,

$$U = \sqrt{U_R^2 + U_L^2}$$
$$= \sqrt{500^2 + 250^2} = 559V。$$

【例 6-25】 一个线圈的电阻不能被忽略,现在把它接在 $U = 220V$ 的交流电路中,电阻端的电压 $U_R = 150V$,求电感端的电压 U_L 是多少?

【解法一】 $U_L = \sqrt{U^2 - U_R^2}$
$$= \sqrt{220^2 - 150^2}$$
$$= 161V$$

【解法二】 $\cos\varphi = \dfrac{U_R}{U} = \dfrac{150V}{220V} = 0.6818$
查表 $\varphi = 47°$,$\sin\varphi = 0.73$
$$U_L = U\sin\varphi = 220 \times 0.73$$
$$= 161V$$

6.6.2 阻抗三角形 欧姆定律

RL 串联电路的阻抗 Z、电阻 R、感抗 X_L 的关系可用阻抗三角形图 6-29 来表示。

阻抗三角形和电压三角形为相似三角形。

$$Z = \sqrt{R^2 + X_L^2} \qquad (6\text{-}31)$$

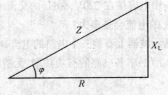

图 6-29 阻抗三角形

$$R = Z\cos\varphi \qquad (6\text{-}32)$$
$$X_L = Z\sin\varphi \qquad (6\text{-}33)$$
$$\tan\varphi = \frac{X_L}{R} \qquad (6\text{-}34)$$

式中 Z——阻抗;
$\quad\quad R$——电阻;
$\quad\quad X_L$——感抗;
$\quad\quad \varphi$——阻抗角,也是总电压与电流的相位差。

欧姆定律

$$I = \frac{U}{Z} \qquad (6\text{-}35)$$

式中 I——电流有效值;
$\quad\quad U$——总电压有效值;
$\quad\quad Z$——阻抗。

【例 6-26】 在 RL 串联电路中,电阻 $R = 27\Omega$,感抗 $X_L = 36\Omega$,把它们接在 $U = 220V$ 的交流电路中,求阻抗 Z 和电流 I 各是多少?

【解】 由勾股定律
$$Z = \sqrt{R^2 + X_L^2} = \sqrt{27^2 + 36^2} = 45\Omega$$
由欧姆定律
$$I = \frac{U}{Z} = \frac{220}{45} = 4.9A$$

【例 6-27】 把电感 $L = 1H$ 的线圈,接在 220V,50Hz 的交流电路中,线路中的电流是 0.5A,求线圈的电阻 R 是多少?阻抗角又是多大?

【解】 先求感抗 $X_L = 2\pi f \cdot L$
$$= 2 \times 3.14 \times 50 \times 1$$
$$= 314\Omega$$

由欧姆定律得

$$Z = \frac{U}{I} = \frac{220}{0.5} = 440\Omega$$

$$\therefore 电阻 R = \sqrt{Z^2 - X_L^2}$$
$$= \sqrt{440^2 - 314^2} = 308\Omega$$

$$\therefore \tan\varphi = \frac{X_L}{R} = \frac{314}{308} = 1.019$$

查表 $\varphi = 45.6°$

6.6.3 功率三角形

RL 串联电路中,电阻的有功功率 P、电感的无功功率 Q_L、电源的视在功率 S 之间的关系可用功率三角形图 6-30 来表示。

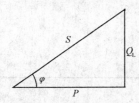

图 6-30 功率三角形

功率三角形与电压三角形为相似三角形。

$$S = \sqrt{P^2 + Q_L^2} \qquad (6-36)$$
$$P = S \cdot \cos\varphi \qquad (6-37)$$
$$Q_L = S \cdot \sin\varphi \qquad (6-38)$$
$$\cos\varphi = \frac{P}{S} \qquad (6-39)$$

式中　S——视在功率,单位 var;

　　P——有功功率,单位 W;

　　Q_L——无功功率,单位 var;

　　U——电压,单位 V;

　　I——电流,单位 A;

$\cos\varphi$——功率因数,φ 称为功率因数角,也是电压与电流的相位差,在 RL 串联电路中 φ 角总是在 $0°$~

$90°$之间,所以 $\cos\varphi$ 为正值。

【例 6-28】 一个线圈接在 220V 的交流电路中,测出有功功率是 150W,电流是 2A,求视在功率;无功功率;功率因数。

【解】 视在功率 $S = UI = 220 \times 2$
$$= 440\text{V} \cdot \text{A}$$

无功功率 $Q_L = \sqrt{S^2 - P^2}$
$$= \sqrt{440^2 - 150^2}$$
$$= 414\text{var}$$

功率因数 $\cos\varphi = \frac{P}{S} = \frac{150}{440} = 0.34$

【例 6-29】 把具有电阻 $R = 9\Omega$,电感 $L = 38.2\text{mH}$ 的线圈接到 $U = 220\text{V}$,$f = 50\text{Hz}$ 的电路中,求(1)电流;(2)功率因数;(3)视在功率;(4)有功功率。

【解】 先求感抗 $X_L = 2\pi fL = 2 \times 3.14$
$$\times 50 \times 0.0382 = 12\Omega$$

再求阻抗 $Z = \sqrt{R^2 + X_L^2}$
$$= \sqrt{9^2 + 12^2}$$
$$= 15\Omega$$

电流 $I = \frac{U}{Z}$
$$= \frac{220}{15} = 14.7\text{A}$$

功率因数 $\cos\varphi = \frac{R}{Z}$
$$= \frac{9}{15} = 0.6$$

视在功率 $S = UI$
$$= 220 \times 14.7$$
$$= 3234\text{VA}$$

有功功率 $P = S\cos\varphi$
$$= 3234 \times 0.6$$
$$= 1940\text{W}$$

小　　结

RL 串联电路的特性:

1. 总电压有效值 U 与各部分电压有效值之间的关系可用电压三角形表示,即

$$U = \sqrt{U_R^2 + U_L^2}$$

2. 总电压有效值 U 与电流有效值 I 之比等于阻抗,即

$$\frac{U}{I} = Z$$

总阻抗与电阻、感抗之间的关系可用阻抗三角形表示,即

$$Z = \sqrt{R^2 + X_L^2}$$

3. 总电压与电流间的相位角 φ,决定于电路中感抗与电阻的比值,即

$$\tan\varphi = \frac{X_L}{R}$$

4. 视在功率与有功功率、无功功率之间的关系可用功率三角形表示,即

$$S = \sqrt{P^2 + Q_L^2}$$

5. 有功功率和无功功率的计算公式

$$P = UI\cos\varphi$$

$$Q_L = UI\sin\varphi$$

习　题

1. 在 RL 串联电路中,已知电感端电压 $U_L = 20V$,电阻端电压 $U_R = 15V$,作电压三角形求总电压 U。

2. 在 RL 串联电路中,已知总电压 $U = 380V$,电感端电压 $U_L = 200V$,作电压三角形求电阻端电压 U_R。

3. 在 RL 串联电路中,已知总电压 $U = 220V$,总电压和电阻端电压的相位差是 $60°$,作电压三角形求 U_L 和 U_R 各是多少?

4. 在 RL 串联电路中,已知总电压 $U = 380V$,总电压和电路中电流的相位差是 $30°$,作电压三角形求 U_L 和 U_R 各是多少?

5. 在 RL 串联电路中,已知总电压和电阻端电压的相位差是 $30°$,电阻端电压 $U_R = 25V$,求 U_L 和 U 各是多少?

6. 在 RL 串联电路中,已知 $U_L = 80V$,总电压与电流的相位差是 $60°$,求 U 和 U_R。

7. 在 RL 串联电路中,已知电感端电压相位较总电压相位超前 $30°$,$U_L = 40V$,求 U 和 U_R。

8. 在 RL 串联电路中,已知 $U_L = 260V$,电流滞后总电压 $25°$,求 U 和 U_R。

9. 在 RL 串联电路中,已知感抗 $X_L = 1.2k\Omega$,电阻 $R = 1.6k\Omega$,作阻抗三角形求阻抗 Z 和阻抗角 ϕ。

10. $R = 40\Omega$ 的电阻器和 $L = 30mH$ 的电感器串联在 $220V$,$50Hz$ 的交流电路中,求阻抗 Z 和电流 I。

11. 在 RL 串联电路中,已知 $R = 40\Omega$,$I = 1.2A$,电源电压 $U = 220V$,$f = 50Hz$,求(1)感抗 X_L;(2)电感 L;(3)电阻端电压 U_R;(4)电感端电压 U_L。

12. 在感抗为 20Ω 的 RL 串联电路中,电源电压为 $380V$,频率为 $50Hz$,电流为 $10A$,求(1)电阻 R;(2)电感 L;(3)电阻端电压 U_R;(4)电感端电压 U_L。

13. 电感为 $200mH$ 的线圈与 20Ω 的电阻串联,接在 $380V$,$50Hz$ 的交流电路中,求(1)阻抗;(2)电流;(3)阻抗角。

14. 在 RL 串联电路中,作电压三角形、阻抗三角形、功率三角形:

(1) 已知总电压 $U = 500V$,分电压 $U_R = 400V$,电流 $I = 1A$;

(2) 已知分电压 $U_L = 24V$,$U_R = 18V$,电流 $I = 80mA$;

(3) 已知电流 $I = 2A$,阻抗 $Z = 600\Omega$,感抗 $X_L = 360\Omega$;

(4) 已知电流 $I = 10\text{mA}$，电阻 $R = 60\text{k}\Omega$，感抗 $X_L = 34\text{k}\Omega$；

(5) 已知总电压 $U = 220\text{V}$，电流 $I = 12\text{A}$，有功功率 $P = 1320\text{W}$；

(6) 已知总电压 $U = 380\text{V}$，电流 $I = 20\text{A}$，无功功率 $Q_L = 3800\text{var}$；

(7) 已知视在功率 $S = 2\text{kV}\cdot\text{A}$，电阻 $R = 30\Omega$，电流 $I = 5\text{A}$。

15．已知电路的功率因数为 0.8，功率 $P = 2\text{kW}$，求视在功率；无功功率。

16．一个交流继电器接在 380V，50Hz 的电源上，通过的电流是 0.6A，功率因数是 0.75，求无功功率；有功功率；视在功率。

17．一支日光灯接在 220V，50Hz 的电源上，功率因数是 0.5，通过的电流是 0.36A，求视在功率；有功功率；无功功率。

18．一个单相交流电动机接在 220V，50Hz 的交流电源上，功率因数是 0.8，视在功率是 2.2kV·A，求线路中的电流、有功功率、无功功率。

19．一个单相交流电动机接在 220V，50Hz 的交流电源上，测得有功功率是 0.7kW，电流 4.2A，求视在功率；无功功率；功率因数。

20．一个线圈接在 36V，50Hz 的交流电源上，测得有功功率是 46W，电流是 3A，求视在功率；无功功率和功率因数。

21．一交流接触器的线圈电阻是 200Ω，电感是 6H，接到 220V，50Hz 的交流电路上使用，求通过线圈的电流；视在功率；功率因数；有功功率；无功功率。

6.7　电阻和电容的串联电路

由电阻元件和电容元件相串联而成的交流电路，如图 6-31 所示。

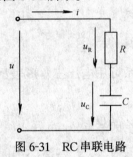

图 6-31　RC 串联电路

6.7.1　电压三角形

在电阻元件中，电流和电压同相；在电容元件中，电流超前电压 90°。因此电压三角形如图 6-32 所示。

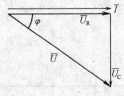

图 6-32　电压三角形

总电压 $\qquad U = \sqrt{U_R^2 + U_C^2}$　　(6-40)

电阻端电压 $\quad U_R = U\cos\varphi$　　(6-41)

电容端电压 $\quad U_C = U\sin\varphi$　　(6-42)

总电压滞后电流 1 个 φ 角，

$$\tan\varphi = \frac{U_C}{U_R} \qquad (6\text{-}43)$$

【例 6-30】　一电阻和电容串联后接入 220V，50Hz 的交流电路中，$U_R = 120\text{V}$，求电容端电压 U_C，总电压与电流的相位差。

【解】 $\quad U_C = \sqrt{U^2 - U_R^2}$

$\qquad\qquad = \sqrt{220^2 - 120^2}$

$\qquad\qquad = 184\text{V}$

$\tan\varphi = \dfrac{U_C}{U_R} = \dfrac{184}{120} = 1.537$，查表 $\varphi = 57°$

即总电压滞后电流 57°

6.7.2　阻抗三角形　功率三角形

在 RC 串联电路中同样可用阻抗三角形、功率三角形来计算电路中的各类问题（图 6-33）。

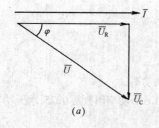 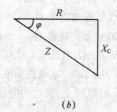 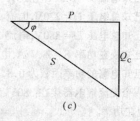

图 6-33

(a)电压三角形；(b)阻抗三角形；(c)功率三角形

$$Z = \sqrt{R^2 + X_C^2} \qquad (6\text{-}44)$$

$$\tan\varphi = \frac{X_C}{R} \qquad (6\text{-}45)$$

$$\cos\varphi = \frac{P}{S} \qquad (6\text{-}46)$$

$$S = \sqrt{P^2 + Q_C^2} \qquad (6\text{-}47)$$

【例 6-31】 一个 120Ω 的电阻与 $50\mu\mathrm{F}$ 的电容串联，接入 220V，50Hz 的交流电源上，求(1)电流；(2)电阻端电压；(3)电容端电压；(4)视在功率；(5)有功功率；(6)无功功率。

【解】 先求容抗和阻抗

$$X_C = \frac{1}{2\pi fC} = \frac{1}{2\pi \times 50 \times 50 \times 10^{-6}} = 63.7\Omega$$

$$Z = \sqrt{R^2 + X_C^2} = \sqrt{120^2 + 63.7^2} = 135.9\Omega$$

(1) 电流 $I = \dfrac{U}{Z} = \dfrac{220}{135.9} = 1.62\mathrm{A}$

(2) $U_R = IR = 1.62 \times 120 = 194.4\mathrm{V}$

(3) $U_C = IX_C = 1.62 \times 63.7 = 103.2\mathrm{V}$

(4) $S = UI = 220 \times 1.62 = 356.4\mathrm{V \cdot A}$

(5) $P = IU_R = 1.62 \times 194.4 = 314.9\mathrm{W}$

(6) $Q_C = IU_C = 1.62 \times 103.2 = 167.2\mathrm{var}$。

小　　结

RC 串联电路的特性：

1. 总电压有效值 U 与各分电压有效值之间的关系可用电压三角形表示为：$U = \sqrt{U_R^2 + U_C^2}$。

2. 总电压有效值 U 与电流有效值 I 之比等于阻抗，即 $\dfrac{U}{I} = Z$。

总阻抗和电阻、容抗之间的关系可用阻抗三角形表示为：$Z = \sqrt{R^2 + X_C^2}$

3. 总电压与电流间的相位角 φ，决定于电路中容抗与电阻的比值，即 $\tan\varphi = \dfrac{X_C}{R}$。

4. 视在功率与有功功率、无功功率之间的关系可用功率三角形表示为：$S = \sqrt{P^2 + Q_C^2}$

5. 有功功率和无功功率的计算公式

$$P = UI\cos\varphi$$

$$Q_C = UI\sin\varphi$$

习　题

1. 在 RC 串联电路上,加 220V 的交流电压,电阻 $R = 200\Omega$,容抗 $X_C = 150\Omega$,求电路中的电流 I;电阻端电压;电容端电压。

2. 在 RC 串联电路中,已知电阻 $R = 60\Omega$,电容 $C = 100\mu F$,电源电压 $U = 220V$,频率 $f = 50Hz$,求电流 I、电压 U_R、电压 U_C 各是多少?

3. 1 个 $60k\Omega$ 的电阻与 $0.02\mu F$ 的电容串联,接入 $U = 220\sqrt{2}\sin 314t$(V) 的电源上,求(1)阻抗 Z;(2)电流 I;(3)电压 U_R;(4)电压 U_C。

4. 1 个 $50\mu F$ 的电容和 1 个电阻串联后接入 220V,50Hz 的交流电路中,流过的电流是 1A,求(1)阻抗 Z;(2)电阻 R;(3)电压 U_R;(4)电压 U_C。

5. 1 个 50Ω 的电阻与 1 个电容串联后接入 220V,50Hz 的交流电路中,线路中的电流是 2A,求(1)容抗;(2)电容量。

6. 1 个 $120\mu F$ 的电容和 1 个电阻串联后接入 380V,50Hz 的交流电路中,流过的电流是 8A,求(1)阻抗;(2)容抗;(3)电阻;(4)视在功率;(5)有功功率。

7. 一个白炽灯与一电容串联后接在 220V,50Hz 的交流电源上,白炽灯上的端电压是 36V,电流是 1.7A,求(1)灯泡电阻;(2)有功功率;(3)电容量;(4)电容端电压;(5)无功功率;(6)视在功率。

8. 规格是 220V、200W 的电烙铁,为了在烙铁暂停使用时保持烙铁头的温度,加在烙铁上的电压是 60V,欲在线路中串联 1 个电容。求(1)烙铁的电阻;(2)电容量;(3)烙铁停用时线路中的电流和有功功率。(工作电源是 220V,50Hz)。

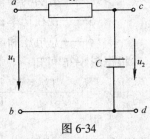

9. 在 RC 串联电路两端,加 220V,50Hz 的交流电压,线路中的电流 $I = 2A$,总电压滞后电流 $60°$,求(1)阻抗;(2)视在功率;(3)有功功率;(4)无功功率;(5)电阻;(6)电容量。

10. 图 6-34 为一移相电路,u_1 为输入交流电压,频率为 50Hz,已知 R 为 60Ω,为了使输出电压 u_2 与输入电压 u_1 间的相位差为 $60°$,求(1)阻抗 Z_{ab};(2)u_2 的相位比 u_1 超前还是滞后? (3)电容 C。

图 6-34

6.8　电阻、电感和电容的串联电路

由电阻、电感和电容元件串联而成的电路如图 6-35 所示。

电感上的电压超前电流 $90°$,电容上的电压滞后电流 $90°$,电压三角形、阻抗三角形、功率三角形如图 6-36 所示。

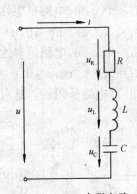

图 6-35　RLC 串联电路

$$U = \sqrt{U_R^2 + (U_L - U_C)^2} \quad (6\text{-}48)$$

$$\cos\varphi = \frac{U_R}{U} \quad (6\text{-}49)$$

$$Z = \sqrt{R^2 + (X_L - X_C)^2} \quad (6\text{-}50)$$

$$\cos\varphi = \frac{R}{Z} \quad (6\text{-}51)$$

$$S = \sqrt{P^2 + (Q_L - Q_C)^2} \quad (6\text{-}52)$$

$$\cos\varphi = \frac{P}{S} \quad (6\text{-}53)$$

式中　U——总电压;

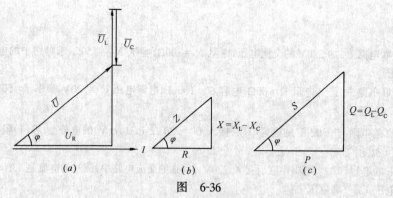

图 6-36
(a)电压三角形;(b)阻抗三角形;(c)功率三角形

U_R、U_L、U_C——分电压;

Z——阻抗;

R——电阻;

$X = X_L - X_C$——称为电抗;

Q_L、Q_C——无功功率;

P——有功功率;

S——视在功率;

ϕ——总电压和电流的相位差。

根据图 6-36 可知:

$$\tan\varphi = \frac{U_L - U_C}{U_R} = \frac{X_L - X_C}{R} = \frac{Q_L - Q_C}{P}$$

$$(6-54)$$

(1) $X_L > X_C$,则 $\tan\varphi > 0$,$\varphi > 0$,总电压比电流超前一个 φ 角,电路呈感性。

(2) $X_L < X_C$,则 $\tan\varphi < 0$,$\varphi < 0$,总电压比电流滞后一个 φ 角,电路呈容性。

(3) $X_L = X_C$,则 $\tan\varphi = 0$,$\varphi = 0$,总电压和电流同相位,电路呈阻性。这种特殊情况叫串联谐振。

谐振时的电流 $I = \dfrac{U}{Z} = \dfrac{U}{\sqrt{R^2 + (X_L - X_C)^2}} = \dfrac{U}{R}$,得到的电流最大。

这时电感元件与电容元件上的电压为

$$U_L = IX_L = U\frac{X_L}{R}$$

与

$$U_C = IX_C = U\frac{X_C}{R}$$

可见只要 X_L 及 X_C 大于 R 时,U_L 与

U_C 就大于电源电压。如果电压过高可能损坏线圈或电容器。因此电力工程上要避免发生串联谐振。但在无线电工程上常利用串联谐振获得较高的电压。

谐振时的频率

$$f_0 = \frac{1}{2\pi\sqrt{LC}}$$

$$(6-55)$$

【例 6-32】 一线圈的电阻为 40Ω,电感为 $0.3H$,电容器的电容为 $60\mu F$,把它们串联在 $220V$,$50Hz$ 的交流电路中,求(1)阻抗;(2) 电流;(3) 分电压;(4) 有功功率;(5) 无功功率。

【解】 先求感抗和容抗

$$X_L = 2\pi fL = 2 \times 3.14 \times 50 \times 0.3 = 94.2\Omega$$

$$X_C = \frac{1}{2\pi fC} = \frac{1}{2 \times 3.14 \times 50 \times 60 \times 10^{-6}}$$
$$= 53.1\Omega$$

(1) $Z = \sqrt{R^2 + (X_L - X_C)^2}$
$$= \sqrt{40^2 + (94.2 - 53.1)^2}$$
$$= \sqrt{40^2 + 41.1^2} = 57.4\Omega$$

(2) $I = \dfrac{U}{Z} = \dfrac{220}{57.4} = 3.83A$

(3) $U_R = IR = 3.83 \times 40 = 153.2V$
$U_L = IX_L = 3.83 \times 94.2 = 360.8V$
$U_C = IX_C = 3.83 \times 53.1 = 203.4V$

(4) $P = IU_R = 3.83 \times 153.2 = 586.8W$

(5) $Q = I(U_L - U_C) = 3.83 \times (360.8 - 203.4) = 602.8var$

【例 6-33】 在 RLC 串联电路中,已知 $L = 100\text{mH}$, $C = 10\mu\text{F}$, $R = 6\Omega$,求电路的谐振频率。

【解】 谐振频率

$$
\begin{aligned}
f_0 &= \frac{1}{2\pi \sqrt{LC}} \\
&= \frac{1}{2 \times 3.14 \sqrt{0.1 \times 10 \times 10^{-6}}} \\
&= 159\text{Hz}
\end{aligned}
$$

小 结

1. RLC 串联电路的特性:

(1) 总电压有效值 U 与各部分电压有效值之间的关系可用电压三角形表示,即

$$U = \sqrt{U_R^2 + (U_L - U_C)^2}$$

(2) 总电压有效值 U 与电流有效值 I 之比等于阻抗,即 $\frac{U}{I} = Z$。

总阻抗和电阻 R、电抗 X 之间的关系可用阻抗三角形表示,即

$$
\begin{aligned}
Z &= \sqrt{R^2 + X^2} \\
&= \sqrt{R^2 + (X_L - X_C)^2}
\end{aligned}
$$

(3) 总电压与电流间的相位角 φ,只决定于电路中电抗与电阻的比值,即

$$\tan\varphi = \frac{X_L - X_C}{R}$$

(4) 电源与负载之间交换的无功功率 Q 等于电感无功功率 Q_L 和电容无功功率 Q_C 之差,即 $Q = Q_L - Q_C$

视在功率与有功功率、无功功率之间的关系,可用功率三角形表示,即

$$S = \sqrt{P^2 + (Q_L - Q_C)^2}$$

(5) 有功功率和无功功率的计算公式:

$$P = UI\cos\varphi$$

$$Q = UI\sin\varphi$$

2. 串联谐振的条件是 $X_L = X_C$

谐振频率 $f_0 = \dfrac{1}{2\pi \sqrt{LC}}$

谐振时电路的阻抗 $Z = R$。

习 题

1. 在 RLC 串联电路中,$R = 600\Omega$, $X_L = 800\Omega$, $X_C = 1.2\text{k}\Omega$,电源电压 $u = 220\sqrt{2}\sin 314t$(V),求各分电压 U_R; U_L; U_C。

2. 电阻 $R = 300\Omega$,电容 $C = 20\mu\text{F}$,电感 $L = 1.2\text{H}$,串联后接在 220V,50Hz 的交流电路中,求各分电压 U_R; U_L; U_C。

3．1 个线圈的电阻为 30Ω，电感为 0.26H，和 1 个 50μF 的电容串联后接在 220V，50Hz 的交流电路中，求阻抗和电流。

4．1 个 40μF 的电容与 1 个电阻是 20Ω，电感是 0.2H 的线圈串联后接在 100V，1kHz 的交流电压上，求阻抗和电流。

5．电感是 160mH，电阻是 2Ω 的线圈与 60μF 的电容串联在 220V，50Hz 的电源上，求（1）电路的电流，（2）电路的 P、Q、S 各是多少？

6．已知在 220V 的 RLC 串联的交流电路中，容抗为 40Ω，线圈的电感为 0.22H，流过的电流为 4A，总电压超前电流 30°。求（1）线圈的电阻；（2）电路的阻抗；（3）电流的频率。

7．1 个线圈与 50μF 的电容串联在 380V 的交流电压上，线圈的感抗为 170Ω，线路中的电流为 2A，功率因数是 0.8，求（1）电路的阻抗；（2）线圈的电感；（3）有功功率；（4）无功功率。

8．在 RLC 串联电路中，$R = 100Ω$，$L = 10H$，$C = 10μF$，当电源频率为 50Hz 时，电路呈现容性还是感性？若要使电路呈现阻性时，频率应是多大？

9．在 RLC 串联电路中，$R = 28Ω$，$L = 1H$，$C = 100μF$，求谐振频率、电路发生谐振时的阻抗。

10．1 线圈 $R = 40Ω$，$L = 30mH$，与电容相串联，当外加电源频率 $f = 50Hz$ 时，发现电路中的电流最大，求电容 C。

11．1 个具有电感 $L = 382mH$，电阻 $R = 30Ω$ 的线圈，与一个电容 $C = 40μF$ 的电容器串联在 $U = 250V$ 的供电线路上，求电路发生谐振的频率 f_0，和在谐振时下列各量：X_L、X_C、Z、I、U_L、U_C 各是多少？

6.9 提高功率因数的计算

电力系统的大多数负荷是感应电动机，它的功率因数较低，对电力系统的运行有许多不利因素：

（1）功率因数过低，会使电源设备的容量得不到充分利用；

（2）功率因数过低，输电线路上会引起较大的电压降落和功率损耗。

【例 6-34】 有一额定容量为 250kVA 的供电变压器，向 10kW 功率的交流电动机供电，如果电动机的功率因数是 0.6，问装机台数是多少？电动机的功率因数是 0.88，问装机台数又会是多少？

【解】 当 $\cos\varphi - 0.6$ 时，供电变压器能提供的有功功率

$P = S\cos\varphi = 250 \times 0.6 = 150kW$，可装 15 台 10kW 的电动机。

当 $\cos\varphi = 0.88$ 时，供电变压器能提供的有功功率

$P = S\cos\varphi = 250 \times 0.88 = 220kW$，可装 22 台 10kW 的电动机。

由此可见，同样的供电设备，负载的功率因数愈低，设备的利用率愈小；反之，负载的功率因数愈高，设备的利用率也愈高。

提高功率因数的方法，首先是合理选择和使用电气设备；其次是加装补偿装置。通常采用在感性负载两端并联电容器的方法，称为并联电容补偿法。

并联的电容叫补偿电容，它的大小可按下式计算：

$$C = \frac{P}{\omega U^2}(\tan\varphi_1 - \tan\varphi_2)$$

$$= \frac{P}{2\pi f U^2}(\tan\varphi_1 - \tan\varphi_2) \quad (6-56)$$

式中　C——补偿电容，单位 F；

P——电源向负载供给的有功功率，单位 W；

U——电源电压，单位 V；

f——电源频率，单位 Hz；

φ_1——并联补偿电容前的负载系统阻抗角（功率因数角）；

φ_2——并联补偿电容后的阻抗角（功率因数角）。

补偿电容的容量，可按下式计算

$$Q = P(\tan\varphi_1 - \tan\varphi_2) \quad (6\text{-}57)$$

【例 6-35】 有一感性负荷,它的功率 $P = 10\text{kW}$,功率因数 $\cos\varphi_1 = 0.6$,接在 $220\text{V},50\text{Hz}$ 的交流电源上。

(1) 如将功率因数提高到 $\cos\varphi_2 = 0.95$,求应并联多大的电容。

(2) 补偿电容的容量是多少?

(3) 比较并联前后电路中的电流值。

【解】 (1) 在未补偿时,$\cos\varphi_1 = 0.6$,查表 $\varphi_1 = 53.1°$,$\tan\varphi_1 = 1.33$

补偿以后,$\cos\varphi_2 = 0.95$,查表 $\varphi_2 = 18.2°$,$\tan\varphi_2 = 0.33$ 用公式(6-56)算出并联补偿的电容:

$$C = \frac{P}{2\pi f U^2}(\tan\varphi_1 - \tan\varphi_2)$$

$$= \frac{10\times10^3}{2\times3.14\times50\times220^2}(\tan53.1° - \tan18.2°)$$

$$= 6.58\times10^{-4}\text{F}$$

$$= 658\mu\text{F}$$

(2) 补偿电容的容量:

$$Q = P(\tan\varphi_1 - \tan\varphi_2)$$

$$= 10\times10^3(1.33 - 0.33)$$

$$= 10^4\text{var}$$

(3) 未并联电容时线路的电流:

$$I_1 = \frac{P}{U\cos\varphi_1} = \frac{10\times10^3}{220\times0.6} = 75.8\text{A}$$

并联电容后线路的电流:

$$I_2 = \frac{P}{U\cos\varphi_2} = \frac{10\times10^3}{220\times0.95} = 47.8\text{A}$$

$$I_1 - I_2 = 75.8 - 47.8 = 28\text{A}$$

可见线路的电流减小很多。

小 结

将电感性电路的功率因数,由 $\cos\varphi_1$ 提高到整过电路的功率因数 $\cos\varphi_2$ 所需要并联的电容器的电容

$$C = \frac{P}{\omega U^2}(\tan\varphi_1 - \tan\varphi_2)$$

习 题

1. 有 1 感性负载,它的功率为 $P = 1.5\text{kW}$,接在 $220\text{V},50\text{Hz}$ 的交流电路中,功率因数 $\cos\varphi_1 = 0.65$,现在要将功率因数提高到 0.9,应并联多大的电容。

2. 有一盏 40W 的日光灯,接在 $220\text{V},50\text{Hz}$ 的电源上,$I = 0.48\text{A}$。求(1)电路的功率因数是多大? (2)现在电源上并联一只 $5\mu\text{F}$ 的电容器,电路的功率因数又会是多大?

3. 工厂供电线路的额定电压 $U = 10\text{kV}$,电源频率 $f = 50\text{Hz}$,负荷功率 $P = 400\text{kW}$,$Q = 280\text{kvar}$,功率因数较低。现要将功率因数提高到 0.92,需并入多大的补偿电容?

4. 在 $220\text{V},50\text{Hz}$ 的交流电源上,接有 1 感性负荷,它的功率为 10kW,功率因数为 0.62。

(1) 要将功率因数提高到 0.92,计算并联补偿的电容量;

(2) 补偿前后电路中的电流各是多大?

5. 某电站以 $U = 22\text{kV}$ 的高压向工厂输送 $P = 2.4\times10^5\text{kW}$ 的电力,若输电线的总电阻 $R = 10\Omega$,当线路的功率因数由 0.5 提高到 0.9 时,求:

(1) 线路中的电流值有什么样的变化?

(2) 线路上一年中少损耗多少电能?

6. 将功率 $P_1 = 40\text{W}$,功率因数为 0.5 的日光灯 20 盏,与功率 $P_2 = 40\text{W}$ 的白炽灯 20 盏(白炽灯为纯电

阻),并联在 220V,50Hz 的交流电源上。

(1) 绘出示意电路图,求总电流;

(2) 求整个电路的功率因数;

(3) 如果把整个电路的功率因数提高到 0.9 应并联多大的电容。

第7章 三相交流电路的计算

三相交流电路是由三相交流电源与三相负载按一定的连接方式组成的电路。三相负载有星形连接(Y)和三角形连接(△)两种。

7.1 三相负载的星形连接

将各相负载 Z_U、Z_V、Z_W 的尾端接在一起,接到电源的中线上,而将各相负载的首端分别与三相电源的三根相线相接,如图 7-1 所示。

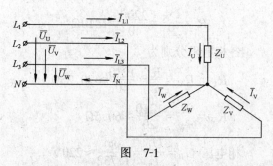

图 7-1

由图 7-1 中不难看出,加在各相负载两端的电压为电源相电压。在各相电压的作用下,便有电流通过相线、负载和中线。通过相线的电流称为线电流,分别用 I_{L1}、I_{L2} 和 I_{L3} 表示,一般情况下用 I_L 表示。通过各相负载中的电流称为相电流,用符号 I_U、I_V、I_W 表示,一般情况下用 I_P 表示。通过中线的电流为中线电流,用符号 I_N 表示。

(1) 三相负载做星形连接的特点

1) 由于各相负载均接在一根相线与零线之间,因此各相负载两端的电压与电源的相电压相等。

即: $U_U = U_V = U_W = U_P = \dfrac{U_L}{\sqrt{3}}$ （7-1）

2) 由图 7-1 可知,负载中通过的相电流等于相线中通过的线电流。

即 $I_U = I_{L1}$　$I_V = I_{L2}$　$I_W = I_{L3}$

亦可写成　　$I_P = I_L$　　　　　(7-2)

关于相电流的计算方法,与单相电路的计算方法基本相同,可将三相交流电路视为三个单相交流电路逐一计算即可。

各相电流分别为 $\left. \begin{aligned} I_U &= \frac{U_U}{Z_U} \\ I_V &= \frac{U_V}{Z_V} \\ I_W &= \frac{U_W}{Z_W} \end{aligned} \right\}$ （7-3）

3) 由于中线是三相负载的公共回线,所以通过中线的电流应为三个相电流的矢量和。

即　　$\bar{I}_N = \bar{I}_U + \bar{I}_V + \bar{I}_W$　　(7-4)

4) 各相负载的功率因数为:

$\left. \begin{aligned} \cos\varphi_U &= \frac{R_U}{Z_U} \\ \cos\varphi_V &= \frac{R_V}{Z_V} \\ \cos\varphi_W &= \frac{R_W}{Z_W} \end{aligned} \right\}$ （7-5）

各相负载的相电流与相电压之间的相位差是:

$\left. \begin{aligned} \varphi_U &= \cos^{-1}\frac{R_U}{Z_U} \\ \varphi_V &= \cos^{-1}\frac{R_V}{Z_V} \\ \varphi_W &= \cos^{-1}\frac{R_W}{Z_W} \end{aligned} \right\}$ （7-6）

(2) 若三相负载是对称的,则 $Z_U = Z_V = Z_W$ 根据公式(7-3),可得到各相负载的相电流 I_U、I_V、I_W,且满足: $I_U = I_V = I_W = I_P$。

通过各相负载的电流与相电压之间的相位差相同，即：$\varphi_U = \varphi_V = \varphi_W$。

由上述结论可作出相电压、相电流的矢量图，如图 7-2 所示。

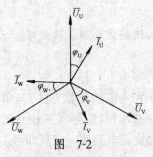

图　7-2

由图 7-2 得知，在负载对称的情况下，中线电流 I_N 等于零。即：$\dot{I}_N = \dot{I}_U + \dot{I}_V + \dot{I}_W$

$$I_N = 0$$

由于中线电流等于零，因此在负载对称的情况下，中线不起作用。有无中线，对电流、电压的大小与相位均无影响，可将中线取消，此时供电方式为三相三线制。

【例 7-1】 某一星形连接的三相对称负载，已知各相负载的电阻为 6Ω、电感抗为 8Ω，将它们接入线电压为 380V 的三相交流电路中，试计算相电流、线电流和中线电流。

已知：$R = 6Ω，X_L = 8Ω，U_L = 380V$

求：$I_P、I_L、I_N$

【解】 根据线电压与负载的连接方式可知：各相负载两端的电压为电源的相电压，先求出相电压，再计算相电流、线电流。

$$U_P = \frac{U_L}{\sqrt{3}} = \frac{380}{1.732} = 220V$$

$$I_P = \frac{U_P}{Z}$$

$$= \frac{U_P}{\sqrt{R^2 + X_L^2}} = \frac{220}{\sqrt{6^2 + 8^2}}$$

$$= 22A$$

$$I_L = I_P = 22A$$

因对称负载的相电流相等，且性质相同，功率因数相同，于是有 $\varphi_U = \varphi_V = \varphi_W$。根据矢量图 7-2 可得中线电流 $I_N = 0$。

（3）若三相负载不对称，则可将三相交流电路视为三个单相交流电路根据公式 7-3、7-4、7-5、7-6分别计算。

【例 7-2】 某三相四线制供电线路的线电压为 380V，电路中装有星形连接的电灯，已知每盏灯的额定电压为 220V、功率为 40W。其中 U 相和 V 相均为 40 盏，W 相为 20 盏，试计算相电流和中线电流，并作出相电压、相电流的矢量图。

已知：$U_L = 380V，U_N = 220N，P_N = 40W，n_U = n_V = n = 40$ 盏，$n_W = 20$ 盏

求：$I_P、I_N$ 矢量图

【解】 根据已给定的已知条件，先求出每个灯泡的电阻

$$R = \frac{U_N^2}{P} = \frac{220^2}{40} = 1210Ω$$

各相电阻分别为

$$R_U = R_V = \frac{R}{n} = \frac{1210}{40} \approx 30.25Ω$$

$$R_W = \frac{R}{n_W} = \frac{1210}{20} \approx 60.5Ω$$

相电压 $U_P = \frac{U_L}{\sqrt{3}} = \frac{380}{1.732} \approx 220V$

各相电流：$I_U = I_V = \frac{U_P}{R_U} = \frac{220}{30.25}$

$$\approx 7.27A$$

$$I_W = \frac{U_P}{R_W} = \frac{220}{60.5} = 3.64A$$

由于各相电流与相电压同相位，所以三个相电流之间的相位差为 120°，如图 7-3 所

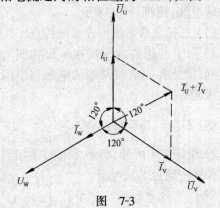

图　7-3

示,利用矢量合成方法可求得相电流 $\bar{I}_U$ 与 $\bar{I}_V$ 的矢量合为,且与 $\bar{I}_W$ 之间的相位差为180°,因此中线电流为

$$I_N = I_U - I_W = 3.63A$$

由上述计算可知,在三相不对称负载的星形连接中,中线的作用在于能提供三相不平衡电流的通路,使三相负载成为三个相互独立的交流电路。因此不论负载有无变动,每相负载均获得对称的电源相电压,从而保证负载的正常工作,所以在三相四线制供电线路中,为了保证线路的正常运行,规定中线上不允许安装熔断器及开关。如果中线一旦断开,虽然线电压仍然对称,但各相负载所承受的相电压的对称性遭到破坏,有的负载所承受的电压将低于其额定电压,有的则超过

其额定电压,致使负载均不能正常工作。上例中,若 U 相处于断路状态,中线也由于某种原因断开了,如图 7-4 所示,此时 V、W 两相串接在线电压 U_{VW} 上,因此 V 相和 W 相通有相同的电流,即为:

$$I_{VW} = \frac{U_{VW}}{R_V + R_W} = \frac{380}{30.25 + 60.51} \approx 4.19A$$

其中:V 相所承受的电压 $U_V = I_{VW} \cdot R_V = 4.19 \times 30.25 = 126.67V$

W 相所承受的电压 $U_W = I_{VW} \cdot R_W = 4.19 \times 60.5 = 253.5V$

可见,电阻较小的一相所承受的电压低于其额定值,使其不能正常工作;电阻较大的一相所承受的电压高于其额定值,超过额定值太大会将负载烧坏。上述现象必须避免。

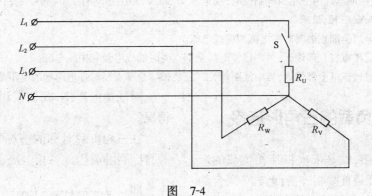

图 7-4

小 结

1.三相负载

(1)对称负载,$Z_U = Z_V = Z_W$

$$\cos\varphi_U = \cos\varphi_V = \cos\varphi_W$$

(2)不对称负载,不满足对称负载的条件

2.三相负载作星形连接的特点

(1)各相负载的相电压等于电源的相电压

(2)负载中的相电流等于电源的线电流

(3)中线电流 $\bar{I}_N = \bar{I}_U + \bar{I}_V + \bar{I}_W$

3．对称负载的计算

$$I_{\mathrm{U}} = I_{\mathrm{V}} = I_{\mathrm{W}} = \frac{U_{\mathrm{P}}}{Z}$$

$$I_{\mathrm{N}} = 0$$

4．不对称负载的计算

将三相电路看作三个单相交流电路逐一计算。

习　题

1．某电阻性的三相负载作星形连接，其各相电阻分别是 $R_{\mathrm{U}} = R_{\mathrm{V}} = 20\Omega$，$R_{\mathrm{W}} = 10\Omega$，已知电源的线电压 $U_{\mathrm{L}} = 380\mathrm{V}$，求相电流、线电流和中线电流。

2．有一星形连接的三相对称负载，已知其各相电阻 $R_{相} = 6\Omega$，电感 $L = 25.5\mathrm{mH}$，现把它接入线电压 $U_{线} = 380\mathrm{V}$，频率 $f = 50\mathrm{Hz}$ 的三相线路中，求通过每相负载的电流，并作出线路图和矢量图。

3．把一批额定电压是 220V、额定功率为 100W 的白炽灯泡，接到线电压为 380V 的三相交流电源上，设每一相所接灯泡数为：$n_{\mathrm{U}} = 200$ 盏；$n_{\mathrm{V}} = 200$ 盏；$n_{\mathrm{W}} = 300$ 盏。试问此负载应采用什么接法接入电源；各相负载的相电流；各端线的线电流；中线上的电流。

4．某三层楼照明电灯由三相四线制供电，线电压为 380V，每层楼均有 220V40W 的白炽灯 110 只，三层楼分别使用 U、V、W 三相，试求：

(1) 三层楼电灯全部点燃时的线电流和中线电流。

(2) 当第一层楼电灯全部熄灭，另两层楼电灯全部点亮时的线电流和中线电流。

(3) 当第一层楼电灯全部熄灭，且中线断掉，二、三层楼电灯全部点燃时灯泡两端的电压是多少？

7.2　三相负载的三角形连接

三角形连接，就是依次将某相负载的末端，与下一相负载首端相连接，组成一闭合的三角形。并将各负载的连接点接入三相电源的三根相线上，如图 7-5 所示。就构成了三相负载的三角形连接。

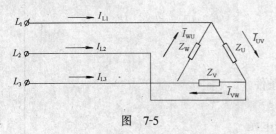

图　7-5

由图 7-5 所示，在三角形连接中，由于各相负载是接在两根相线之间，因此不论负载是否对称，各相负载所承受的电压均为对称的电源线电压。

对三角形连接，我们仅讨论对称负载的情况。

在三相负载对称的情况下，各相阻抗相等，性质相同，因此各相电流也是对称的。

即　　$I_{\mathrm{UV}} = I_{\mathrm{VW}} = I_{\mathrm{WU}} = I_{\mathrm{P}} = \frac{U_{\mathrm{P}}}{Z_{\mathrm{P}}} = \frac{U_{\mathrm{L}}}{Z_{\mathrm{P}}}$

$$(7-7)$$

各相负载两端的电压与电流之间的相位差为：

$$\varphi_{\mathrm{U}} = \varphi_{\mathrm{V}} = \varphi_{\mathrm{W}} = \cos^{-1}\frac{R_{\mathrm{P}}}{Z_{\mathrm{P}}} \quad (7-8)$$

任一端线上的线电流等于与它相连的两相负载中的相电流的矢量差。

即　　$\left.\begin{array}{l} \bar{I}_{\mathrm{L1}} = \bar{I}_{\mathrm{UV}} - \bar{I}_{\mathrm{WU}} \\ \bar{I}_{\mathrm{L2}} = \bar{I}_{\mathrm{VW}} - \bar{I}_{\mathrm{UV}} \\ \bar{I}_{\mathrm{L3}} = \bar{I}_{\mathrm{WU}} - \bar{I}_{\mathrm{VW}} \end{array}\right\} \quad (7-9)$

如图 7-6 所示，应用矢量运算可求得线电流的大小为：

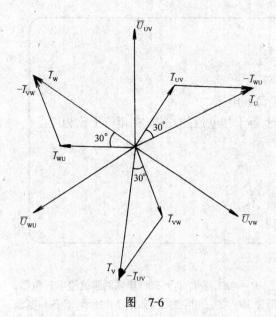

图　7-6

$$I_U = 2I_{UV} \cdot \cos30° = 2 \times \frac{\sqrt{3}}{2} I_{UV}$$

即：
$$I_U = \sqrt{3} I_{UV}$$
$$I_V = \sqrt{3} I_{VW}$$
$$I_W = \sqrt{3} I_{WU}$$

因为三个相电流是对称的,所以三个线电流也必然是对称的,其大小均为:

$$I_L = \sqrt{3} I_P \qquad (7\text{-}10)$$

可见三相对称负载做三角形连接时,线电流是相电流的$\sqrt{3}$倍;在相位上,线电流比相应的相电流滞后30°。

若三相负载不对称,则不存在上述关系,相电流与线电流之间的关系可用公式(7-9)确定。

【例7-3】　有一三角形连接的三相对称负载,已知其各相电阻为6Ω、电感抗为8Ω,现将其接入线电压为380V 的三相电路中,试计算相电流、线电流及各相负载的功率因数。

已知:$R = 6Ω、X_L = 8Ω、U_L = 380V$

求:$I_P、I_L、\cos\varphi$

【解】　各相负载的阻抗

$$Z = \sqrt{R^2 + X_L^2} = \sqrt{6^2 + 8^2} = 10Ω$$

各相电流、线电流为

$$I_P = \frac{U_P}{Z_P} = \frac{U_L}{Z_P} = \frac{380}{10} = 38A$$

$$I_L = \sqrt{3} I_P = 1.732 \times 38 = 65.82A$$

功率因数是 $\cos\varphi = \dfrac{R}{Z} = \dfrac{6}{10} = 0.6$

【例7-4】　某三相对称负载做三角形连接,若各相负载的额定电压为380V,额定电流为19A,功率因数为0.8,现将其接入线电压为380V、频率为50Hz 的交流电路中,试计算该负载的电阻和电感。并作出电路图和矢量图。

已知:$U_N = 380V, I_N = 19A, \cos\varphi = 0.8,$
$U_L = 380V, f = 50Hz$

求:$R、L$

【解】　根据负载的额定电压和额定电流,先求出各相负载的阻抗 Z,再利用阻抗三角形关系计算出电阻 R 和感抗 X_L。

作出阻抗图7-7。

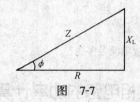

图　7-7

$$Z = \frac{U_N}{I_N} = \frac{380}{19} = 20Ω$$

由阻抗三角形得
$$R = Z \cdot \cos\varphi$$
$$= 20 \times 0.8 = 16Ω$$
$$X_L = Z \cdot \sin\varphi$$
或:$X_L = \sqrt{Z^2 - R^2}$
$$= \sqrt{20^2 - 16^2}$$
$$= 12Ω$$
$$X_L = 2\pi f L$$
$$L = \frac{X_L}{2\pi f}$$
$$= \frac{12}{2 \times 3.14 \times 50}$$
$$= 38.2mH$$

习　题

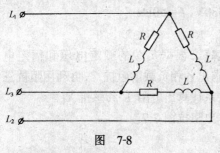

图　7-8

1. 把电阻 $R = 40\Omega$,感抗 $X_L = 30\Omega$ 串联的阻抗接成三角形,并接在线电压为380V的三相电源上,如图 7-8 所示,求各相电流和线电流,并作出电压与电流的矢量图。

2. 某三相对称负载做三角形连接,接入线电压为 380V 的三相电源上,每相负载的电流为 38A,求供电线路中的电流及每相负载的阻抗。

3. 某三相对称负载,其各相负载的额定电压为 220V,每相负载的阻抗为 10Ω,如将该负载接入线电压为 220V 的三相电源上工作。试问,应采用哪种连接方法? 负载通过多少电流? 每相负载取用的线电流是多少?

7.3　三相电路的功率计算

三相电路的功率与单相电路的功率相同,分为有功功率 P、无功功率 Q 和视在功率S。下面我们对这三种功率分别给予讨论。

7.3.1　三相有功功率

三相电路中每相负载消耗的电功率,其计算方法与单相交流电路的计算方法完全相同。在三相交流电路中三相负载的总的有功功率,不论是星形连接,还是三角形连接,都等于各相负载的有功功率之和。

当三相负载做星形连接时,总的有功功率为:

$$P = P_U + P_V + P_W \qquad (7\text{-}11)$$

式中　$P_U = U_U I_U \cos\varphi_U$

$\qquad P_V = U_V I_V \cos\varphi_V$

$\qquad P_W = U_W I_W \cos\varphi_W$

若三相负载对称

则: $P_U = P_V = P_W = P_P$

$\qquad P = 3P_P = 3U_P I_P \cos\varphi$

由于负载星形连接时: $U_P = \dfrac{U_L}{\sqrt{3}}$、$I_P = I_L$

于是有: $P_Y = 3 \cdot \dfrac{U_L}{\sqrt{3}} I_L \cdot \cos\varphi$

$\qquad\qquad = \sqrt{3}\,U_L I_L \cdot \cos\varphi$

当负载做三角形连接时,总的有功功率为

$$P = P_U + P_V + P_W$$

其中: $P_U = U_{UV} I_{UV} \cos\varphi_U$

$\qquad P_V = U_{VW} I_{VW} \cos\varphi_V$

$\qquad P_W = U_{WU} I_{WU} \cos\varphi_W$

若三相负载对称

则：$P = 3P_P = 3U_P \cdot I_P \cdot \cos\varphi$

由于三角形连接时 $U_P = U_L$　$I_P = \dfrac{I_L}{\sqrt{3}}$

所以 $P_\triangle = 3 \cdot U_L \cdot \dfrac{I_L}{\sqrt{3}} \cdot \cos\varphi$

$= \sqrt{3}\,U_L I_L \cdot \cos\varphi$

综上所述,对称的三相负载,不论是星形连接,还是三角形连接,电路中总的有功功率的计算公式均可统一为：

$$P = \sqrt{3}\,U_L I_L \cdot \cos\varphi \qquad (7\text{-}12)$$

7.3.2　三相负载的无功功率

按上述有功功率的推证方法,可得到：

当三相负载不对称时,三相负载总的无功功率为：

$$Q = Q_U + Q_V + Q_W \qquad (7\text{-}13)$$

当三相负载对称时

则：$\quad Q = \sqrt{3}\,U_L \cdot I_L \cdot \sin\varphi \qquad (7\text{-}14)$

7.3.3　三相负载的视在功率

根据功率三角形,三相视在功率为

$$S = \sqrt{P^2 + Q^2} \qquad (7\text{-}15)$$

式中　$P = P_U + P_V + P_W$

$Q = Q_U + Q_V + Q_W$

当负载对称时：

$$P = \sqrt{3}\,U_L I_L \cdot \cos\varphi$$
$$Q = \sqrt{3}\,U_L I_L \cdot \sin\varphi$$

将上面两式代入(7-15)得：

$$S = \sqrt{3}\,U_L I_L \qquad (7\text{-}16)$$

【例7-5】　有一星形连接的三相对称负载,已知其各相电阻 $R = 6\Omega$、电感抗 $X_L = 8\Omega$,现将其接入线电压 $U_L = 380V$ 的三相线路中,求通过每相负载的电流及其取用的总功率(有功功率),并作出线路图和矢量图。

已知：$R = 6\Omega$、$X_L = 8\Omega$、$U_L = 380V$

求：I_L、P

【解】

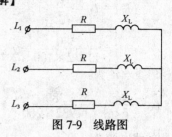

图 7-9　线路图

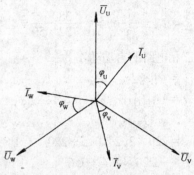

图 7-10　矢量图

根据星形连接的特点

$$U_P = \dfrac{U_L}{\sqrt{3}} = \dfrac{380}{1.732} = 220V$$

$$I_P = I_U = I_V = I_W = \dfrac{U_P}{Z}$$

$$= \dfrac{U_P}{\sqrt{R^2 + X_L^2}}$$

$$= \dfrac{220}{\sqrt{6^2 + 8^2}} = 22A$$

$$\cos\varphi = \dfrac{R}{Z} = \dfrac{6}{10} = 0.6$$

$$P = \sqrt{3}\,U_L I_L \cdot \cos\varphi$$

$$= 1.732 \times 380 \times 22 \times 0.6$$

$$= 8712W$$

【例7-6】　设星形连接的三相负载,各相阻抗为 $Z_U = 100\Omega$, $Z_V = 200\Omega$, $Z_W = 50\Omega$,功率因数分别为 $\cos\varphi_U = 0.5$, $\cos\varphi_V = 0.8$, $\cos\varphi_W = 0.6$,将该负载接入线电压为 380V 的线路中,试计算(1)各相线电流,(2)三相电路的有功功率。

【解】 U 相的线电流为：

$$I_{L1} = I_U = \frac{U_L}{\sqrt{3}Z_U}$$

$$= \frac{380}{1.732 \times 100} = 2.2A$$

V 相的线电流为：

$$I_{L2} = I_V = \frac{U_L}{\sqrt{3}Z_V} = \frac{380}{1.732 \times 200} = 1.1A$$

W 相的线电流为：

$$I_{L3} = I_W = \frac{U_L}{\sqrt{3}Z_W} = \frac{380}{1.732 \times 50} = 4.4A$$

三相电路的有功功率为：

$$P = P_U + P_V + P_W$$

$$= U_U I_U \cdot \cos\varphi_U + U_V I_V \cos\varphi_V$$

$$\quad + U_W I_W \cos\varphi_W$$

$$= 220 \times 2.2 \times 0.5 + 220 \times 1.1 \times 0.8$$

$$\quad + 220 \times 4.4 \times 0.6$$

$$= 1016.4W$$

【例 7-7】 工业上用的电阻炉，常利用改变电阻丝的接法来控制功率的大小，达到调节炉内温度的目的。有一台三相电阻炉，每相电阻为 5.78Ω，试求：

(1) 在线电压为 380V 时，接成星形或三角形时从电网取用的功率各是多少？

(2) 在线电压为 220V 时，接成三角形所取用的功率是多少？

已知：$R = 5.78\Omega$

求：(1) 当 $U_L = 380V$ 时，P_Y、$P_\triangle$

(2) 当 $U_L = 220V$ 时，$P_\triangle$

【解】 (1) 接为星形连接时的线电流为：

$$I_L = I_P = \frac{U_P}{R} = \frac{U_L}{\sqrt{3}R} = \frac{380}{1.73 \times 5.78} = 38A$$

取用的有功功率为：

$$P_Y = \sqrt{3}U_L I_L \cdot \cos\varphi$$

$$= 1.732 \times 380 \times 38 \times 1$$

$$\approx 25kW$$

接为三角形时的线电流为：

$$I_L = \sqrt{3}I_P = \sqrt{3}\frac{U_P}{R} = \sqrt{3}\frac{U_L}{R}$$

$$= 1.732 \times \frac{380}{5.78} \approx 114A$$

取用的有功功率为：

$$P_\triangle = \sqrt{3}U_L I_L \cdot \cos\varphi$$

$$= 1.732 \times 380 \times 114 \times 1$$

$$\approx 75kW$$

(2) 当 $U_L = 220V$ 时，接为三角形时的线电流为：

$$I_L = \sqrt{3}I_P = \sqrt{3}\frac{U_P}{R} = \sqrt{3}\frac{U_L}{R}$$

$$= 1.732 \times \frac{220}{5.78}$$

$$\approx 65.9A$$

取用的有功功率为：

$$P_\triangle = \sqrt{3}U_L I_L \cdot \cos\varphi$$

$$= 1.732 \times 220 \times 65.9 \times 1$$

$$\approx 25kW$$

由上例可知：

1) 在线电压不变时，负载做三角形连接时的功率是做星形连接时功率的 3 倍。

2) 只要每相负载所承受的相电压相等，那么不论负载是星形接法还是三角形接法，负载取用的功率均相等。

小 结

1. 三相负载对称时

有功功率：$P = \sqrt{3}U_L I_L \cdot \cos\varphi$

无功功率：$Q = \sqrt{3}\, U_L I_L \cdot \sin\varphi$

视在功率：$S = \sqrt{3}\, U_L I_L$

2. 三相负载不对称时

有功功率：$P = P_U + P_V + P_W$

无功功率：$Q = Q_U + Q_V + Q_W$

视在功率：$S = \sqrt{P^2 + Q^2}$

习　题

1. 在三相电路中，有一星形连接的三相电动机，已知电动机的功率是 10kW，额定电压为 380V，额定功率因数为 0.6，试计算每条相线中的电流。

2. 将一星形连接，取用功率为 22kW 的三相异步电动机接在线电压为 380V 的三相电源上，此时电动机正常工作，其线电流为 4.8A，求电动机每相绕组的功率因数及其所承受的电压。

3. 某三相对称负载取用的功率为 5.5kW，今按三角形接法把它接入线电压为 380V 的线路中，设此时该负载取用的线电流为 19.5A，求此负载的相电流、功率因数和每相负载的阻抗值。

4. 某三相对称负载，其额定电压为 220V，从电源取用的功率为 5.3kW，功率因数为 0.85，欲将其接在线电压为 220V 的三相电源中工作。试问，应采用何种接法方能保证其正常工作？它从电源线上取用的电流是多少？

5. 今欲制做 1 个 15kW 的三相电阻加热炉，已知电源线电压为 380V。试问，采用三角形连接时，电阻加热炉每相电阻丝的阻值应是多少？若采用星形连接，其阻值又应是多少？

6. 有 1 台三相电阻炉，每相电阻丝的额定电压是 220V，电阻值是 2.42Ω。当电源线电压为 380V 时，电阻炉应采用哪一种接法，消耗的电功率是多少？当电源的线电压为 220V 时，电阻炉应采用哪一种接法，消耗的电功率又是多少？

7. 在线电压为 380V 的三相电路中，有三组单相负载做星形连接并接有中线。设 U 相为纯电阻、V 相为纯电感。W 相为纯电容，它们的阻抗均为 10Ω，试求线电流、中线电流及三相负载的总功率，并作出电压、电流的矢量图。

8. 某三相汽轮发电机输出线电流是 1380A，线电压是 6300V，若负载的功率因数从 0.8 降至 0.6，试问该发电机输出的功率有何变化？

第8章 电工常用仪表中的有关计算

在电能的生产、传输和使用过程中,必须对各种电工量进行准确而迅速的测量和计算,使生产和管理人员及时了解各种电气设备的工作状况,为进行操作、检修、试验、调度和经济核算等提供必要的依据。所有的人员都必须依靠准确的数据来说话。所以电工测量和计算是保证电力生产的安全和经济运行所必不可少的手段。这一章我们将着重学习电工仪表中的有关计算。

8.1 误差计算

8.1.1 仪表误差的分类

任何一个仪表在测量时都有误差,它说明仪表的指示值(简称"读数")和被测量的实际值(通常以标准仪表的读数作为被测量的实际值)之间的差异程度。

根据引起误差的原因,可将误差分为两种:

(1) 基本误差

仪表在正常工作条件下(指规定温度、放置方式,没有外电场和外磁场干扰等),因仪表结构、工艺等方面的不完善而产生的误差叫基本误差。如仪表活动部分的摩擦,标尺刻度不准、零件装配不当等原因造成的误差都是仪表的基本误差,基本误差是仪表的固有误差。

(2) 附加误差

仪表离开了规定的工作条件,而产生的误差,叫附加误差。附加误差实际上是一种因工作条件改变造成的额外误差。

8.1.2 误差的表示方法

仪表的误差,通常用绝对误差、相对误差、引用误差来表示。

(1) 绝对误差

仪表指示值 A_x 和被测量的实际值 A_0 之间的差值,叫做绝对误差 Δ。即

$$\Delta = A_x - A_0 \tag{8-1}$$

在计算 Δ 值时,常用标准表的指示值作为被测量的实际值。

【例 8-1】 用一只标准表校验一只电压表,当标准表的指示值为 220V 时,电压表的指示值为 220.5V,求被校电压表的绝对误差。

【解】 由(8-1)式得:

$$\Delta = A_x - A_0 = 220.5 - 220 = 0.5V$$

【例 8-2】 已知某电流表测量 100A 电流时,指针所指示的数值为 99.2A,求该表的绝对误差。

【解】 由(8-1)式得:

$$\Delta = A_x - A_0 = 99.2 - 100 = -0.8A$$

【例 8-3】 某电路中的电流为 10A,用甲电流表测量时的读数为 9.8A,用乙电流表测量时其读数为 10.4A。试求两次测量的绝对误差。

【解】 从(8-1)式可知:

甲表的绝对误差:
$$\begin{aligned}\Delta_1 &= A_x - A_0 \\ &= 9.8 - 10 \\ &= -0.2A\end{aligned}$$

乙表的绝对误差:
$$\begin{aligned}\Delta_2 &= 10.4 - 10 \\ &= 0.4A\end{aligned}$$

结果表明,绝对误差有正负之分。正误差说明指示值比实际值偏大,而负误差则说明指示值比实际值偏小。甲表绝对误差的绝

对值比乙表小,说明甲表指示比乙表更准确。因此,在测量同一被测量物时,我们用 $|\Delta|$ 来表示,不同仪表的准确程度,$|\Delta|$ 愈小,仪表愈准确。

为了获得被测量的实际值,由(8-1)式可得

$$A_0 = A_x - \Delta = A_x + (-\Delta) \quad (8-2)$$

被测量的实际值应等于仪表指示值与校正值的代数和。用符号"C"表示仪表的校正值。校正值的大小等于绝对误差的负数。即

$$C = -\Delta \quad (8-3)$$

引入校正值后,便可以对仪表指示值进行校正,以消除其误差。对准确度较高的仪表一般都给出了校正值,以便在测量过程中,校正被测量的指示值,从而提高准确度。

【例 8-4】 用量程为 10A 的电流表去测量实际值为 8A 的电流时,仪表读数为 8.1A,试求测量结果的绝对误差及校正值?

【解】 由(8-1)式,仪表测量的绝对误差为

$$\Delta = A_x - A_0 = 8.1 - 8 = 0.1A$$

由(8-3)式,仪表的校正值为

$$C = -\Delta = -0.1A$$

(2) 相对误差

在测量不同大小的被测量物时,不能简单地用绝对误差来判断其准确程度。例如,甲表在测量 100V 电压时,绝对误差为 $\Delta_1 = +1V$,乙表在测量 10V 电压时,绝对误差为 $\Delta_2 = +0.5V$。从这里的绝对误差来看,甲表大于乙表,但从仪表误差对测量结果的相对影响来看,却正好相反。因甲表的误差只占被测量的 1%,而乙表的误差却占被测量的 5%,可见乙表误差对测量结果的相对影响更大。所以,在工程上常采用相对误差来比较测量结果的准确程度。

绝对误差 Δ 与被测量的实际值 A_0 比值的百分数,叫做相对误差 γ。即

$$\gamma = \frac{\Delta}{A_0} \times 100\% \quad (8-4)$$

【例 8-5】 已知某表测 100Ω 电阻时,$\Delta = +1\Omega$,求该表的相对误差。

【解】 由(8-4)式,该表相对误差为

$$\gamma = \frac{\Delta}{A_0} \times 100\% = \frac{+1}{100} \times 100\% = +1\%$$

【例 8-6】 有一电压表在测量实际值为 100V 的电压时,示值为 101V,求该表的绝对误差和相对误差。

【解】 该表的绝对误差

$$\Delta = 101 - 100 = 1V$$

该表的相对误差

$$\gamma = \frac{1}{100} \times 100\% = 1\%$$

【例 8-7】 已知甲表测量 100A 电流时 $\Delta_1 = +0.2A$,乙表测量 10A 电流时 $\Delta_2 = +0.1A$,试比较两表的相对误差。

【解】 甲表相对误差为

$$\gamma_1 = \frac{\Delta_1}{A_0} \times 100\% = \frac{+0.2}{100} \times 100\% = +0.2\%$$

乙表相对误差为

$$\gamma_2 = \frac{\Delta_2}{A_0} \times 100\% = \frac{+0.1}{10} \times 100\% = +1\%$$

结果表明乙表的相对误差较甲表大。

工程上被测量的实际值一般难以确定,而仪表的指示值与实际值又比较接近,因此,采用指示值 A_x 近似代替 A_0 对相对误差进行计算。其公式为

$$\gamma = \frac{\Delta}{A_x} \times 100\%$$

(3) 引用误差

相对误差可以表示测量结果的准确程度,但不能全面反映仪表本身的准确程度。对于同一只仪表,在测量不同被测量物时,其绝对误差虽然变化不大,但随着被测量物变化,对应于不同大小的被测量物其相对误差却是变化的。换句话说,每只仪表在全量限范围内各点的相对误差是不同的,为此,工程

上采用引用误差来反映仪表的准确程度。

把绝对误差 Δ 与仪表最大读数（量限）A_m 比值的百分数,叫做引用误差 γ_m。即

$$\gamma_m = \frac{\Delta}{A_m} \times 100\% \qquad (8\text{-}5)$$

由上式可知,引用误差实际是仪表最大读数的相对误差。因此,知道仪表的引用误差后,便可根据仪表最大读数 A_m,将上量限的绝对误差 Δ 求解出来。在 Δ 值基本不变的情况下,又可以把不同量程下的相对误差估算出来。

【例8-8】 一只 $0 \sim 250V$ 的电压表,它的引用误差为 0.8%,在测量 200V 时,其相对误差大约多少?

【解】 由(8-5)式,上量限的绝对误差为
$$\Delta = \gamma_m \times A_m = 0.8\% \times 250 = 2V$$

此值可以近似看成是测量 200V 时的绝对误差,故其相对误差为
$$\gamma = \frac{\Delta}{A_0} \times 100\% = \frac{2}{200} \times 100\% = 1\%$$

如上例其他条件不变,求在测量 10V 时,其相对误差又为多少?
$$\gamma = \frac{\Delta}{A_0} = \frac{2}{10} \times 100\% = 20\%$$

这说明了同一只仪表的相对误差变化太大只有当仪表的读数接近量限时,它才反映测量结果的相对误差。

8.2 准确度、灵敏度的计算

8.2.1 仪表的准确度

指示仪表在测量值不同时,其绝对误差多少有些变化,为了使引用误差能包括整个仪表的基本误差,因此,工程上规定以最大引用误差来表示仪表的准确度。

仪表的最大绝对误差 Δ_m 与仪表最大读数 A_m 比值的百分数,叫做仪表的准确度 K。准确度用百分数来表示。即

$$\pm K\% = \frac{\Delta_m}{A_m} \times 100\% \qquad (8\text{-}6)$$

因此可以说,仪表的准确度等级的百分数也就是表示该仪表在规定的正常工作条件下使用时所允许的最大引用误差的数值。

误差说明了实际值与指示值之间的差异程度,而准确度则说明了它们之间的符合程度。最大引用误差愈小,仪表的基本误差也愈小,准确度就愈高。根据国家标准 GB 766—76的规定,电工指示仪表的准确度等级共分七级,它们所表示的基本误差见表8-1。

各级仪表的基本误差　　　　表 8-1

准确度等级	0.1	0.2	0.5	1	1.5	2.5	5
基本误差(%)	±0.1	±0.2	±0.5	±1.0	±1.5	±2.5	±5.0

根据(8-6)式,在知道仪表最大读数 A_m 后,可算出不同准确度等级所允许的最大绝对误差的范围:$\Delta_m = \pm K\% \cdot A_m$

由此可以求出使用该仪表测量某一物理量,指示值为 A_x 时可能出现的最大相对误差

$$\gamma_m = \frac{\Delta_m}{A_x} \times 100\% = \pm \frac{K\% \cdot A_m}{A_x} \times 100\%$$

$$(8\text{-}7)$$

应该指出,当利用式(8-6)、(8-7)分析误差时,仪表的标尺特性不同,应代入的 A_m 的值应不同。例如单向标尺的仪表,应代入标尺工作部分上量限的值;双向标尺的仪表,应代入标尺工作部分两个上量限绝对值的和……,需要时可查 GB 776—76。

【例8-9】 计算准确度为 1.0 级,量程为 250V 电压表的允许的绝对误差。

【解】 由(8-6)式得最大绝对误差
$$\Delta_m = \frac{\pm K \times A_m}{100} = \pm \frac{1.0 \times 250}{100}$$
$$= \pm 2.5V$$

【例8-10】 准确度为 0.5 级,量限为 5A 的电流表,在规定的条件下测量某一电流,读

数为 1.0A,求测量结果的准确度(即求测量结果的相对误差)。

【解】 应用准确度为 0.5 级,量限为 5A 的电流表测量时,可能出现的最大绝对误差为

$$\Delta_{m} = \pm K\% \cdot A_{m} = (\pm 0.005) \times 5$$
$$= \pm 0.025A$$

故测量结果可能出现的最大相对误差为

$$\gamma_{1} = \frac{\Delta_{m}}{A_{01}} \times 100\%$$
$$= \frac{\pm 0.025}{1} \times 100\%$$
$$= \pm 2.5\%$$

【例 8-11】 用上例电表测量另一电流,读数为 5A,求测量结果的准确度。

【解】 应用准确度为 0.5 级,量限为 5A 的电流表测量时,可能出现的最大绝对误差为:

$$\Delta_{m} = \pm K\% \cdot A_{m} = (\pm 0.005) \times 5$$
$$= \pm 0.025A$$

其测量结果可能出现的最大相对误差为

$$\gamma_{2} = \frac{\Delta_{m}}{A_{02}} \times 100\% = \frac{\pm 0.025}{5} \times 100\%$$
$$= \pm 0.5\%$$

通过上面例子可以看出:

1) 仪表的准确度对测量结果的准确度影响很大。准确度高,最大绝对误差小,则测量结果可能出现的最大相对误差小。

2) 仪表的准确度并不等于测量结果的准确度,它与被测量的大小有关。只有仪表运用在满刻度偏转时,测量结果的准确度才等于仪表的准确度。因此,绝不能将仪表的准确度与测量结果的准确度混为一谈。这一点应当特别注意。

为了充分利用仪表的准确度,选择仪表的量限时,应该将测量结果指示在仪表量限的一半以上,最好在 2/3 以上。

【例 8-12】 用准确度为 0.5 级,量限为 5A 的电流表,在规定的条件下测量某一电流,读数为 1A。又用准确度为 1 级,量程为 5A 的电流表,在规定的条件下测量另一电流,读数为 4A,求两测量结果的准确度。

【解】 用准确度为 0.5 级,量限为 5A 的电流表测量时,可能出现的最大绝对误差为

$$\Delta_{m1} = \pm K\% \cdot A_{m} = (\pm 0.005) \times 5$$
$$= \pm 0.025A$$

故测量结果可能出现的最大相对误差为

$$\gamma_{1} = \frac{\Delta_{m1}}{A_{x1}} \times 100\% = \frac{\pm 0.025}{1} \times 100\%$$
$$= \pm 2.5\%$$

用准确度为 1 级,量限为 5A 的电流表测量时,可能出现的最大绝对误差为

$$\Delta_{m2} = \pm K\% \cdot A_{m} = (\pm 0.01) \times 5$$
$$= \pm 0.05A$$

其测量结果可能出现的最大相对误差为

$$\gamma_{2} = \frac{\Delta_{m2}}{A_{x2}} \times 100\% = \frac{\pm 0.05}{4} \times 100\%$$
$$= \pm 1.5\%$$

从上例可见,仪表量限选择的重要性。仪表准确度提高后,测量结果的相对误差却反而增大了。所以忽视对仪表量程的合理选择而片面追求仪表准确度级别是不对的。

8.2.2 仪表的灵敏度和仪表常数

仪表的灵敏度是指仪表可动部分偏转角的变化量 Δ_{α} 与被测量的变化量 Δ_{x} 的比值称为该仪表的灵敏度,并用符号 S 表示,即

$$S = \frac{\Delta_{\alpha}}{\Delta_{x}} \tag{8-8}$$

若仪表刻度为均匀刻度,则

$$S = \frac{\alpha}{x} \tag{8-9}$$

可见对于标尺刻度均匀的仪表,其灵敏度是一个常数,它的数值等于单位被测量所引起的偏转角。例如将 $1\mu A$ 的电流通过某一微安表,如果引起该表产生了 5 个小格的偏转,则该微安表的灵敏度为 $S = 5$ 格$/\mu A$。

灵敏度的倒数称为"仪表常数",并用符

号 C 表示,均匀标尺的仪表常数为

$$C = \frac{1}{S} \quad (8\text{-}10)$$

例如上述微安表的常数为

$$C = \frac{1}{S} = \frac{1}{5}\mu A/格 = 2 \times 10^{-7} A/格$$

灵敏度反映了电工仪表对被测量的反应能力,它是电工仪表的一个重要技术指标。选择仪表的灵敏度时,要考虑被测量的要求。灵敏度过高,仪表的量限可能过小;灵敏度过低,则仪表不能反应被测量的较小变化。

8.3 电工仪表的标志

在电工测量领域中,指示仪表规格品种繁多,应用极为广泛。在电工仪表的刻度盘或面板上,通常用各种不同的符号来标注仪表各类技术特性,把这类反映仪表技术特性的符号叫做仪表的标志。按国家标准,电工仪表的标志有测量对象的单位、准确度等级、电源种类和相数、工作原理的系列类型,使用条件组别、工作位置、绝缘强度试验电压的大小、仪表型号及其它各种额定数值等。有关标志符号规定见表 8-2 所示。例如一个仪表的表面上的符号是:C1-MA250MA-□⊥ ☆ ②⑤ 则该表是 C1-MA 型毫安表,量限为 250mA;直流仪表;磁电系测量机构;使用时要求垂直放置;绝缘强度试验电压为 2kV;准确度为 2.5 级。

电工仪表的标志符号　　　　表 8-2

1. 测量单位的符号					
名　称	符　号	名　称	符　号	名　称	符　号
千　安	kA	瓦　特	W	毫　欧	$m\Omega$
安　培	A	兆　乏	Mvar	微　欧	$\mu\Omega$
毫　安	mA	千　乏	kvar	相位角	φ
微　安	μA	乏　尔	var	功率因素	$\cos\varphi$
千　伏	kV	兆　赫	MHz	无功功率因素	$\sin\varphi$
伏　特	V	千　赫	kHz	微　法	μF
毫　伏	mV	赫　芝	Hz	微微法	pF
微　伏	μV	兆　欧	$M\Omega$	亨	H
兆　瓦	MW	千　欧	$k\Omega$	毫　亨	mH
千　瓦	kW	欧　姆	Ω	微、亨	μH
2. 仪表工作原理的图形符号					
名　称	符　号	名　称	符　号	名　称	符　号
磁电系仪表		电磁系仪表		电动系仪表	
磁电系比率表		电磁系比率表		电动系比率表	

2. 仪表工作原理的图形符号

名　称	符　号	名　称	符　号	名　称	符　号
铁磁电动系仪表		感应系仪表		整流系仪表(带半导体整流器和磁电系测量机构)	
铁磁电动系比率表		静电系仪表		热电系仪表(带接触式热变换器和磁电系测量机构)	

3. 电流种类的符号

名　称	符　号	名　称	符　号
直　流	——	直流和交流	
交流(单相)		具有单元件的三相平衡负载交流	

4. 准确度等级的符号

名　称	符　号	名　称	符　号	名　称	符　号
以标度尺量限百分数表示的准确度等级,例如1.5级	1.5	以标度尺长度百分数表示的准确度等级,例如1.5级	1.5	以指示值百分数表示的准确度等级,例如1.5级	1.5

5. 工作位置的符号

名　称	符　号	名　称	符　号	名　称	符　号
标度尺位置为垂直的		标度尺位置为水平的		标度尺位置与水平面倾斜成一角度,例如60°	60°

6. 绝缘强度的符号

名　称	符　号	名　称	符　号
不进行绝缘强度试验	0	绝缘强度试验电压为2kV	2

7. 端钮、调零器的符号

名　称	符　号	名　称	符　号	名　称	符　号
负端钮	—	正端钮	＋	公共端钮	✳

7. 端钮、调零器的符号

名　称	符　号	名　称	符　号	名　称	符　号
接地用的端钮	⏚	与外壳相连接的端钮	🔨	与屏蔽相连接的端钮	◯
调零器	⌒				

8. 按外界条件分组的符号

名　称	符　号	名　称	符　号	名　称	符　号
I 级防外磁场（例如磁电系）	⌂	III 级防外磁场及电场	III　III	B组仪表	△B
I 级防外电场（例如静电系）	⊡	IV 级防外磁场及电场	IV　IV	C组仪表	△C
II 级防外磁场及电场	II　II	A组仪表	△A		

小　结

1. 仪表的误差

绝对误差　$\Delta = A_x - A_0$

相对误差　$\gamma = \dfrac{\Delta}{A_0} \times 100\%$

引用误差　$\gamma_m = \dfrac{\Delta}{A_m} \times 100\%$

2. 仪表的准确度　$\pm K\% = \dfrac{\Delta_m}{A_m} \times 100\%$

准确度分为七级：0.1、0.2、0.5、1.0、1.5、2.5、5.0。

3. 仪表的灵敏度　$S = \dfrac{\Delta_\alpha}{\Delta_x}$

若仪表为均匀刻度　$S = \dfrac{\alpha}{x}$

4. 仪表常数　$C = \dfrac{1}{S}$

习　题

1. 解释下列各名词：

绝对误差，校正值，相对误差，引用误差，准确度，灵敏度，仪表常数。

2. 仪表误差分哪几类？仪表误差采用的表示方法有哪几种？

3. 指示仪表的准确度等级有哪些? 为什么指示仪表的准确度要用最大引用误差来表示?

4. 试说明下图标志符号的意义

5. 用一只标准表校验一只电压表,读得标准表的读数为 100V,电压表的读数为 101V,求被校表的绝对误差。

6. 若用上题的标准表校验另一只电压表标准表的读数不变,另一电压表的读数为 99.5V 则此电压表的绝对误差是多少?

7. 用某电流表测量电流时,读得电流为 9.50A,查该仪表的校正值为 0.04A,问所测电流实际是多少?

8. 用量程为 250V 的电压表去测量实际值为 220V 的电压时,仪表读数为 220.5V,试求测量结果的绝对误差及更正值?

9. 某电路中的电流为 15A,用甲电流表测量时的读数为 14.6A,用乙电流表测量时其读数为 15.2A。试求两次测量的绝对误差。

10. 电压表甲测量 20V 电压时,绝对误差为 0.4V,电压表甲测量的相对误差是多少?

11. 电压表乙测量 10V 电压时,仪表读数为 10.5V,则此电压表的相对误差为多少?

12. 已知甲表测量 50A 电流时 $\Delta_1 = +0.1A$,乙表测量 10A 电流时 $\Delta_2 = +0.1A$,试比较两表的相对误差。并比较哪一只表测量准确度高。

13. 校验一只量程为 300V 的电压表,发现 100V 处的误差最大,其值为 $\Delta_m = 3V$,求该表的准确度等级。

14. 用量限为 5A,准确度为 0.5 级的电流表来测量 5A 和 2.5A 的电流,求测量结果可能出现的最大绝对误差和最大相对误差。

15. 分别用量限为 100mA,准确度为 0.5 的毫安表和量限为 100mA,准确度为 2.5 的毫安表在规定的正常工作条件下去测量实际值为 9mA 的电流。求两次测量可能产生的最大绝对误差和相对误差(仪表内阻的影响略去不计)。

16. 测量 220V 的电压,现有两只表:

(1) 量限 600V、0.5 级。

(2) 量限 250V、1 级。

为了减小测量误差,应选用哪只表?

17. 用 1.5 级,量程为 250V 的电压表,分别测量 220V 和 110V 电压,试计算其最大相对误差各为多少?说明仪表量程选择的意义?

18. 用量程为 10A 的电流表,测量实际值为 8A 的电流,若仪表读数为 8.1A,试求绝对误差和相对误差?若求得的绝对误差被视为最大绝对误差,求仪表的准确度等级?

19. 欲测量 250V 电压,要求测量的相对误差不大于 ±1.5%,问应选用上量限为 300V 的哪一种准确度等级的仪表?

20. 上题若改用量限为 500V 的电压表,其它条件不变,则又该如何选择仪表的准确度等级?

8.4 电表的倍率

电工指示仪表按被测量的名称,可分为电流表、电压表、功率表、兆欧表、电度表等,在电工测量中,电表的读数正确与否,关系其大。这一节我们讨论按被测电工量分类中各电表的倍率。

8.4.1 电流表 电压表

常用的测量电压、电流的各种仪表多已在理论课的各节中讲述,此处综合叙述,比较它们的特点和应用范围,着重讨论刻度均匀的电流表、电压表的读数。

(1) 磁电式仪表：

磁电式仪表有较高的灵敏度和准确度，刻度均匀便于读数，测量直流电压、电流的直读式仪表几乎都是这种类型。万用表正是利用一只磁电系表头通过转换开关变换不同的测量线路而制成，可以测量直流电流、直流电压等物理量。由于磁电式仪表刻度均匀，仪表的读数可用下式表示。

$$C = \frac{A_m}{\alpha_m} \qquad (8\text{-}11)$$

$$A = C\alpha \qquad (8\text{-}12)$$

式中　A_m——仪表满偏时的数值；

α_m——仪表满刻度的格数；

α——指针偏转的格数；

A——被测量的数值。

单位视表量程而定，如测的是直流电流(A)，则 C：(A/格)；A、A_m：(A)；α、α_m：(格)

【例 8-13】　一电流表的刻度盘如图 8-1所示，当选用 50mA 量程，指针所指刻度如图 8-1 所示，问被测电路的电流为多少？

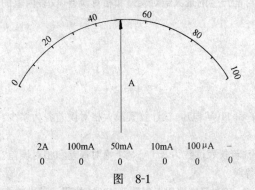

图　8-1

【解】　由公式(8-11)，当选用 50mA 量程时

$$C = \frac{I_m}{\alpha_m} = \frac{50\text{mA}}{10\ \text{格}} = 5\text{mA/格}$$

$$I = C\alpha = 5\text{mA/格} \times 5\ \text{格} = 25\text{mA}$$

【例 8-14】　用上题的电流表测量一电路的电流，选用 2A 的量程，指针所指刻度不变，问被测电流是多少？

【解】　当选用 2A 量程时，电流

$$I = C\alpha = \frac{2\text{A}}{10\ \text{格}} \times 5\ \text{格} = 1\text{A}$$

磁电系电压表的读数与磁电系电流表相似。

【例 8-15】　当选用 150V 量程时，电压表指针刻度如图 8-2 所示，问被测电压是多少？

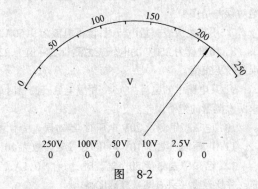

图　8-2

【解】　当选用 150V 量程时，由式(8-11)、(8-12)

$$U = \frac{150\text{V}}{10\ \text{格}} \cdot 8.5\ \text{格} = 127.5\text{V}$$

(2) 电磁式仪表，电动式仪表

电磁式测量机构既可测量直流，又可测量交流。标尺刻度不均匀，当被测量较小时偏转角很小，因此标尺的起始部分刻度很密，不易准确读数。

电动式测量机构制成的电流表和电压表，其标尺刻度也不均匀。起始部分刻度很密读数困难而不易准确。因此，在电动系电流表标尺的起始端常标有一黑点，表明黑点以下的部分不宜使用。

8.4.2　直流电阻的测量

(1) 欧姆表

万用表的欧姆档是用来粗测中值电阻的常见欧姆表。由它的工作原理可知，欧姆表的刻度是反向的，通过磁电系测量机构的电流与被测电阻是非线性关系，其标尺的分度是不均匀的，向左渐密，因而并不是由零到∞都可以准确读数，一般约在 0.1～10 倍中心电阻值的范围内读数比较准确。

当 $R_x = r_0 + R =$ 仪表的总内阻，(式中 r_0 为表头内阻，R 是表内的固定电阻，R_x 是被测电阻)表头电流($I = \frac{1}{2}I_0$)等于满偏电流 I_0 的一半。此时指针指在标尺的中心位置，故标尺中心的刻度为 $r_0 + R$，称为中心电阻。

欧姆表的标尺

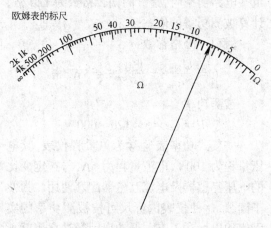

图 8-3

【例 8-16】 欧姆表刻度尺如图 8-3 所示，由指针所指位置，可知被测电阻大小，问当选用 $R \times 100$ 档量程，被测电阻是多少？

【解】 由指针读数 $R' = 7\Omega$，故
$$R = R' \times 100 = 7 \times 100 = 700\Omega$$

（2）兆欧表

兆欧表主要用来测量绝缘电阻，以判断电机、变压器等电气设备的绝缘是否良好。主要组成部分是一台手摇发电机和磁电系比率表。必须注意测量前的准备工作和三个接线柱的正确，测量时速度保持在规定的范围内，一般采用 1min 以后的读数为准。兆欧表的刻度不均匀，在兆欧表标尺的两侧标有两个黑点，表明黑点以外的部分不宜使用，表样如图 8-4。

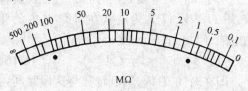

图 8-4

8.4.3 功率表

这一节仅讨论电动系功率表的问题。现代的功率表大多数采用电动系测量机构。由它的工作原理知：电动系功率表，不仅可以用来测量直流电路的功率，也可以用来测量交流电路的功率。标尺的分度是均匀的。

（1）功率表的量程

功率表的量程应包括电流、电压和功率量程。功率表的电流量程是指仪表的额定电流值，电压量程是指仪表的额定电压值。而功率量程是指功率表满刻度偏转时的功率值。实际上它等于负载功率因数 $\cos\varphi$ 为 1 时，电流量程和电压量程两者的乘积。因此，当 $\cos\varphi < 1$ 时，功率表量程虽未达到仪表满刻度，但被测电流或电压值却可能超出仪表的电流或电压量程，结果将功率表损坏，所以，在选择或使用功率表时，除重视功率量程外，还应注意电流及电压量程。

【例 8-17】 D19-W 型功率表的额定值为 5/10A 和 150/300V，求其功率量程。

【解】 5A、150V 量程：$5 \times 150 = 750W$

5A、300V 或 10A、150V 量程：5×300 或 $10 \times 150 = 1500W$

10A、300V 量程：$10 \times 300 = 3000W$

【例 8-18】 有一感性负载，其功率约为 800W，功率因数为 0.8，工作在 220V 电路中，如用 D9-W14 型功率表去测量它的实际功率，应怎样选择功率表的量限？

【解】 因负载工作于 220V 电路中，故应选择功率表的电压额定值为 300V；

而负载电流 I 可以按以下公式计算出
$$I = \frac{P}{U\cos\varphi} = \frac{800}{200 \times 0.8} = 4.54A$$

故应选择电流额定值为 5A。

【例 8-19】 在上例中，如果负载工作于 110V 电路中，假定其它条件不变，又应如何选择功率表的量限？

【解】 因负载在 110V 电路中工作，故

应选择功率表的电压额定值为 150V。而负载电流为

$$I = \frac{P}{U\cos\varphi} = \frac{800}{110 \times 0.8} = 9.1A$$

故应选择功率表的电流量程为 10A。

由上述两例可以看出,同样的负载,其工作状态不同时,功率表的量限选择是不同的。如果在例 8-18 中将功率表的量限误选为 10A/150V,虽然负载功率并未超出功率量限,但由于负载电压已超出其电压支路所能承受的电压 150V,则可能因电压支路电流过大而烧毁动圈或游丝。同理,如在例 8-19 中误选 5A/300V 量限,则会因通过定圈的电流超过额定值而烧毁定圈。所以,在选择功率表的量限时,一定要注意同时使被测电路的电流、电压都不要超过额定值。

(2) 功率表的读数

多量程的功率表它们的量程标尺只有一条,所以在功率表的标尺上不标瓦特数,而只标分格数。在选用不同的电流和电压时,每一分格代表的瓦特数都不相同。通常把每一分格所代表的瓦特数称为功率表的分格常数。一般在功率表使用说明书上附有表格,标明功率表在不同电流、电压量程的分格常数,以供查用。在测量时,读取功率表指针偏转格数后,乘上相应的分格常数,就等于被测功率的值。即

$$P = C\alpha \quad (W) \qquad (8\text{-}13)$$

式中　P——被测功率的瓦数;

　　　C——功率表分格常数 W/格;

　　　α——指针偏转格数。

如果功率表没有分格常数表,在测量时,不仅要记录功率表所指示的格数,还应根据所选的电流和电压量程以及标尺满刻度的分格数,按下述公式,先求出所选量程下的分格常数。即

$$C = \frac{U_N I_N}{\alpha_m} \qquad (8\text{-}14)$$

式中　U_N——功率表的电压量程;

I_N——功率表的电流量程;

α_m——功率表标尺的满刻度格数。

然后利用公式(8-13)算出被测功率的数值。

【例 8-20】　用电压量程为 150V,电流量程 5A,满刻度格数为 150 格的功率表去测量某电路功率时,指针的偏转格数为 120 格,计算被测功率的值。

【解】　分格常数

$$C = \frac{U_N I_N}{\alpha_m} = \frac{150 \times 5}{150} = 5W/格$$

被测功率

$$P = C\alpha = 5 \times 120 = 600W$$

安装式功率表通常为单量程仪表,其电压量程为 100V,电流量程为 5A,与指定变比的电压互感器及电流互感器配套使用。为便于读数,这种仪表的标尺可按被测功率的实际值加以标注。有关低功率因数功率表就不作讨论。

8.4.4　电度表

测量电能的仪表称为电度表。感应系电度表有单相交流电度表、三相有功电度表和三相无功电度表。

(1) 单相电表铝盘的转数与被测电能的关系

由单相感应系电度表的工作原理知

$$n = CP \qquad (8\text{-}15)$$

式中　n——铝盘的转速;

　　　C——电度表的比例常数;

　　　P——负载功率。

将式两端同乘测量时间 T,得

$$nT = CPT$$

式中 nT 为电度表在时间 T 内铝盘的转数,用 N 表示;PT 为负载在时间 T 内消耗的电能,用 A 来表示,则

$$N = CA \qquad (8\text{-}16)$$

即在时间 T 内,铝盘转数与这段时间内负载所消耗的电能成正比。

由式(8-16)可求出常数

$$C = \frac{N}{A} \quad (\text{r/kW·h}) \qquad (8\text{-}17)$$

C 称为电度表常数。表示电度表对应于 1kW·h 铝盘转动的转数。电度表常数是电度表的一个重要参数，在电度表铭牌上有标注。

【例 8-21】 有一只准确度为 2 级的单相电度表，常数 $C = 2400\text{r/kW·h}$，所接负载的功率为 1000W。求(1)铝盘转 20 圈所需的计算时间 T；(2)若铝盘转 20 圈的实际时间为 30.5s，求误差。

【解】 1) 计算时间

$$T = 3600 \times \frac{N}{CP} = 3600 \times \frac{20}{2400 \times 1}$$
$$= 30\text{s}$$

2) 相对误差

$$r = \frac{T-t}{t} \times 100\% = \frac{30-30.5}{30.5} \times 100\%$$
$$= -1.64\%$$

可见，此表的误差在容许范围之内。

(2) 电度表的读数

电度表的读数分以下三种情况

1) 对于直接接入电路的电度表，被测电能可以直接读出。当电度表和所标明的互感器配套使用时，也可以直接读数。

2) 有的电度表利用电压互感器和电流互感器扩大量程时，在电度表上标有"10×kWh"或"100×kWh"，表示应将读数乘 10 或 100，才是被测电能的实际值。

3) 如果配套使用的互感器变比和电度表标明的不同，则必须将电度表的读数进行换算才能求得被测电能值。

当生产中需要测量高电压、大电流电路的电能时，需要使用互感器把高电压、大电流按比例变成低电压、小电流后再用电度表去进行测量，从而扩大了仪表的量程，保证人员安全。

互感器副边(即二次绕阻)的额定电压和电流统一规定为 100V 和 5A。

电压互感器一次额定电压与二次额定电压之比称为电压互感器的额定变压比，比 K_{un} 表示

$$K_{\text{un}} = \frac{U_{1N}}{U_{2N}} \qquad (8\text{-}18)$$

在实际测量中，对与电压互感器配合使用的电压表常按一次电压进行标度。例如，按 100V 设计制造但与额定电压比为 10000/100V 的电压互感器配合使用的电压表，其标尺按 10000V 分度。

电流互感器的一次额定电流与二次额定电流之比称为额定变流比，以 K_{IN} 表示

$$K_{\text{IN}} = \frac{I_{1N}}{I_{2N}} \qquad (8\text{-}19)$$

对与电流互感器配合使用的电流表同样按一次量进行标度。例如，按 5A 设计制造但与额定电流比 600/5A 的电流互感器配合使用的电流表，其标度尺按 600A 分度。

与电压互感器、电流互感器配套使用的电度表的标尺同样是按一次侧标度的。如配套使用的互感器的变比和电度表标明的相同，则电度表的读数，就是实际测得的电能。但如果配套使用的互感器的变比和电度表标的不同，不管是电压互感器的变压比还是电流互感器的变流比，只要有一个与电度表标注的不同，则必须将电度表的读数进行换算才能求得被测电能值。

【例 8-22】 电度表上标明互感器的变比是 10000/100V、100/5A，而实际使用的互感器变比是 10000/100V、50/5A，如电度表的读数为 800 度，求真正被测的电度数是多少？

【解】 因实际配套使用的互感器与电度表上标明的不一样，则应将电度表的读数除以 2 才是真正被测的电度数。因实际使用电流互感器变流比是与电度表标注的电流互感器变流比的一半，故电能也是它的一半。

$$A = \frac{800}{2} = 400 \text{ 度}。$$

习 题

1. 为什么电流表要和负载串联,电压表要和负载并联? 如果接错了,有什么后果?

2. 对电流表和电压表的内阻各有何要求? 为什么?

3. 电流表刻度尺如图 8-5 所示,由指针所指位置,问当选用 100mA 量程,问所测电路的电流为多少?

4. 用上题的电流表测另一电路的电流,当选用 50mA 的量程,指针所指刻度不变,问被测电流是多少?

5. 用量程为 5A,内阻为 0.8Ω 的直流电流表去测量 100A 电流时,要用多大的分流电阻? 标度尺的标度应扩大多少倍? 当电路中的电流为 75A 时流过电流表的电流是多少? 仪表的读数又是多少?

6. 某电压表刻度尺如图 8-6 所示,当选用 50V 量程时,电压表指针如图所示,问被测电压为多少?

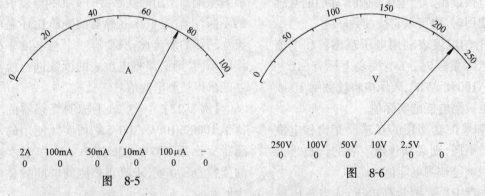

图 8-5   图 8-6

7. 若上题中,用同样电压表测同一电路,当选用 100V 量程时,指针应指向何位置?

8. 用图 8-6 电压表测另一电路,当选用 2.5V 量程时,指针刻度与第 6 题相同,问被测电压为多少?

9. 用以下两种方法测电阻时,得到如下数据:(1)伏安法:电压表读数为 100V,电流表读数为 0.68A;(2)万用表:用"R×10"档,指针指示为"14.2"。求每种方法所测得的电阻值。

10. 某欧姆表有中值电阻为 10Ω、100Ω、1kΩ、10kΩ 等四档,今要测的电阻约为 750Ω,宜选择哪一档来测?

11. 有一只毫安表的表头满刻度电流为 1mA,表头内阻为 98Ω,分流电阻为 2Ω,求测量上限。

12. 什么是万用表的欧姆中心值,它有什么特殊意义?

13. 用一只满刻度为150格的功率表去测量某一负载所消耗的功率,所选用量限的额定电流为10A,额定电压为75V,其读数为80格,问该负载所消耗的功率是多少?

14. 一只D26-W型功率表的电流量程为2.5/5A,电压量程为75/150/300V,其功率量程为多少?

15. 有一220V单相感性负载有功功率为99W,电流为0.9A,功率因数为0.5,用量程为1/2A,150/300V的D19-W型功率表测量负载功率,应该怎样选用功率表的量程? 功率表标尺分格数为150格,选用上述量程测量时,指针指示为49.3格,问负载消耗功率为多少?

16. 有一电度表,月初的读数为115度,月终的读数为145度,电度表常数 $C=1250r/kW \cdot h$,求本月电度数及电度表铝盘转数。

17. 上题中,若每度电价为0.5元,其它条件不变,则本月电费为多少?

18. 电压互感器变比为10000/100V,电流互感器变比为200/5A,若接在二次侧的电压表读数为45V,电流表读数为3A,问被测电路的电压、电流各为多少?

第9章 整流电路的计算

整流电路是把交流电变换成直流电的电源电路。在整流电路的计算中,包括单相半波、全波、桥式整流电路的计算,三相半波、桥式整流电路的计算。每一部分包括计算公式、例题及对其详细的分析和解答。

9.1 单相整流电路的计算

9.1.1 单相半波整流电路的计算

单相半波整流电路是在电源变压器和直流负载之间串接一个整流二极管(如图 9-1 所示)。此电路利用二极管的单向导电性,把电源变压器次级绕组输出的正弦交流电压 u_2 变为半波整流电压 u_L 加在负载 R_L 上,如图 9-2 所示,此电压为方向不变的脉动直流电压。

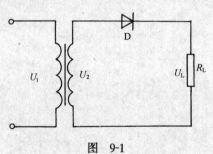

图 9-1

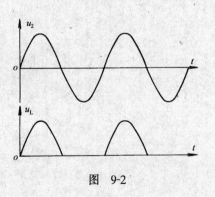

图 9-2

(1) 负载上平均电压的计算公式

负载上的平均电压即为负载上半波整流电压的平均值,此值与电源变压器的次级绕组的输出电压有关,计算公式为:

$$U_L = 0.45U_2 \qquad (9\text{-}1)$$

式中 U_L——负载上的平均电压值(V);

U_2——电源变压器输出交流电压的有效值(V)。

(2) 流过整流二极管的平均电流的计算公式

整流二极管 D 与负载电阻 R_L 串联,所以其电流即为负载上的电流,而负载电流又与 U_L 和 R_L 有关,所以流过整流二极管的平均电流的计算公式为:

$$I_D = I_L = U_L/R_L \qquad (9\text{-}2)$$

式中 I_D——流过整流二极管的平均电流(A);

I_L——流过负载的平均电流(A)。

(3) 整流二极管承受的最大反向电压的计算公式

整流二极管承受的最大反向电压即为电源变压器输出交流电压的最大值,所以计算公式为:

$$U_{RM} = 1.4U_2 \qquad (9\text{-}3)$$

式中 U_{RM}——整流二极管承受的最大反向电压(V)。

【例 9-1】 在如图 9-1 所示的整流电路中,如变压器次级绕组输出的正弦交流电压有效值为 20V,问电路中负载电阻上的直流平均电压为多大?

分析：此题的电路为典型的单相半波整流电路，又知变压器的次级电压 U_2，所以可以直接用公式(9-1)。

【解】 已知 $U_2 = 20V$

$$U_L = 0.45U_2$$
$$= 0.45 \times 20$$
$$= 9V$$

答：负载电阻上的直流平均电压为9V。

【例 9-2】 一个电阻性直流负载，电阻为 50Ω，额定电流为 300mA。现用单相半波整流电路给它供电，求电源变压器的输出电压。

分析：此题可先算出负载上直流电压的平均值 U_L，然后再用公式(9-1)计算出电源变压器的输出电压 U_2。

【解】 已知：$I_L = 300mA，R_L = 50\Omega$

$$U_L = I_L R_L$$
$$= 300mA \times 50\Omega$$
$$= 15V$$
$$U_2 = U_L / 0.45$$
$$= 15 / 0.45$$
$$= 33V$$

答：电源变压器的输出电压应为33V。

【例 9-3】 在如图 9-1 所示的电路中，已知电源变压器的输出电压为 12V，负载电阻为 500Ω，求整流二极管上的电流及其承受的最大反向电压。

分析：要求二极管的电流，则应求出负载上的电压及电流；而求二极管的最大反向电压则可直接用公式(9-3)。

【解】 已知：$U_2 = 12V，R_L = 500\Omega$

$$U_L = 0.45U_2$$
$$= 0.45 \times 12$$
$$= 5.4V$$
$$I_D = I_L$$
$$= U_L / R_L$$
$$= 5.4 / 500$$
$$= 0.0108A$$
$$= 10.8mA$$

$$U_{RM} = 1.4U_2$$
$$= 1.4 \times 12$$
$$= 16.8V$$

答：电路中通过二极管的电流为 10.8mA，二极管承受的最大反向电压为 16.8V。

【例 9-4】 有一个电阻为 5Ω，其额定电压为 18V，现用半波整流电路向其供电，试确定该供电电路中电源变压器输出电压，并选择整流二极管。

分析：此题为一简单的电路设计题，确定变压器的输出电压可以用公式(9-1)；选择整流二极管时，主要是确定所选二极管的反向工作电压和额定正向平均电流这两个参数，应使所选二极管的反向工作电压大于其在电路中实际承受的最大电压，二极管的额定正向平均电流大于电路中通过它的电流。而二极管实际承受的最大电压及通过二极管的实际电流可由公式(9-2)和公式(9-3)算得。

【解】 已知：$U_L = 18V，R_L = 50\Omega$。

确定变压器输出电压：

$$U_L = 0.45U_2$$
$$U_2 = U_L / 0.45$$
$$= 18 / 0.45$$
$$= 40V$$

选择整流二极管：

$$U_{RM} = 1.4U_2$$
$$= 1.4 \times 40$$
$$= 56V$$
$$I_D = U_L / R_L$$
$$= 18 / 5$$
$$= 3.6A$$

所选的二极管的额定电压应大于 56V，额定电流应大于 3.6A。查表 9-2 可知，2CZ57C 型二极管可满足电路的要求。

答：电源变压器的输出电压应为40V，整流二极管可选 2CZ57C 型硅整流二极管。

注：例题中"解"之前的"分析"只是给读

者提示解题的思路;读者在做习题时,只需参照例题的形式写出"解"和"答"。

9.1.2 单相全波整流电路的计算

全波整流电路是通过有中间抽头的电源变压器,使交流电的正负半周都有一个二极管导通,从而使负载上得到全波整流电压的电路。

在图9-3中,当电源电压为正半周(上正下负)时,D_1 导通,D_2 截止,负载 R_L 上得到的是上正下负的电压;负半周时,D_2 导通,D_1 截止,负载 R_L 上的电压也为上正下负。在工作时,D_1、D_2 轮流导通,负载上得到的是如图9-4所示的全波整流电压,此电压是方向不变的脉动直流电压。

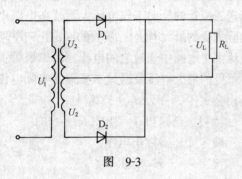

图 9-3

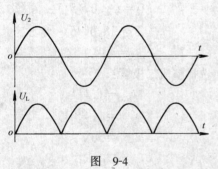

图 9-4

(1) 负载上平均电压的计算公式

负载上的平均电压为负载上脉动的直流电压的平均值,即是全波整流电压的平均值,计算公式为:

$$U_L = 0.9U_2 \qquad (9-4)$$

式中　U_L——负载上的平均电压(V);

　　　　U_2——电源变压器输出电压的有效

值(V)。

(2) 流过整流二极管的平均电流的计算公式

由于两个整流二极管是在正负半周轮流导通的,所以每个整流二极管承受的平均整流电流为负载上平均电流的一半,计算公式为:

$$I_D = 0.5I_L \qquad (9-5)$$

式中　I_D——流过每个整流二极管的平均

　　　　　　整流电流(A);

　　　　I_L——负载上的平均电流(A)。

(3) 整流二极管承受的最大反向电压计算公式:

当一个整流二极管为截止时,它承受的是反向电压,最大值为电源变压器输出电压峰值的两倍,计算公式为:

$$U_{RM} = 2 \times 1.4U_2 \qquad (9-6)$$

式中　U_{RM}——整流二极管承受的最大反向

　　　　　　　电压(V);

　　　　U_2——电源变压器一组输出电压的

　　　　　　有效值(V)。

【例9-5】　有一个单相全波整流电路,电源变压器的输出电压为36V,求负载上电压的平均值。

分析:此题可直接用公式9-4。

【解】　已知:$U_2 = 36$V

$$U_L = 0.9U_2$$
$$= 0.9 \times 36$$
$$= 32.4V$$

答:负载上电压的平均值为32.4V。

【例9-6】　如图9-3所示的电路中已知电源变压器的输出电压为20V,负载电阻为10Ω,问流过负载的平均电流为多大?

分析:要求流过负载上的平均电流,应先求得负载上的平均电压,而此电压可由公式(9-4)求得。

【解】　已知:$U_2 = 20$V;$R_L = 10$Ω

$$U_L = 0.9U_2$$

$$= 0.9 \times 20$$
$$= 18V$$
$$I_L = U_L/R_L$$
$$= 18/10$$
$$= 1.8A$$

答：流过负载的平均电流为 1.8A。

【例 9-7】 在如图 9-4 所示的全波整流电路中，已知负载上的电压为 18V，求电源变压器的输出电压。

分析：此题可利用公式(9-4)求 U_2。

【解】 已知：$U_L = 18V$
$$U_2 = U_L/0.9$$
$$= 18/0.9$$
$$= 20V$$

答：电源变压器的输出电压为 20V。

【例 9-8】 在如图 9-3 所示的全波整流电路中，已知负载上的电阻为 30Ω，电源变压器的输出电压为 15V。求通过整流二极管的平均电流及二极管上的最大反向电压。

分析：此题可先利用公式(9-4)求出 U_L，再用公式(9-5)求出通过整流二极管的平均电流 I_L；二极管上的最大反向电压 U_{RM} 可以用公式(9-6)求出。

【解】 已知：$U_2 = 15V$；$R_L = 30Ω$；
$$U_L = 0.9U_2$$
$$= 0.9 \times 15$$
$$= 13.5V$$
$$I_D = 0.5I_L$$
$$= 0.5U_L/R_L$$
$$= 0.5 \times 13.5/10$$
$$= 0.675A$$
$$U_{RM} = 2 \times 1.4U_2$$
$$= 2 \times 1.4 \times 15$$
$$= 42V$$

答：通过整流二极管的平均电流为 0.675A。二极管上的最大反向电压为 42V。

9.1.3 单相桥式整流电路的计算

单相桥式整流电路是利用接成桥式电路

的四个整流二极管，把电源变压器输出的交流电变成脉动直流电的电路。此电路兼顾了半波整流电路和全波整流电路的优点，即不需电源变压器次级绕组有中间抽头，而负载上得到的是全波整流电压，提高了整流电路的输出电压。

如图 9-5 所示的电路即为一个单相桥式整流电路。当电源电压为正半周(上正下负)时，D_2、D_4 导通，D_1、D_3 截止，负载中电流由上到下；当电源电压为负半周(上负下正)时，D_1、D_3 导通，D_2、D_4 截止，负载中电流也为由上到下。负载上得到的电压为全波整流电压，如图 9-6。

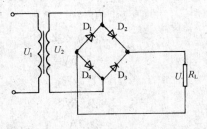

图 9-5

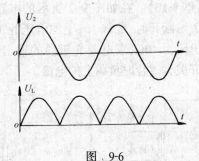

图 9-6

(1) 负载上平均电压的计算公式：
$$U_L = 0.9U_2 \qquad (9-7)$$
式中 U_L——负载上电压的平均值(V)；
$\quad\quad U_2$——电源电压的有效值(V)。

(2) 流过二极管平均电流的计算公式：
$$I_D = 0.5I_L \qquad (9-8)$$
式中 I_D——二极管承受的平均电流(A)；
$\quad\quad I_L$——负载电流(A)。

(3) 整流二极管承受的最大反向电压的

计算公式：

$$U_{RM} = 1.4U_2 \qquad (9-9)$$

式中　U_{RM}——二极管承受的最大反向电压（V）；

　　　U_2——电源变压器的输出电压（V）。

【例 9-9】 在如图 9-5 所示的电路中，电源变压器的输出电压为 24V，负载电阻为 8Ω，求负载上的电流。

分析：要求负载上的电流，应先求出负载上的平均电压，而此平均电压可直接用公式 9-7 求得。

【解】 已知：$U_2 = 24V$；$R_L = 8Ω$；

$$U_1 = 0.9U_2$$
$$= 0.9 \times 24$$
$$= 21.6V$$
$$I_L = U_L/R_L$$
$$= 21.6/8$$
$$= 2.7A$$

答：负载上的电流为 2.7A。

【例 9-10】 在如图 9-7 所示的电路中，当开关 S 断开时，负载 R_L 上的电压为 12V，负载电阻为 40Ω，求电源变压器的输出电压及当开关 S 闭合时负载上的电流。

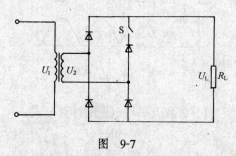

图 9-7

分析：当开关 S 闭合时，此电路为桥式整流电路的另一种画法；而当开关断开时，负载上得到的则是半波整流电压。可利用公式 (9-1) 求得电源变压器输出电压，再用公式 (9-7) 算出 S 闭合时负载上的电压，最后计算出负载电流。

【解】 S 断开时：$U_L = 12V$
$$U_2 = U_L/0.45$$
$$= 12/0.45$$
$$= 26.7V$$
S 闭合时：$U_2 = 26.7V$
$$U_L = 0.9U_2$$
$$= 0.9 \times 26.7$$
$$= 24V$$
$$I_L = U_L/R_L$$
$$= 24/40$$
$$= 0.6A$$

答：电源变压器的输出电压为 26.7V；开关闭合时负载上的电流为 0.6A。

【例 9-11】 有一个电阻为 20Ω，额定电流为 0.6A 的直流负载。现用单相桥式整流电路向其供电，求电路中通过整流二极管的电流及二极管承受的最大反向电压。

分析：求电路中通过整流二极管的电流可直接用公式 (9-8)；求二极管承受的最大反向电压，可先算出负载上的平均电压，再用公式 (9-7) 算出电源变压器的输出电压，最后再用公式 (9-9) 即可。

【解】 已知：$I_L = 0.6A$；$R_L = 20Ω$。

$$I_D = 0.5I_L$$
$$= 0.5 \times 0.6$$
$$= 0.3A$$
$$U_1 = I_LR_L$$
$$= 0.6 \times 20$$
$$= 12V$$
$$U_2 = U_L/0.9$$
$$= 12/0.9$$
$$= 13.3V$$
$$U_{RM} = 1.4U_2$$
$$= 1.4 \times 13.3$$
$$= 18.6V$$

答：通过整流二极管的电流为 0.3A；二极管承受的最大反向电压为 18.6V。

【例 9-12】 有一个额定电压为 25V，额定电流为 10A 的电阻性负载,现用桥式整流电路向其供电,试确定该供电电路中电源变压器输出电压,并选择整流二极管。

分析:此题为一简单的电路设计题,确定变压器的输出电压可以用公式(9-7);选择整流二极管时,主要是确定所选二极管的反向工作电压和额定正向平均电流这两个参数,应使所选二极管的反向工作电压大于其在电路中实际承受的最大电压,二极管的额定正向平均电流大于电路中通过它的电流。而二极管在电路中实际承受的最大电压可用公式(9-9)算出;电路中通过二极管的电流可由公式(9-8)算出。

【解】 已知:$U_L = 25V$,$I_L = 2A$;
确定变压器输出电压:

$$U_L = 0.45U_2$$

$$U_2 = U_L/0.9$$
$$= 25/0.9$$
$$= 29V$$

选择整流二极管:

$$U_{RM} = 1.4U_2$$
$$= 1.4 \times 29$$
$$= 39.2V$$
$$I_D = 0.5I_L$$
$$= 0.5 \times 10$$
$$= 5A$$

所选的二极管的额定电压应大于 39.2V,额定电流应大于 5A。查表 9-2 可知 2CZ57C 型二极管可满足电路的要求。

答:电源变压器的输出电压应为 40V,整流二极管可选 2CZ57C 型硅整流二极管。

单相整流电路基本公式　　　　　　　　表 9-1

	半波整流电路	全波整流电路	桥式整流电路
输出直流电压	$U_L = 0.45U_2$	$U_L = 0.9U_2$	$U_L = 0.9U_2$
流过整流二极管的电流	$I_D = I_L$	$I_D = 1/2I_L$	$I_D = 1/2I_L$
二极管承受的最大反向电压	$U_{RM} = 1.4U_2$	$U_{RM} = 1.4U_2$	$U_{RM} = 1.4U_2$

小　结

　　本节介绍了单相半波整流电路,单相全波整流电路,单相桥式整流电路的基本计算公式。每一个电路都包括电路输出电压,流过整流二极管的电流,整流二极管承受的最大反向电压这三部分的计算。学习过本节后,读者应能应用本节的计算方法做整流电路设计方面的简单计算,能选定整流二极管及电源变压器。

习　题

1. 在单相半波整流电路中,已知电源变压器的输出电压为 34V,求负载上得到的直流电压。

2. 额定电压为 12V 的直流负载,现用单相半波整流电路供电,问电源变压器的输出电压应为多大?

3. 额定电流为 50mA、电阻为 100Ω 的直流负载,现用单相半波整流电路供电,问电源变压器的输出电压应为多大?

4. 在单相半波整流电路中给电阻为 10Ω 的直流负载供电,已知电源变压器的输出电压为 30V,求通过整流二极管的电流。

5. 用单相半波整流电路给一个负载供电,已知负载上的直流电压为 15V,负载电阻为 9Ω,问整流二极管承受的最大反向电压为多大？电源变压器的输出电压为多大？

6. 一个单相半波整流电路向额定电压为 20V、额定电流为 5A 的负载供电,试选定整流二极管的型号。

7. 在单相全波整流电路中,已知电源变压器的输出电压为 24V,求负载上得到的直流电压。

8. 有一个额定电流为 100mA、电阻为 200Ω 的直流负载,现用单相全波整流电路给它供电,问电源变压器的输出电压应为多大？

9. 在单相全波整流电路中给电阻为 18Ω 的直流负载供电,已知电源变压器的输出电压为 40V,求负载上得到的直流电压及流过负载的电流。

10. 在单相全波整流电路中给电阻为 100Ω 的直流负载供电,已知电源变压器的输出电压为 20V,求通过整流二极管的电流。

11. 有一个额定电压为 24V、额定电流为 200mA 的负载,现用单相全波整流电路向它供电,试选定整流电路中整流二极管的型号。

12. 在单相桥式整流电路中,已知电源变压器的输出电压为 20V, 求负载上得到的直流平均电压。

13. 额定电压为 10V 的直流负载,现用单相桥式整流电路供电,问电源变压器的输出电压应为多大。

14. 用单相桥式整流电路给电阻为 10Ω 的直流负载供电,已知电源变压器的输出电压为 36V,求通过整流二极管的电流。

15. 有一个额定电压为 24V、额定电流为 200mA 的负载,用单相桥式整流电路向它供电,试选定整流二极管的型号。

16. 用一个单相桥式整流电路向额定电压为 20V、额定电流为 5A 的负载供电,试选定整流二极管的型号,并求出电源变压器的输出电压。

硅整流二极管部分参数

表 9-2

型　　号	反向工作电压 U_{RM}(V)	额定正向平均电流 $I_{F(AV)}$(A)
2CZ50		0.03
2CZ51		0.05
2CZ52	A-M	0.1
2CZ53	20-1000	0.3
2CZ54		0.5
2CZ55		1
2CZ56		3
2CZ57		5
2CZ58	B-P	10
2CZ59	5-1400	20
2CZ60		50
2CZ82		0.1
2CZ83		0.3
2CZ85	A-K	1
2CZ86	25-800	2
2CZ87		3

电压等级代号	反向工作电压（V）	电压等级代号	反向工作电压（V）
A	25	H	600
B	50	J	700
C	100	K	800
D	200	L	900
E	300	M	1000
F	400	N	1200
G	500	P	1400

9.2 三相整流电路的计算

9.2.1 三相半波整流电路的计算

三相半波整流电路是把三相交流电转变成直流电的电路。三相半波整流电路是在三相交流电源的每一相上都接上整流二极管，利用二极管的单向导电性把每一相的相电压整流成为脉动直流电而加在同一负载上的电路。

在如图 9-8 电路中，U、V、W 和 N 分别为三相交流电源的三条相线及中线，D_1、D_2、D_3 为整流二极管，R_L 为负载。R_L 上得到的是上正下负的脉动直流电压。

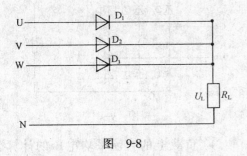

图 9-8

（1）负载上直流平均电压的计算公式：

$$U_L = 1.17 U_2 \qquad (9\text{-}10)$$

式中　U_L——负载上的平均直流电压（V）；

　　　U_2——电源相电压的有效值（V）。

（2）流过整流二极管的平均电流的计算公式：

$$I_D = 1/3 I_L \qquad (9\text{-}11)$$

式中　I_D——流过二极管的平均电流（A）；

　　　I_L——流过负载的平均电流（A）。

（3）整流二极管承受最大反向电压的计算公式：

$$U_{RM} = 2.45 U_2 \qquad (9\text{-}12)$$

式中　U_{RM}——整流二极管承受的最大反电压（V）。

【例 9-13】 线电压为 380V 的三相交流电经过三相半波整流电路整流后，得到的直流平均电压为多大？

分析：此题可以先算出电源的相电压，再用公式（9-10）算出直流平均电压。

【解】　$U_2 = 380/1.73$

　　　　　　$= 220V$

　　　$U_L = 1.17 U_2$

　　　　　　$= 1.17 \times 220$

　　　　　　$= 257.4V$

答：得到的直流平均电压为 257.4V。

【例 9-14】　一个电阻性直流负载的额定电压为 100V，现用三相半波整流电路为其供电，求交流电源的线电压。

分析：此题可先用公式（9-10）求出交流电源的相电压，再算出线电压。

【解】　已知：$U_L = 100V$

　　　　　$U_2 = U_L/1.17$

　　　　　　　$= 100/1.17$

　　　　　　　$= 85.4V$

电源线电压：
$$U_1 = 1.73U_2$$
$$= 1.73 \times 85.4$$
$$= 147.7V$$

答：交流电源的线电压为147.7V。

【例9-15】 有一个额定电压为20V,额定电流为30A的阻性负载,现用三相半波整流电路供电,问三相电源的线电压为多大?通过整流二极管的电流为多大?

分析：此题求线电压可以直接用公式(9-10)。求通过二极管的电流可以直接用公式(9-11)。

【解】 已知：$U_L = 20V$, $I_L = 30A$；
$$U_2 = U_L / 1.17$$
$$= 20 / 1.17$$
$$= 17V$$

电源线电压：
$$U_1 = 1.73U_2$$
$$= 1.73 \times 17$$
$$= 30V$$

通过整流二极管的电流：
$$I_D = 1/3 I_L$$
$$= 1/3 \times 30$$
$$= 10A$$

答：三相电源的线电压为30V;通过整流二极管的电流为10A。

【例9-16】 用三相半波整流电路把相电压为220V的三相交流电源整流后给电阻为50Ω的阻性负载供电,试求通过整流二极管的电流及整流二极管承受的最大反向电压。

分析:此题可先用公式(9-10)求出负载电压,再求负载电流,最后用公式(9-11)求出通过二极管的电流;用公式(9-12)可直接算出二极管承受的最大反向电压。

【解】 负载电压：
$$U_L = 1.17U_2$$
$$= 1.17 \times 220$$

$$= 257.4V$$

通过负载的电流：
$$I_L = U_L / R_L$$
$$= 257.4 / 50$$
$$= 5.1A$$

通过整流二极管的电流：
$$I_D = 1/3 I_L$$
$$= 1/3 \times 5.1$$
$$= 1.7A$$

整流二极管承受的最大反向电压：
$$U_{RM} = 2.45U_2$$
$$= 2.45 \times 220$$
$$= 539V$$

答：通过整流二极管的电流为1.7A;整流二极管承受的最大反向电压为539V。

9.2.2 三相桥式整流电路的计算

三相桥式整流电路是利用六组整流二极管接成桥式,把三相交流电转变成脉动直流电的电路。

如图9-9所示的电路中,U、V和W为三相交流电源的三条相线 D_1、D_2、D_3、D_4、D_5、D_6为整流二极管,R_L为负载。R_L上得到的是上正下负的脉动直流电压。

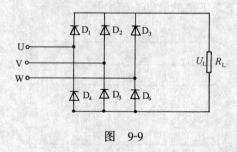

图 9-9

(1) 负载上的直流平均电压的计算公式：
$$U_L = 2.34U_2 \tag{9-13}$$

式中 U_L——负载上的直流平均电压(V);
U_2——三相交流电源相电压的有效值(V)。

(2) 流过整流二极管平均电流的计算公

式:
$$I_D = 1/3 I_L \qquad (9\text{-}14)$$
式中　I_D——流过二极管的平均电流(A);

　　　I_L——流过负载的平均电流(A)。

　　(3) 整流二极管承受的最大反向电压的计算公式:
$$U_{RM} = 2.45 U_2 \qquad (9\text{-}15)$$
式中　U_{RM}——二极管承受的最大反向电压(V);

　　　U_2——电源相电压的有效值(V)。

【例9-17】　把相电压为220V的三相交流电整流为直流电,现用三相桥式整流电路来实现,问得到的直流平均电压为多大?

分析:此题可以直接用公式(9-13)。

【解】　已知:$U_2 = 220$V
$$U_L = 2.34 U_2$$
$$= 2.34 \times 220$$
$$= 515V$$

答:得到的直流平均电压为515V。

【例9-18】　上例中如果负载为阻性,电阻为 20Ω,问流过二极管的电流为多大?

分析:此题可以先求出负载电流,再用公式(9-14)。
$$I_L = U_L / R_L$$

【解】　已知:$U_L = 515$V;$R_L = 20$Ω
$$I_L = U_L / R_L$$
$$= 515/20$$
$$= 25.75A$$

答:流过二极管的电流为25.75A。

【例9-19】　一个电阻性直流负载的额定电压为180V,现用三相桥式波整流电路为其供电,求交流电源的线电压及整流二极管承受的最大反向电压。

分析:此题可先用公式(9-13)求出交流电源的相电压,再算出线电压;用公式(9-15)可直接求出整流二极管承受的最大反向电压。

压。

【解】　已知:$U_L = 180$V
$$U_2 = U_L / 2.34$$
$$= 180/2.34$$
$$= 77V$$

电源线电压:
$$U_1 = 1.73 U_2$$
$$= 1.73 \times 77$$
$$= 133V$$

二极管承受的最大反向电压:
$$U_{RM} = 2.45 U_2$$
$$= 2.45 \times 77$$
$$= 189V$$

答:交流电源的线电压为133V;整流二极管承受的最大反向电压为189V。

【例9-20】　用线电压为380V三相交流电,直接经三相桥式整流电路整流,得到的直流电给 10Ω 的阻性负载供电。试求通过整流二极管的电流及整流二极管承受的最大反向电压。

分析:用公式(9-13)求出负载电压,从而可算出负载电流,再用公式(9-14)算出通过二极管的电流;用公式(9-15)可算出二极管上应承受的最大反向电压。

【解】　电源相电压:
$$U_2 = 380/1.73$$
$$= 220V$$

负载电压:
$$U_L = 2.34 U_2$$
$$= 2.34 \times 220$$
$$= 515V$$

负载电流:
$$I_L = U_L / R_L$$
$$= 515/10$$
$$= 51.5A$$

通过整流二极管电流:
$$I_D = 1/3 \times 51.5$$
$$= 17.1A$$

整流二极管承受的反向电压：
$$U_{RM} = 2.45 U_2$$
$$= 2.45 \times 220$$
$$= 539V$$

答：通过整流二极管的电流为 17.1A；整流二极管承受的最大反向电压为 539V。

三相整流电路基本公式　　表 9-4

	半波整流电路	桥式整流电路
输出直流电压	$U_L = 1.17 U_2$	$U_L = 2.34 U_2$
流过二极管的电流	$I_D = 1/3 I_L$	$I_D = 1/3 I_L$
二极管承受的最大反向电压	$U_{RM} = 2.45 U_2$	$U_{RM} = 2.45 U_2$

小　结

本节介绍了三相半波整流电路,三相桥式整流电路的基本计算公式。每一个电路都包括电路输出电压,流过整流二极管的电流,整流二极管承受的最大反向电压这三部分的计算。学习过本节后,读者应能应用本节的计算方法做整流电路设计方面的简单计算,能选定整流二极管及电源变压器。

习　题

1. 在三相半波整流电路中,已知电源变压器的输出线电压为 56V,求负载上得到的直流平均电压。

2. 有一个额定电压为 60V 的直流负载,现用三相半波整流电路供电,问电源变压器的输出相电压应为多大?

3. 用三相半波整流电路给一个负载供电,已知负载上的直流平均电压为 120V,负载为 10Ω 的阻性负载,问整流二极管承受的最大反向电压为多大? 通过整流二极管的电流为多大?

4. 在三相桥式整流电路中,已知电源线电压为 380V,求其电阻性负载上得到的直流平均电压。

5. 用三相桥式整流电路给一个负载供电,已知负载上的直流平均电压为 200V,负载为 50Ω 的阻性负载,问整流二极管承受的最大反向电压为多大? 通过整流二极管的电流为多大?

6. 额定电压为 30V 的阻性直流负载,现用三相桥式整流电路供电,问电源变压器的输出线电压应为多大?

7. 一个三相桥式整流电路给额定电压为 120V、额定电流为 9Ω 的负载供电,试求通过整流二极管的电流及整流二极管承受的最大反向电压。

第10章 机电设备与供电简明应用计算

本章共7节,包括:异步电动机转速、电流的计算,直流电动机电流计算;变压器变压比、电流比、阻抗变换计算,变压器损耗和效率的计算;负荷计算;尖峰电流计算;低压熔断器和低压断路器选择、整定计算;导线、电缆截面的选择计算;接地电阻和避雷针(线)保护范围的计算。涉及电动机、变压器、供电、以及防雷与接地等方面的应用计算知识。内容力求简明实用,符合国家现行技术规范标准。选编、整理了有关技术数据和计算表格,尽可能借助表格资料简化数学计算。并配合以具体实例及思考、练习题,帮助掌握计算方法。

10.1 交、直流电动机的计算

本节涉及低压交、直流电动机的计算有:异步电动机转速、额定电流和起动电流的计算;直流电动机额定电流的计算。

10.1.1 异步电动机转速的计算

(1) 异步电动机的工作原理

异步电动机又叫感应电动机。它是按照导体切割磁场产生感应电动势,和载流导体在磁场中受到电磁力的作用这两条原理工作的。由定子和转子两个主要部分组成。其中,定子产生旋转磁场,转子导体切割定子旋转磁力线产生感应电动势和感应电流,该转子电流在旋转磁场中又受到电磁力的作用,从而使转子转动起来。为了保持磁场和转子导体之间有相对运动,转子转速 n 总是小于旋转磁场的同步转速 n_1。即转子总是跟着旋转磁场以 $n < n_1$ 的转速旋转。这就是异步电动机的基本工作原理。也是称为"异步"的来由。又因为转子电流是由电磁感应而产生的,所以又称感应电动机。

(2) 异步电动机旋转磁场的同步转速 n_1

旋转磁场每分钟的转速 n_1 与定子电流频率(即定子三相交流电源的频率)f 及磁极对数 p 之间的关系为

$$n_1 = \frac{60f}{p} \qquad (10\text{-}1)$$

式中 n_1——旋转磁场的同步转速(r/min);

p——电动机磁极对数;

f——定子三相交流电源的频率(Hz)。

电动机不同磁极对数的同步转速见表10-1。

电动机磁极对数相对
应同步转速表 表10-1

p	1	2	3	4	5	6
n_1 r/min	3000	1500	1000	750	600	500

(3) 异步电动机转差率

异步电动机转子的转速 n,总是小于定子旋转磁场的同步转速 n_1,并以转速差 $(n_1 - n)$ 与同步转速 n_1 之比,称做转差率 s 来表示其转速的这一特征。

$$s = \frac{n_1 - n}{n_1} \times 100\% \qquad (10\text{-}2)$$

式中 s——转差率;

n——转子的转速(r/min);

n_1——磁场同步转速(r/min)。

异步电动机额定工作状态下转差率 s 为 $2\% \sim 6\%$,具体数据见电动机技术数据。

由式(10-2)可以看出,运行中转子转速 n 越高,转差率 s 越小;转子转速 n 越低,转

差率 s 越大。电动机起动瞬间,定子旋转磁场已经产生,但转子尚未转动,$n=0$,这时 $s=1$。电动机空载或轻载时,转子转速 n 接近于同步转速 n_1,s 接近于零(但不等于零)。即电动机在异步下运行,$n_1 > n > 0$,则转差率 s 的变化范围为 $1 \geqslant s > 0$。

异步电动机转子的转速可由式(10-2)改写为

$$n = (1-s)n_1 \qquad (10\text{-}3)$$

将 $n_1 = 60f/p$ 代入

$$n = (1-s)\frac{60f}{p} \qquad (10\text{-}4)$$

10.1.2 异步电动机额定电流计算

(1)异步电动机额定技术数据

根据电动机型号,通过查阅有关资料,如产品样本、设备手册和设计手册等可获取电动机的一系列额定技术数据。如型号为 Y160M2-2 异步电动机,从表 10-2 中查出的技术数据有:功率 15kW、转速 2930r/min、额定电流 29.4A、效率 88.2%、功率因数 0.88、起动转矩倍数 2、起动电流倍数 7、最大转矩倍数 2.2。

Y 系列交流电动机技术数据 表 10-2

型 号	功率 (kW)	转速 (r/min)	电流(A) (380V)	效 率 (%)	功率因数 ($\cos\varphi$)	增转转矩 额定转矩 (倍)	增转电流 额定电流 (倍)	最大转矩 额定转矩 (倍)
同步转速 3000r/min								
Y112M-2	4	2890	8.2	85.5	0.87	2.2	7.0	2.2
Y132S1-2	5.5	2900	11.1	85.5	0.88	2.0	7.0	2.2
Y132S2-2	7.5	2900	15.0	86.2	0.88	2.0	7.0	2.2
Y160M1-2	11	2930	21.8	87.2	0.88	2.0	7.0	2.2
Y160M2-2	15	2930	29.4	88.2	0.88	2.0	7.0	2.2
Y160L-2	18.5	2930	35.5	89	0.89	2.0	7.0	2.2
Y180M-2	22	2940	42.2	89	0.89	2.0	7.0	2.2
同步转速 1500r/min								
Y112M-4	4	1440	8.8	84.5	0.82	2.2	7.0	2.2
Y132S-4	5.5	1440	11.6	85.5	0.84	2.2	7.0	2.2
Y132M-4	7.5	1440	15.4	87	0.85	2.2	7.0	2.2
Y160M-4	11	1460	22.6	88	0.84	2.2	7.0	2.2
Y160L-4	15	1460	30.3	88.5	0.85	2.2	7.0	2.2
Y180M-4	18.5	1470	35.9	91	0.86	2.0	7.0	2.2
Y180L-4	22	1470	42.5	91.5	0.86	2.0	7.0	2.2
同步转速 1000r/min								
Y112M-6	2.2	960	5.6	80.5	0.74	2.0	6.0	2.0
Y132S-6	3	960	7.2	83	0.76	2.0	6.5	2.0
Y132M1-6	4	960	9.4	84	0.77	2.0	6.5	2.0
Y132M2-6	5.5	960	12.6	85.3	0.78	2.0	6.5	2.0

型号	功率 (kW)	转速 (r/min)	电流(A) (380V)	效率 (%)	功率因数 ($\cos\varphi$)	增转转矩 额定转矩 (倍)	增转电流 额定电流 (倍)	最大转矩 额定转矩 (倍)
同步转速 1000r/min								
Y160M-6	7.5	970	17.0	86	0.78	2.0	6.5	2.0
Y180L-6	11	970	24.6	87	0.78	2.0	6.5	2.0
Y180L-6	15	970	31.5	89.5	0.81	1.8	6.5	2.0
同步转速 750r/min								
Y132S-8	2.2	710	5.8	81	0.71	2.0	5.0	2.0
Y132M-8	3	710	7.7	82	0.72	2.0	5.5	2.0
Y160M1-8	4	720	9.9	84	0.73	2.0	6.0	2.0
Y160M2-8	5.5	720	13.3	85	0.74	2.0	6.0	2.0
Y160L-8	7.5	720	17.7	86	0.75	2.0	5.5	2.0
Y180L-8	11	730	25.1	86.5	0.77	1.7	6.0	2.0

(2) 实际应用中往往已知异步电动机的额定电压和功率,其额定电流可由功率计算公式导出。单相异步电动机由公式 $P = UI\eta\cos\varphi$,得

$$I = \frac{P}{U\eta\cos\varphi} \quad (10-5)$$

三相异步电动机由公式 $P = \sqrt{3}\,UI\eta\cos\varphi$ 得

$$I = \frac{P}{\sqrt{3}\,U\eta\cos\varphi} \quad (10-6)$$

式中　I——电动机额定电流(A);

　　　P——电动机轴上输出额定功率(kW);

　　　U——电动机定子绕组所加额定电压单相电动机 220V、三相电动机 380V;

　　　η——电动机的额定效率;

　　　$\cos\varphi$——电动机定子额定功率因数。

当缺少 η 和 $\cos\varphi$ 数据,需要估算时,220V 单相异步电动机取 η 为 75%、$\cos\varphi$ 为 0.75 则可按每 1kW 功率 8A 额定电流估算;380V 三相异步电动机取 η 为 85%、$\cos\varphi$ 为 0.85 则可按每 1kW 功率 2A 额定电流估算。

10.1.3　异步电动机起动电流计算

异步电动机起动电流通常以其额定电流倍数表示,即

$$I_{st} = K_{st}I_{N \cdot M} \quad (10-7)$$

式中　I_{st}——异步电动机的起动电流(A);

　　　$I_{N \cdot M}$——异步电动机额定电流(A);

　　　K_{st}——异步电动机的起动电流倍数,可查产品技术数据。估算时鼠笼型 5～7 倍,绕线型取 2～3 倍。

10.1.4　直流电动机额定电流计算

直流电动机额定电流可以从有关资料中查得,也可由其功率计算式导出。

由 $P = UI\eta$,得

$$I = \frac{P}{U\eta} \quad (10-8)$$

式中　I——电动机额定电流(电枢电流)(A);

　　　P——电动机轴上输出额定功率(kW);

　　　U——电动机直流电源电压(kV),常见直流电源电压有 0.11kV、

0.16kV、0.22kV、0.44kV 等;

η——电动机的额定效率。

10.1.5 计算示例

【例 10-1】 如一台三相异步电动机的极对数 $p=2$,转差率 $s=4\%$,电源频率 $f=50Hz$,试求这台电动机的转速。

【解】 当极对数 $p=2$,$f=50Hz$ 时旋转磁场同步转速据表 10-1 $n_1=1500r/min$。由式(10-3)计算电动机转速

$n=(1-s)n_1=(1-4\%)\times1500=1440r/min$

【例 10-2】 有一台电压 380V、Y225M-6 型三相异步电动机,其功率 37kW、效率 90.8%、功率因数 0.85、额定转速 980r/min、起动电流倍数 6.5,试求该电动机的额定电流、起动电流和转差率,并指出其磁场极数。

【解】 由式(10-6)得电动机额定电流

$I=\dfrac{P}{\sqrt{3}U\eta\cos\varphi}=\dfrac{37}{\sqrt{3}\times0.38\times90.8\%\times0.85}=72.8A$

据式(10-7)得

$I_{st}=K_{st}I=6.5\times72.8=473.4A$

由额定转速 $n=980r/min$,推知其同步转速 n_1,应为 1000r/min,据表 10-1 在工频 50Hz 下磁场极对数 p 为 3、极数为 6。且 Y225M-6 型中的 6 也表示电机极数。

由式(10-2),转差率

$S=\dfrac{n_1-n}{n_1}\times100\%$

$=\dfrac{1000-980}{1000}\times100\%$

$=2\%$

【例 10-3】 有台直流电动机额定输出功率 10kW、额定电压 110V、额定效率 81%,求其额定电流。

【解】 由式(10-8)得直流电动机额定电流

$I=\dfrac{P}{U\eta}=\dfrac{10}{0.11\times81\%}=112.2A$

10.2 变压器的计算

本节将学习变压器变压比、电流比、阻抗变换以及变压器的损耗和效率的计算。

10.2.1 变压比的计算

(1) 变压比

变压器是一种按照电磁感应原理工作的互感电路。它的基本结构是一个闭合铁芯上绕着两个绕组,利用两绕组匝数不等($W_1\neq W_2$)的关系来改变电压的大小。

变压器空载时忽略其内阻和漏磁通,对于理想变压器变压比

$$K=\frac{U_1}{U_2}=\frac{W_1}{W_2} \qquad (10-9)$$

变压器变压比,即空载变压器原、副边电压比等于原、副绕组的匝数比。于是

当 $W_1>W_2$、$K>1$,此时 $U_1>U_2$,原边电压高于副边电压,这种变压器称为降压变压器。

当 $W_1<W_2$、$K<1$,此时 $U_1<U_2$,原边电压低于副边电压,这种变压器称为升压变压器。

当 $W_1=W_2$、$K=1$,此时 $U_1=U_2$,原边电压等于副边电压,这种变压器称为隔离变压器。

(2) 匝伏比

由式(10-9)可导出

$$\frac{W_1}{U_1}=\frac{W_2}{U_2} \qquad (10-10)$$

式中 W_1/U_1、W_2/U_2 称为变压器的匝伏比,即变压器某一线圈的匝数与电压之比。同一台变压器的原、副边各线圈的匝伏比是相等的。如果已知一台变压器的匝伏比,线圈的电压就等于该线圈的匝数除以匝伏比。匝伏比特别适用于变压器次级多组线圈时对其电压或匝数的计算。

10.2.2 电流比的计算

(1) 电流比

根据变压器磁动势平衡方程式,变压器负载时,原、副绕组中电流 I_1、I_2 的合成磁动势 $(\dot{I}_1 W_1 + \dot{I}_2 W_2)$ 应该和空载时的励磁磁动势 $\dot{I}_{01} W_1$ 保持相等。负载变压器的磁动势平衡方程式为

$$\dot{I}_1 W_1 + \dot{I}_2 W_2 = \dot{I}_{01} W_1$$

当变压器接近满载时,空载磁动势 $\dot{I}_{01} W_1$ 远小于 $\dot{I}_1 W_1$ 和 $\dot{I}_2 W_2$,$\dot{I}_{01} W_1$ 可略去不计。对于理想变压器 $\dot{I}_1 W_1 + \dot{I}_2 W_2 = 0$,$\dot{I}_1 W_1 = -\dot{I}_2 W_2$

所以变压器原、副边电流的数值关系为

$$\frac{I_1}{I_2} = \frac{W_2}{W_1} = \frac{1}{K} \qquad (10\text{-}11)$$

由此可见,变压器原、副边电流的相位相反,其大小与绕组的匝数成反比。原、副边的电流比是电压比的倒数。

比较式(10-9)和式(10-11)得

$$\frac{U_1}{U_2} = \frac{I_2}{I_1} \qquad (10\text{-}12)$$

该式反映在变压器构造上,高压侧绕组匝数多、电流小、导线细;低压侧绕组匝数少、电流大、导线粗。

(2) 原、副绕组额定电流的计算

由式(10-12)得

$$U_1 I_1 = U_2 I_2 \qquad (10\text{-}13)$$

该式说明,理想变压器的输出功率等于它的输入功率。变压器在传递能量的过程中能量损耗比较小。

因此如果已知变压器的额定容量以及原、副边的额定电压,利用式(10-13)可以很方便的计算变压器原、副边的额定电流。

10.2.3 阻抗变换计算

在电子线路中,总希望电路的效率最大,负载能获得最大功率,其条件是负载阻抗 Z_l 必须等于信号源的内阻 Z_0,这称为阻抗匹配。而实际负载阻抗往往不等于信号源内阻,二者直接相接,负载难以获得最大功率。于是电路设计中常利用变压器能变换交流阻抗,且传递能量过程中自身损耗极小的特点,选用适当变比的输入或输出变压器,负载经变压器与信号源相接,以实现阻抗匹配。

按照变压器阻抗变换的原理,所接入的变压器匝数比

$$K = \sqrt{\frac{Z_1}{Z_2}} \qquad (10\text{-}14)$$

式中 Z_1——变压器原边的输入阻抗,$Z_1 = Z_0$;

Z_2——变压器副边的输出阻抗,$Z_2 = Z_l$。

因此在信号源与负载间接入变压器后,不论实际负载 Z_l 阻抗是多少,只需适当调节(选择)变压器原、副绕组的匝数比 K,满足式(10-14),Z_1 可直接从信号源获取最大的功率,负载 Z_l 经变压器也能从信号源获取与 Z_1 相同的最大功率。这样便达到了阻抗匹配的目的。

10.2.4 变压器的损耗和效率计算

(1) 变压器的损耗

变压器是按照电磁感应原理实现电能传递的,忽略其内部损耗,它的输出电功率基本上等于输入电功率。实际上,变压器在运行中总要损耗一些能量。变压器内部功率损耗主要包括铁损和铜损两部分。

1) 铁损 P_{Fe}

变压器铁芯中通过交变主磁通 Φ_m 时,在铁芯中所产生的磁滞损耗和涡流损耗,总称铁损。

变压器的铁损 P_{Fe} 为变压器额定电压下的空载损耗 ΔP_0,由变压器空载试验测定。即

$$P_{Fe} = \Delta P_0 \qquad (10\text{-}15)$$

2) 铜损 P_{Cu}

变压器原、副绕组都有一定的电阻,当电流通过时,就要产生损耗,这就是铜损。由于电阻上的功率损耗与电流的平方成正比,变压器的铜损也与负载电流的平方成正比。故铜损是可变损耗,即 $P_{Cu} \alpha I_2^2$。

变压器短路试验中,原边电流达到额定电流 I_{1N},副边电流(短接时的电流)也达到额定值 I_{2N}。忽略变压器的铁损,此时变压器的短路损耗相当于额定负载时的铜损。

于是变压器负载电流下的铜耗可以写成

$$P_{Cu} = \left(\frac{I_2}{I_{2N}} \right)^2 \Delta P_k \quad (10\text{-}16)$$

式中　P_{Cu}——变压器负载电流下铜损(kW);

　　　I_2——变压器负边负载电流(A);

　　　I_{2N}——变压器副边额定电流(A);

　　　ΔP_k——变压器额定短路损耗(kW)。

将变压器的负荷系数 $\beta = S_2/S_{2N} = I_2/I_{2N}$ 代入上式,即得

$$P_{Cu} = \beta^2 \Delta P_k \quad (10\text{-}17)$$

(2) 变压器的效率

变压器的效率 η 为其输出功率 P_2 与输入功率 P_1 之比的百分数,即

$$\eta = \frac{P_2}{P_1} \times 100\% \quad (10\text{-}18)$$

变压器输入功率和输出功率之差就是变压器的总功率损耗,主要由铁损 P_{Fe} 和铜损 P_{Cu} 两部分组成,于是

$$\eta = \frac{P_2}{P_2 + P_{Fe} + P_{Cu}} \times 100\% \quad (10\text{-}19)$$

将式(10-15)和式(10-17)代入,得

$$\eta = \frac{P_2}{P_2 + \Delta P_0 + \beta^2 \Delta P_k} \times 100\% \quad (10\text{-}20)$$

式中　P_2——变压器副边输出功率(kW);

　　　ΔP_0——变压器的空载损耗(kW);

　　　ΔP_k——变压器的额定短路损耗(kW);

　　　β——变压器的负荷系数。

因变压器输出功率 $P_2 = \beta S_N \cos\varphi_2$,故

$$\eta = \frac{\beta S_N \cos\varphi_2}{\beta S_N \cos\varphi_2 + \Delta P_0 + \beta^2 \Delta P_k} \times 100\%$$

$$(10\text{-}21)$$

式中　S_N——变压器额定容量(kVA);

　　　$\cos\varphi_2$——变压器副边负载的功率因数。

又据数学分析,变压器的最大效率出现在其铜损等于铁损时,$P_{Cu} = P_{Fe}$,即

$$\beta^2 \Delta P_k = \Delta P_0$$

于是变压器的最佳负荷系数

$$\beta = \sqrt{\frac{\Delta P_0}{\Delta P_k}} \quad (10\text{-}22)$$

式中变压器的空载损耗 ΔP_0 和额定短路损耗 ΔP_k 均可从变压器产品技术数据中查出。

SL7 系列低损耗配电变压器的主要技术数据见表 10-3。

SL7 系列低损耗配电变压器的主要技术数据 　　表 10-3

额定容量 S_N (kV·A)	空载损耗 ΔP_0 (W)	短路损耗 ΔP_k (W)	阻抗电压 $U_z\%$	空载电流 $I_0\%$
100	320	2000	4	2.6
125	370	2450	4	2.5
160	460	2850	4	2.4
200	540	3400	4	2.4
250	640	4000	4	2.3
315	760	4800	4	2.3
400	920	5800	4	2.1
500	1080	6900	4	2.1
630	1300	8100	4.5	2.0
800	1540	9900	4.5	1.7
1000	1800	11600	4.5	1.4
1250	2200	13800	4.5	1.4
1600	2650	16500	4.5	1.3
2000	3100	19800	5.5	1.2

注:本表所示变压器的额定一次电压为 6～10kV,额定二次电压为 230/400V,联结组为 Yyn0。

10.2.5 计算示例

【例 10-4】 某一单相照明变压器,初级电压 $U_1 = 220V$,绕组匝数 $W_1 = 1320$ 匝,次级绕组有两个, $U_{21} = 36V$, $U_{22} = 6.3V$,试求次级绕组匝数 W_{21}, W_{22}?

【解1】 根据电压比计算,由式(10-9)

$\dfrac{U_1}{U_{21}} = \dfrac{W_1}{W_{21}}$,得

$W_{21} = \dfrac{W_1 \cdot U_{21}}{U_1} = \dfrac{1320 \times 36}{220} = 216$ 匝

由 $\dfrac{U_1}{U_{22}} = \dfrac{W_1}{W_{22}}$,得

$W_{22} = \dfrac{W_1 \cdot U_{22}}{U_1} = \dfrac{1320 \times 6.3}{220} = 37.8$

≈ 38 匝

【解2】 根据匝伏比,由式(10-10)得

$$\dfrac{W_1}{U_1} = \dfrac{1320}{220} = 6 \text{ 匝／V}$$

于是 $W_{21} = 6 \times 36 = 216$ 匝

$W_{22} = 6 \times 6.3 = 37.8 \approx 38$ 匝

【例 10-5】 一台输出变压器次级接有 8Ω 的喇叭,初级信号源内阻是 512Ω,当输出功率最大时,求变压器的匝数比。

【解】 已知 $Z_1 = 512\Omega$, $Z_2 = 8\Omega$,据式(10-14) 8Ω 喇叭获得最大功率,变压器原、副绕组的匝数比

$$K = \sqrt{\dfrac{Z_1}{Z_2}} = \sqrt{\dfrac{512}{8}} = 8$$

【例 10-6】 有一低压变压器,其原边电压 $U_1 = 380V$,副边电压 $U_2 = 36V$,接有电阻性负载,实测副边电流 $I_2 = 3A$,若变压器的效率 η 为 85%,试求原、副边的功率,变压器的功率损耗及原边电流。

【解】 副边接电阻性负载,其功率

$$P_2 = U_2 I_2 = 36 \times 3 = 108W$$

由式(10-18) $\eta = \dfrac{P_2}{P_1} \times 100\%$ 得原边功率

$$P_1 = \dfrac{P_2}{\eta} = \dfrac{108}{85\%} = 127W$$

变压器功率损耗 $P_1 - P_2 = 127 - 108 = 19W$

原边电流 $I_1 = \dfrac{P_1}{U_1} = \dfrac{127}{380} = 0.334A$

【例 10-7】 某配电变压器 S_9-100/10,10/0.4kV,Y·yn0。据查 $\Delta P_0 = 290W$、$\Delta P_k = 1500W$。

(1) 求变压比;

(2) 求原、副绕组的额定电流;

(3) 当变压器负荷系数 $\beta = 1$, $\cos\varphi = 0.8$ 时,变压器的效率;

(4) 变压器的最大效率。

【解】 (1) 变压比 $K = \dfrac{U_1}{U_2} = \dfrac{10}{0.4} = 25$

(2) 三相变压器无特殊说明,额定电流均指线电流,由 $S = \sqrt{3} UI$,得

$I_{1N} = \dfrac{100}{\sqrt{3} \times 10} = 5.8A$, $I_{2N} = \dfrac{100}{\sqrt{3} \times 0.4}$

$= 144.3A$

(3) 负荷系数 $\beta = 1$,变压器为额定负载,变压器输出功率 $P_{2N} = S_N \cos\varphi = 100 \times 0.8 = 80kW$,

此时变压器效率,据式(10-20)

$$\eta = \dfrac{P_2}{P_2 + \Delta P_0 + \beta^2 \Delta P_k} \times 100\%$$

$$= \dfrac{80}{80 + 0.29 + 1^2 \times 1.5} \times 100\%$$

$$= 97.8\%$$

(4) 最大效率时的负荷系数,据式(10-22)

$$\beta = \sqrt{\dfrac{\Delta P_0}{\Delta P_k}} = \sqrt{\dfrac{290}{1500}} = 0.44$$

$P_2 = \beta \cdot P_{2N} = 0.44 \times 80 = 35.2kW$,

于是,最大效率

$$\eta = \dfrac{35.2}{35.2 + 0.29 + 0.44^2 \times 1.5} = 98.4\%$$

小　　结

1. 变压器是静止的电器,运行中内部损耗非常小,忽略变压器的内部损耗,空载电流等因素,理想变压器的基本关系式和对应的功能、作用,如下表所示

基 本 关 系 式	功 能 、 作 用
$U_1 I_1 = U_2 I_2$	输出电功率等于输入电功率
$K = \dfrac{U_1}{U_2} = \dfrac{W_1}{W_2}$	改变交流电压
$\dfrac{I_1}{I_2} = \dfrac{1}{K}$	改变交流电流
$Z_1 = \left(\dfrac{I_2}{I_1}\right)^2 Z_2 = K^2 Z_2$	改变交流阻抗

表中　U_1、U_2 为原、副绕组的端电压;
　　　I_1、I_2 为原、副绕组通过的额定电流;
　　　W_1、W_2 为原、副绕组的匝数;
　　　K 为变压比;
　　　Z_1、Z_2 为原、副绕组的输入、输出阻抗。

对于实际变压器,由于存在着损耗,其效率小于 100%,原、副绕组间的输出、输入电功率;电压、电流及阻抗变换关系不完全符合上述关系式。变压器效率越高、二者差别越小。

2. 由于铁磁性材料的磁滞和涡流现象,变压器铁芯有铁损 P_{Fe},铁损是个固定不变的损耗,且等于变压器额定电压下的空载损耗 ΔP_0,由变压器空载试验测定。即 $P_{Fe} = \Delta P_0$。

3. 由于绕组电阻的存在,变压器运行时还有铜损 P_{Cu}。铜损是个可变损耗,与负载电流的平方成正比。变压器额定负载下的铜损为变压器短路损耗 ΔP_k,由变压器短路试验测定。负载下变压器的铜损

$$P_{Cu} = \left(\dfrac{I_2}{I_1}\right)^2 \Delta P_k = \beta^2 \Delta P_k$$

电力变压器的空载损耗 ΔP_0 和短路损耗 ΔP_k 数据可查产品技术参数。

4. 由于变压器运行时,内部能量损耗主要包括空载损耗和短路损耗,变压器输出的功率 P_2 总比输入的功率 P_1 要小。变压器的效率

$$\eta = \dfrac{P_1}{P_2} \times 100\% = \dfrac{P_2}{P_2 + P_{Fe} + P_{Cu}} \times 100\%$$

$$= \dfrac{P_2}{P_2 + \Delta P_0 + \beta^2 \Delta P_k} \times 100\%$$

5. 当变压器的铜损等于铁损时,其负荷系数为最佳负荷系数。

最佳负荷系数 $\beta = \sqrt{\dfrac{\Delta P_0}{\Delta P_k}}$,在最佳负荷系数下运行的变压器,效率最大。

10.3 需要系数法确定计算负荷

本节首先学习电力负荷、计算负荷和负荷计算的概念；然后介绍需要系数法确定计算负荷的方法、步骤；并给出计算示例。确定计算负荷是供电、配电的基础，是选择保护电器和导线、电缆截面的依据。因此应掌握好运用需要系数法确定计算负荷的方法。

10.3.1 电力负荷

电力负荷简称负荷，它有两种含义：一是指耗用电能的用电设备（器具）或用电单位、电力用户；另一是指用电设备（器具）或用电单位、电力用户所耗用的电功率或电流。

实际运用中，对于供配电系统内的电源与负荷的称谓是相对的。例如，某终端配电箱是所接灯具、插座或电动机等的"电源"，但它又是前级配电箱或配电变压器的"负荷"。同样，某配电变压器是所接低压负荷的"电源"，但它又是10kV线路或前一级变配电所的"负荷"。

10.3.2 计算负荷

计算负荷是作为按发热条件选择供电系统中配电变压器、开关保护电器、导线和电缆截面的负荷值，其所产生的热效应与实际变动负荷所产生的最大热效应相等。

通常采用全年里时间间隔为半小时（30min）的平均负荷（P_{30}）中的最大值（P_m）作为计算负荷（P_c）。即

$$P_c = P_m = P_{30} \qquad (10\text{-}23)$$

在工程上为方便计算，计算负荷也可作为电能消耗量及无功功率补偿的依据。

10.3.3 负荷计算及方法

（1）确定或求得计算负荷的过程，称为负荷计算。负荷计算应包括计算负荷的有功功率 P_c、无功功率 Q_c、视在功率 S_c、计算电流 I_c 等的计算。

（2）负荷计算的方法，常用的有：需要系数法、二项式法、利用系数法和单位指标法等。这里仅介绍需要系数法。

10.3.4 用需要系数法确定计算负荷

（1）需要系数法，是将用电设备容量 P_e 乘以需要系数 K_d 和同时系数 K_Σ，直接求出计算负荷的一种简便方法。

用电设备容量 P_e，指用电设备组所有设备（不含备用设备）额定容量 P_N 的总和。

该方法的计算基数是设备的额定容量 P_N（又称安装容量或装置容量）。由于实际使用中，并不是所有设备都同时运行，而且运行中的设备又不一定每一台都达到它的额定容量。因此不能直接用额定容量作为计算负荷。通常根据对各类负荷的实际测量，进行统计分析，将所有影响计算负荷的许多因素归并成为一个不大于1的系数，称之为需要系数 K_d，供负荷计算中查取。

为方便计算，表 10-4～表 10-11，列有各类用电设备（组）、某些工厂及民用建筑照明负荷等的需要系数 K_d 和功率因数 $\cos\varphi$。

某些工厂的全厂需用系数及功率因数   表 10-4

工 厂 类 别	需 要 系 数		最大负荷时功率因数	
	变 动 范 围	建 议 采 用	变 动 范 围	建 议 采 用
汽轮机制造厂	0.38～0.49	0.38	—	0.88
锅炉制造厂	0.26～0.33	0.27	0.73～0.75	0.73

工 厂 类 别	需 要 系 数		最大负荷时功率因数	
	变 动 范 围	建 议 采 用	变 动 范 围	建 议 采 用
柴油机制造厂	0.32~0.34	0.32	0.74~0.84	0.74
重型机械制造厂	0.25~0.47	0.35	—	0.79
机床制造厂	0.13~0.3	0.2	—	—
重型机床制造厂	0.32	0.32	—	0.71
工具制造厂	0.34~0.35	0.34	—	—
仪器仪表制造厂	0.31~0.42	0.37	0.8~0.82	0.81
滚珠轴承制造厂	0.24~0.34	0.28	—	—
量具刃具制造厂	0.26~0.35	0.26	—	—
电机制造厂	0.25~0.38	0.33	—	—
石油机械制造厂	0.45~0.5	0.45	—	0.78
电线电缆制造厂	0.35~0.36	0.35	0.65~0.8	0.73
电气开关制造厂	0.3~0.6	0.35	—	0.75
阀门制造厂	0.38	0.38	—	—
铸管厂	—	0.5	—	0.78
橡胶厂	0.5	0.5	0.72	0.72
通用机器厂	0.34~0.43	0.4	—	—

用电设备组的需用系数 K_d 及 $\cos\varphi$　　　　　　　　　　　　　　　表 10-5

用 电 设 备 组 名 称	K_d	$\cos\varphi$	$\mathrm{tg}\varphi$
单独传动的金属加工机床：			
小批生产的金属冷加工机床	0.12~0.16	0.5	1.73
大批生产的金属冷加工机床	0.17~0.2	0.5	1.73
小批生产的金属热加工机床	0.2~0.25	0.55~0.6	1.51~1.33
大批生产的金属热加工机床	0.25~0.28	0.65	1.17
锻锤、压床、剪床及其他锻工机械	0.25	0.6	1.33
木工机械	0.2~0.3	0.5~0.6	1.73~1.33
液压机	0.3	0.6	1.33
生产用通风机	0.75~0.85	0.8~0.85	0.75~0.62
卫生用通风机	0.65~0.7	0.8	0.75
泵、活塞型压缩机、电动发电机组	0.75~0.85	0.8	0.75
球磨机、破碎机、筛选机、搅拌机等	0.75~0.85	0.8~0.85	0.75~0.62
电阻炉(带调压器或变压器)			
非自动装料	0.6~0.7	0.95~0.98	0.33~0.2
自动装料	0.7~0.8	0.95~0.98	0.33~0.2
干燥箱　加热器等	0.4~0.7	1	0

用 电 设 备 组 名 称	K_d	$\cos\varphi$	$\text{tg}\varphi$
工频感应电炉(不带无功补偿装置)	0.8	0.35	2.67
高频感应电炉(不带无功补偿装置)	0.8	0.6	1.33
焊接和加热用高频加热设备	0.5~0.65	0.7	1.02
熔炼用高频加热设备	0.8~0.85	0.8~0.85	0.75~0.62
表面淬火电炉(带无功补偿装置):			
电动发电机	0.65	0.7	1.02
真空管振荡器	0.8	0.85	0.62
中频电炉(中频机组)	0.65~0.75	0.8	0.75
氢气炉(带调压器或变压器)	0.4~0.5	0.85~0.9	0.62~0.48
真空炉(带调压器或变压器)	0.55~0.65	0.85~0.9	0.62~0.48
电弧炼钢炉变压器	0.9	0.85	0.62
电弧炼钢炉的辅助设备	0.15	0.5	1.73
点焊机、缝焊机	0.35,0.2*	0.6	1.33
对焊机	0.35	0.7	1.02
自动弧焊变压器	0.5	0.5	1.73
单头手动弧焊变压器	0.35	0.35	2.68
多头手动弧焊变压器	0.4	0.35	2.68
单头直流弧焊机	0.35	0.6	1.33
多头直流弧焊机	0.7	0.7	0.88
金属、机修、装配车间、锅炉房用起重机(JC=25%)	0.1~0.15	0.5	1.73
铸造车间用起重机(JC=25%)	0.15~0.3	0.5	1.73
联锁的连续运输机械	0.65	0.75	0.88
非联锁的连续运输机械	0.5~0.6	0.75	0.88
一般工业用硅整流装置	0.5	0.7	1.02
电镀用硅整流装置	0.5	0.75	0.88
电解用硅整流装置	0.7	0.8	0.75
红外线干燥装置	0.85~0.9	1	0
电火花加工装置	0.5	0.6	1.33
超声波装置	0.7	0.7	1.02
X光设备	0.3	0.55	1.52

部分用电设备的需要系数和功率因数 表 10-6

序　号	用 电 设 备 名 称	需要系数	$\cos\phi$	$\tan\phi$
1	大批生产及流水作业的热加工车间	0.3~0.4	0.65	1.17
2	大批生产及流水作业的冷加工车间	0.2~0.25	0.50	1.73
3	小批生产及单独生产的冷加工车间	0.16~0.2	0.5	1.73
4	生产用的通风机、水泵	0.75~0.85	0.8	0.75
5	卫生保健用的通风机	0.65	0.8	0.75
6	运输机、传送带	0.52~0.60	0.75	0.88
7	混凝土及砂浆搅拌机	0.65~0.70	0.65	1.17
8	破碎机、筛、泥泵、砾石洗涤机	0.70	0.70	1.02
9	起重机、掘土机、升降机	0.25	0.70	1.02
10	球磨机	0.70	0.70	1.02
11	电焊变压器	0.45	0.45	1.98
12	工业企业建筑室内照明	0.80	1.00	0
13	大面积住宅、办公室室内照明	0.40~0.70	1.00	0
14	变电所、仓库照明	0.50~0.70	1.00	0
15	室外照明	1.00	1.00	0

民用建筑照明负荷需要系数表 表 10-7

建 筑 物 名 称		需 要 系 数	备　　　　注
一般住宅楼	20 户以下	0.6	单元式住宅，每户两室为多数，两室户内插座为6~8个，每户安装电度表
	20~50 户	0.5~0.6	
	50~100 户	0.4~0.5	
	100 户以上	0.4	
高级住宅楼		0.6~0.7	
单身宿舍楼		0.6~0.7	一开间内 1~2 盏灯，2~3 个插座
一般办公楼		0.7~0.8	一开间内 2 盏灯，2~3 个插座
高级办公楼		0.6~0.7	
科 研 楼		0.8~0.9	一开间内 2 盏灯，2~3 个插座
发展与交流中心		0.6~0.7	
教 学 楼		0.8~0.9	三开间内 6~11 灯，1~2 个插座
图 书 馆		0.6~0.7	
托儿所、幼儿园		0.8~0.9	
小型商业、服务业用房		0.85~0.9	
综合商业、服务楼		0.75~0.85	
食堂、餐厅		0.8~0.9	
高级餐厅		0.7~0.8	
一般旅馆、招待所		0.7~0.8	一开间 1 盏灯，2~3 个插座，集中卫生间

建 筑 物 名 称	需 要 系 数	备 注
高级旅馆、招待所	0.6~0.7	带卫生间
旅游宾馆	0.35~0.45	单间客房4~5盏灯，4~6个插座
电影院、文化馆	0.7~0.8	
剧 场	0.6~0.7	
礼 堂	0.5~0.7	
体育练习馆	0.7~0.8	
体 育 馆	0.65~0.75	
展 览 厅	0.5~0.7	
门 诊 楼	0.6~0.7	
一般病房楼	0.65~0.75	
高级病房楼	0.5~0.6	
锅 炉 房	0.9~1	

照明用电设备的需要系数 K_d 　　　　表 10-8

序号	照 明 类 别	K_d	序号	照 明 类 别	K_d
	住宅建筑（照明负荷用 ω 指标求出）		18	火车站	0.76
1	20户以下及单身宿舍	0.7~0.6	19	文化馆	0.71
2	20~50户	0.6~0.5	20	一般体育馆	0.86
3	50~100户	0.5~0.4	21	大型体育馆	0.65
4	100户以上	0.4~0.3	22	博物馆	0.82~0.92
5	白炽灯总安装容量为10kW以下	0.95~0.85	23	展览馆、影剧院	0.7~0.8
6	日光灯总安装容量为5kW以下	1.0~0.95	24	高层建筑	0.4~0.5
7	碘钨灯、霓虹灯	1.0~0.9	25	农村及市郊	0.25~0.85
8	通道照明	0.95		工业建筑	
	公共建筑		26	生产厂房（有天然采光）	0.8~0.9
9	商店	0.85~0.95	27	生产厂房（无天然采光）	0.8~1.0
10	医院	0.5~0.6	28	厂房面积为5000m² 以下的车间或工段	0.9
11	学校	0.6~0.7	29	厂房面积为2000m² 以下的车间工段	1.0
12	旅社、饭店	0.7~0.8	30	安装高压水银灯的厂房	0.95~1.0
13	旅游宾馆	0.45~0.65	31	锅炉房	0.9
14	餐厅、宴会厅	0.9~1.0	32	仓库	0.5~0.7
15	设计室	0.9~0.95	33	办公室，试验室	0.7~0.8
16	科研楼、教室	0.8~0.9	34	生活区、宿舍区	0.6~0.8
17	大会堂	0.51	35	道路照明，事故照明	1.0

电气光源的功率因数   表 10-9

光 源 类 别	$\cos\varphi$	$\mathrm{tg}\varphi$	光 源 类 别	$\cos\varphi$	$\mathrm{tg}\varphi$
白炽灯,卤钨灯	1.0	0	高压钠灯	0.45	1.98
荧光灯(无补偿)	0.55	1.52	金属卤化物灯	0.4~0.61	2.29~1.29
荧光灯(有补偿)	0.9	0.48	镝灯	0.52	1.6
高压水银灯(50~175W)	0.45~0.5	1.98~1.73	氙灯	0.9	0.48
高压水银灯(200~1000W)	0.65~0.67	1.16~1.10	霓虹灯	0.4~0.5	2.29~1.73

注：本表按《工厂配电设计手册》、《住宅电气设计》编制。

民用建筑用电设备的需要系数 K_d 表 10-10

序 号	用 电 设 备 分 类	K_d	$\cos\varphi$	$\mathrm{tg}\varphi$
1	通风和采暖用电			
	各种风机,空调器	0.7~0.8	0.8	0.75
	恒温空调箱	0.6~0.7	0.95	0.33
	冷冻机	0.85~0.9	0.8	0.75
	集中式电热器	1.0	1.0	0
	分散式电热器(20kW 以下)	0.85~0.95	1.0	0
	分散式电热器(100kW 以上)	0.75~0.85	1.0	0
	小型电热设备	0.3~0.5	0.95	0.33
2	给排水用电			
	各种水泵(15kW 以下)	0.75~0.8	0.8	0.75
	各种水泵(17kW 以上)	0.6~0.7	0.87	0.57
3	起重运输用电			
	客梯(1.5t 及以下)	0.35~0.5	0.5	1.73
	客梯(2t 及以上)	0.6	0.7	1.02
	货梯	0.25~0.35	0.5	1.73
	输送带	0.6~0.65	0.75	0.88
	起重机械	0.1~0.2	0.5	1.73
4	锅炉房用电	0.75~0.85	0.85	0.62
5	消防用电	0.4~0.6	0.8	0.75
6	厨房及卫生用电			
	食品加工机械	0.5~0.7	0.80	0.75
	电饭锅、电烤箱	0.85	1.0	0
	电炒锅	0.70	1.0	0
	电冰箱	0.60~0.7	0.7	1.02
	热水器(淋浴用)	0.65	1.0	0
	除尘器	0.3	0.85	0.62

序 号	用 电 设 备 分 类	K_d	$\cos\varphi$	$tg\varphi$
7	机修用电			
	修理间机械设备	0.15~0.20	0.5	1.73
	电焊机	0.35	0.35	2.68
	移动式电动工具	0.2	0.5	1.73
8	其他动力用电			
	打包机	0.20	0.60	1.33
	洗衣房动力	0.65~0.75	0.50	1.73
	天窗开闭机	0.1	0.5	1.73
9	家用电器(包括:电视机、收录机、洗衣机、电冰箱、风扇、吊扇、冷热风扇、电吹风、电熨斗、电褥、电钟、电铃)	0.5~0.55	0.75	0.88
10	通讯及信号设备			
	载波机	0.85~0.95	0.8	0.75
	收讯机	0.8~0.9	0.8	0.75
	发讯机	0.7~0.8	0.8	0.75
	电话交换台	0.75~0.85	0.8	0.75
	客房床头电气控制箱	0.15~0.25	0.6	1.33

注:本表参照若干工程、杂志资料等汇编制成,仅供参考。

单 机 负 载 率　　　　　　　　　　表 10-11

类　别	需用系数	功率因数	类　别	需用系数	功率因数
冷冻机	0.65~0.75	0.75~0.8	影 院	0.7~0.8	0.8~0.85
水 泵	0.7~0.8	0.8~0.85	剧 院	0.6~0.7	0.75
风 机	0.75~0.85	0.8	体育馆*	0.65~0.75	0.75~0.8

* 只有一个比赛大厅的非综合性体育建筑。

(2) 用电设备组的计算负荷

用电设备组是由工艺性质相同,需要系数相近的一些设备合并而成。在某一民用建筑或工厂某一车间中,可根据具体情况将用电设备划分为若干组,查出各自的 K_d 后,加以计算

$$P_c = K_d P_e \qquad (10\text{-}24)$$

$$Q_c = P_c tg\varphi \qquad (10\text{-}25)$$

$$S_c = \sqrt{P_c^2 + Q_c^2} = \frac{P_c}{\cos\varphi} \qquad (10\text{-}26)$$

$$I_c = \frac{S_c}{\sqrt{3}\,U_N} = \frac{P_c}{\sqrt{3}\,U_N\cos\varphi} \qquad (10\text{-}27)$$

式中　K_d——用电设备组的需要系数;

　　　$tg\varphi$——用电设备组功率因数角的正切值;

　　　U_N——用电设备组的额定线电压,0.38kV;

　　　P_c——有功计算功率,kW;

　　　Q_c——无功计算功率,kvar;

　　　S_c——视在计算功率,kV·A;

　　　I_c——计算电流,A;

　　　P_e——用电设备组的设备容量,kW。

用电设备组的设备容量 P_e,指用电设备组所有设备(不含备用设备)的额定容量 P_N

之和。

$$P_e = \Sigma P_N \qquad (10\text{-}28)$$

对于接在三相线路相电压(220V)上的单相用电设备(称为相负荷),则首先将其尽可能均匀的分配在各相上,取最大负荷相所接单相设备额定容量之和 $\Sigma P_{N\cdot m\varphi}$ 的三倍为等效三相设备容量 P_e。即

$$P_e = 3\Sigma P_{N\cdot m\varphi} \qquad (10\text{-}29)$$

(3) 多组用电设备的配电干线或 10kV 变电所低压母线上的计算负荷

$$\Sigma P_c = K_\Sigma \cdot \Sigma(K_d P_e) \qquad (10\text{-}30)$$

$$\Sigma Q_c = K_\Sigma \cdot \Sigma(P_c \text{tg}\varphi) \qquad (10\text{-}31)$$

$$S_c = \sqrt{(\Sigma P_c)^2 + (\Sigma Q_c)^2} \qquad (10\text{-}32)$$

$$I_c = \frac{S_c}{\sqrt{3}\,U_N} \qquad (10\text{-}33)$$

$$\cos\varphi = \Sigma P_c / S_c \qquad (10\text{-}34)$$

式中 K_Σ——同时系数。

同时系数 K_Σ,即最大负荷同时系数,为考虑计算范围内各组用电设备的最大负荷不同时出现的因素所计入的系数,显然 K_Σ 不大于 1。

对于配电干线,可取 $K_\Sigma = 0.85 \sim 0.95$;

对于 10kV 变电所低压母线,当由用电设备组计算负荷直接相加来计算时,可取 $K_\Sigma = 0.8 \sim 0.9$;当由各配电干线计算负荷直接相加来计算时,可取 $K_\Sigma = 0.9 \sim 0.95$。

为了简化计算,有功和无功同时系数都取相同值。

10.3.5 需要系数 K_d 的查取

K_d 可从供电教材、有关设计手册上查到。

查取 K_d 的注意事项:

(1) 注意 K_d 的适用范围

应正确判明计算对象的类别和工作状态,认真区分各类用电设备组的 K_d、各类车间的 K_d、各类工厂或各类建筑物的 K_d。

(2) 注意 K_d 的取值

要区分用电设备的台数多少,各台设备容量相差大小等情况。一般如果计算范围内用电设备台数多,各台设备容量相差不大,则 K_d 值较小;而计算范围内用电设备台数较少,各台设备容量相差悬殊,则 K_d 较大;当只有 $1 \sim 3$ 台时 K_d 值可取 1。

总之,需要系数的选择要尽量做到使计算负荷接近实际,并应在确定计算负荷时,留有一定余地,以适应发展的要求。需要系数的选择还与安全经济运行及供电质量等有密切关系,不能选择得过大或过小。需要系数选择得过大,计算负荷就会比实际数值大很多,造成电力设备、导线不满载运行,不经济、是个浪费;若得过小,计算负荷比实际数值低很多,会增加线路损耗、降低电压质量,严重时将导致设备过热、损坏绝缘。

10.3.6 计算示例

【例 10-8】 某 380V 三相电动机,型号 Y160L-4,其功率 15kW、功率因数 0.85、效率 88.5%,试确定该电动机分支线路的计算负荷。

【解】 因只有一台电动机的分支线路,故取 $K_d = 1$,得

$$P_c = \frac{P_e}{\eta} = \frac{15}{0.885} = 16.95\text{kW}$$

$$Q_c = P_c \text{tg}\varphi = 16.95 \times \text{tg}(\cos^{-1}0.85)$$
$$= 12.91\text{kvar}$$

$$S_c = \frac{P_c}{\cos\varphi} = \frac{16.95}{0.85} = 19.94\text{kVA}$$

$$I_c = \frac{P_c}{\sqrt{3}\,U_N \cdot \eta \cdot \cos\varphi} = \frac{15}{\sqrt{3} \times 0.38 \times 0.885 \times 0.85}$$
$$= 30.3\text{A}$$

I_c 即为电动机的额定电流 $I_{N\cdot M}$。

【例 10-9】 某车间 380V 干线上接有冷加工机床 20 台,共 74kW(电动机 11kW×1台、5.5kW×4台、3.0kW×10台、2.2kW×5台),通风机 4 台共 10.4kW、电阻炉 2 台共 8kW,试确定干线上的计算负荷。

【解】 先求出各组的计算负荷

冷加工组 查表 10-6, 取 $K_d = 0.20$、$\cos\varphi = 0.5$、$tg\varphi = 1.73$

则 $P_c = K_d P_e = 0.20 \times 74 = 14.80\text{kW}$

$Q_c = P_c tg\varphi = 14.80 \times 1.73$
$= 25.60\text{kvar}$

通风机组 查表 10-6, 取 $K_d = 0.85$、$\cos\varphi = 0.80$、$tg\varphi = 0.75$

则 $P_c = K_d P_e = 0.85 \times 10.4 = 8.84\text{kW}$

$Q_c = P_c tg\varphi = 8.84 \times 0.75$
$= 6.63\text{kvar}$

电阻炉 查表 10-5, 取 $K_d = 0.7$、$\cos\varphi = 0.98$、$tg\varphi = 0.20$

则 $P_c = K_d P_e = 0.7 \times 8 = 5.6\text{kW}$

$Q_c = P_c tg\varphi = 5.6 \times 0.20$
$= 1.12\text{kvar}$

根据式(10-30)、(10-31)、(10-32)、(10-33)、(10-34)取 $K_\Sigma = 0.90$, 干线上总计算负荷即为

$\Sigma P_c = K_\Sigma \Sigma(K_d P_e)$

$= 0.9 \times (14.80 + 8.84 + 5.6)$
$= 0.9 \times 29.24$
$= 26.32\text{kW}$

$\Sigma Q_c = K_\Sigma \Sigma(P_c tg\varphi)$
$= 0.9 \times (25.60 + 6.63 + 1.12)$
$= 0.9 \times 33.35$
$= 30.02\text{kvar}$

$S_c = \sqrt{(\Sigma P_c)^2 + (\Sigma Q_c)^2}$
$= \sqrt{26.32^2 + 30.02^2}$
$= 39.92\text{kVA}$

$I_c = S_c / (\sqrt{3} U_N) = 39.92 / (\sqrt{3} \times 0.38)$
$= 60.65\text{A}$

$\cos\varphi = \Sigma P_c / S_c = 26.32 / 39.92 = 0.66$

在工程计算中, 为了一目了然, 便于审核, 常将计算结果制成表格。如表 10-12 所示。

【例 10-10】 某建筑工地的用电设备及其容量如下表 10-13 所示, 试确定工地低压配电所母线上的总计算负荷。

车间 380V 干线负荷计算表　　　　　　　　　　表 10-12

序号	用电设备组名称	台数	设备总容量 (kW)	K_d	$\cos\varphi$	$tg\varphi$	计算负荷			
							P_c kW	Q_c kvar	S_c kV·A	I_c A
1	冷加工机床	20	74	0.20	0.5	1.73	14.80	25.6		
2	通风机	4	10.4	0.85	0.80	0.75	8.84	6.63		
3	电阻炉	2	8	0.7	0.98	0.20	5.6	1.12		
4	合计	26	92.4	—	—	—	26.32	33.35		
5			$K_\Sigma = 0.9$	—	0.66	—	26.32	30.02	39.92	60.65

工地配电所低压母线负荷计算表　　　　　　　　　　表 10-13

序号	用电设备组名称	功率 (kW)	台数	总容量 (kW)	K_d	$\cos\varphi$	$tg\varphi$	计算负荷			
								P_c kW	Q_c kvar	S_c kV·A	I_c A
1	混凝土搅拌机	10	4	40	0.7	0.65	1.17				
2	灰浆搅拌机	4.5	4	18	0.7	0.65	1.17				
3	升降机	4.5	2	9	0.25	0.70	1.02				
4	传送机	7	5	35	0.6	0.75	0.88				

序号	用电设备组名称	功率(kW)	台数	总容量(kW)	K_d	$\cos\varphi$	$tg\varphi$	计算负荷			
								P_c kW	Q_c kvar	S_c kV·A	I_c A
5	起重机	30	2	0.6	0.25	0.70	1.02				
6	电焊机单相380V	32	3	96	0.45	0.45	1.98				
7	现场照明			20	1	1	0				
8	合 计		20	278							
9				$K_\Sigma=0.9$							

【解】 可按表格的序号依次计算。用电设备组的 K_d 和 $\cos\varphi$ 值从表10-6中查取。

混凝土搅拌机组

$$P_c = K_d P_e = 0.7 \times 40 = 28kW$$

$$Q_c = P_c tg\varphi = 28 \times 1.17 = 32.76kvar$$

灰浆搅拌机组

$$P_c = K_d P_e = 0.7 \times 18 = 12.6kW$$

$$Q_c = P_c tg\varphi = 12.6 \times 1.17 = 14.74kvar$$

升降机组

$$P_c = K_d P_e = 0.25 \times 9 = 2.25kW$$

$$Q_c = P_c tg\varphi = 2.25 \times 1.02 = 2.3kvar$$

传送带组

$$P_c = K_d P_e = 0.6 \times 35 = 21kW$$

$$Q_c = P_c tg\varphi = 21 \times 0.88 = 18.48kvar$$

起重机组

$$P_c = K_d P_e = 0.25 \times 60 = 15kW$$

$$Q_c = P_c tg\varphi = 15 \times 1.02 = 15.3kvar$$

电焊机组

$$P_c = K_d P_e = 0.45 \times 96 = 43.2kW$$

$$Q_c = P_c tg\varphi = 43.2 \times 1.98 = 85.54kvar$$

施工现场照明

$$P_c = K_d P_e = 1 \times 20 = 20kW$$

$$Q_c = P_c tg\varphi = 20 \times 0 = 0$$

求总的计算负荷，取 $K_\Sigma = 0.9$

$$\Sigma P_c = K_\Sigma \Sigma(K_d P_e)$$
$$= 0.9 \times (28 + 12.6 + 2.25 + 21 + 15$$

$$+ 43.2 + 20)$$
$$= 0.9 \times 142.05$$
$$= 127.8kW$$

$$\Sigma Q_c = K_\Sigma \Sigma(P_c tg\varphi)$$
$$= 0.9 \times (32.76 + 14.74 + 2.3$$
$$+ 18.48 + 15.3 + 85.54 + 0)$$
$$= 0.9 \times 169.12$$
$$= 152.2kvar$$

$$S_c = \sqrt{(\Sigma P_c)^2 + (\Sigma Q_c)^2}$$
$$= \sqrt{127.8^2 + 152.2^2}$$
$$= 198.7kVA$$

$$I_c = \frac{S_c}{\sqrt{3} U_N}$$
$$= \frac{198.7}{\sqrt{3} \times 0.38}$$
$$= 301.9A$$

$$\cos\varphi = \frac{\Sigma P_c}{S_c}$$
$$= \frac{127.8}{198.7}$$
$$= 0.643$$

【例 10-11】 某生产厂房 220/380V 三相照明供电线路上，照明灯具分配如下

L_1 相　高压钠灯 250W、4 盏，白炽灯 2kW

L_2 相　高压钠灯 250W、6 盏，白炽灯 1kW

L_3 相　高压钠灯 250W、4 盏，白炽灯 2.5kW

求该三相线路的计算电流和功率因数

【解】 据查 250W 高压钠灯镇流器损耗 50W, $\cos\varphi = 0.455$, $\text{tg}\varphi = 1.96$, K_d 取 1, 各相负荷计算见下表 10-14。

表 10-14

支线	光源	P/W	Q/var	S/VA	I/A	$\cos\varphi$
L_1	白炽灯	2000	—	—	—	—
	高压钠灯	$(250+50)\times 4$ $=1200$	1200×1.96 $=2352$			
	小计	3200	2352	$\sqrt{3200^2+2352^2}$ $=3971.4$	$3971.4\div 220$ $=18.1$	$3200\div 3971.4$ $=0.81$
L_2	白炽灯	1000	—			
	高压钠灯	$(250+50)\times 6$ $=1800$	1800×1.96 $=3528$			
	小计	2800	3528	$\sqrt{2800^2+3528^2}$ $=4504.1$	$4504.1\div 220$ $=20.5$	$2800\div 4504.1$ $=0.62$
L_3	白炽灯	2500	—			
	高压钠灯	$(250+50)\times 4$ $=1200$	1200×1.96 $=2352$			
	小计	3700	2352	$\sqrt{3700^2+2352^2}$ $=4384.3$	$4384.3\div 220$ $=19.9$	$3700\div 4384.3$ $=0.84$

比较各相负荷,其中 L_2 支线相电流最大,对于星形接线的线电流等于相电流,故该照明干线的计算电流为 20.5A, $\cos\varphi$ 为 0.62。

【例 10-12】 有两间教室包括楼道走廊照明,配设 40W 荧光灯(电感镇流器)28 盏和 60W 白炽灯 4 盏。如果两间教室为一 220V 分支回路,试求该分支回路的计算电流。

【解】 因该照明回路属分支回路,取 $K_d=1$, 40W 荧光灯电感镇流器耗用功率 8W, $\cos\varphi=0.52$, $\text{tg}\varphi=1.64$, 负荷计算如下

荧光灯 $P=(40+8)\times 28=1344W$

$Q=1344\times 1.64=2204.16\text{var}$

白炽灯 $P=60\times 4=240W$

分支回路 $P=1344+240=1584W$

$Q=2204.16\text{var}$

$S=\sqrt{1584^2+2204.16^2}$

$=2714.29\text{VA}$

$I=2714.29\div 220=12.34A$

$\cos\varphi=1584\div 2714.29=0.58$

【例 10-13】 将上题中的 40W 荧光灯管改选为 36W 的 $\phi 26mm$ 节能型荧光灯管,且配用电子镇流器,试求出改选灯管和镇流器后该照明分支回路的计算电流。

【解】 36W 荧光灯电子镇流器耗用功率仅 $2\sim 3W$, $\cos\varphi\geqslant 0.9$, 现取 $\cos\varphi=0.9$, $\text{tg}\varphi=0.484$

荧光灯 $P=(36+3)\times 28=1092W$

$Q=1092\times 0.484=528.53\text{var}$

白炽灯 $P=60\times 4=240W$

分支回路 $P=1092+240=1332W$

$Q=528.53\text{var}$

$S=\sqrt{1332^2+528.53^2}$

$=1433.03V\cdot A$

$I=1433.03\div 220=6.51A$

$$\cos\varphi = 1332 \div 1433.03 = 0.929$$
$$\approx 0.93$$

比较【例 10-12】和【例 10-13】的计算结果可以看出,改选节能型荧光灯管后,回路计算由 12.34A 减少为 6.51A;而功率因数由 0.58 提高为 0.93,节电效果显著。

【例 10-14】 某五层教学楼,每层 6 间教室,每间教室包括楼道走廊布设照明灯具有 36W 单管荧光灯(配电子镇流器)14 盏、60W 白炽灯 2 盏。照明负荷经三相分配,两间教室为一 220V 分支回路。试求

(1) 两间教室分支回路的计算负荷,取 $K_d = 1$;

(2) 每层教学楼的计算负荷,取 $K_d = 1$;

(3) 五层教学楼总的计算负荷,取 $K_d = 0.9$。

【解】 (1) 两间教室的照明分支回路负荷计算见【例 10-13】,计算结果:$P_c = 1332W$、$Q_c = 528.53\text{var}$、$S_c = 1433.03\text{VA}$、$I_c = 6.51A$、$\cos\varphi = 0.93$

(2) 一层教学楼有六间教室,两间教室为一 220V 分支回路,六间正好为一三相回路。$K_d = 1$,于是一层教学楼的三相回路计算负荷为

$$P_c = 1 \times 1332 \times 3 = 3996W \approx 4000W$$
$$Q_c = 1 \times 528.53 \times 3 = 1585.59\text{var}$$
$$S_c = 1 \times 1433.03 \times 3 = 4299.09\text{V·A}$$
$$I_c = 4299.09/(\sqrt{3} \times 380) = 6.51A$$
$$\cos\varphi = 0.93 \qquad \text{tg}\varphi = 0.395$$

(3) 五层教学楼总的计算负荷,$K_d = 0.9$。

$$P_c = 0.9 \times 4 \times 5 = 18kW$$
$$Q_c = 18 \times 0.395 = 7.11\text{kvar}$$
$$S_c = 18 \div 0.935 = 19.35kV·A$$
$$I_c = 19.35/(\sqrt{3} \times 0.38) = 29.41A$$

小 结

1. 需要系数法确定计算负荷适用范围宽,工程上已经积累了不同类型的用电设备组、不同类型车间或工厂、不同类型建筑物照明负荷等的需要系数。计算中要仔细核实、谨慎取值。

2. 根据供电系统内负荷分布位置,针对负荷计算目的,确定计算范围。再由计算范围内用电设备的台数的多少和各台设备容量相差的大小等情况,决定需要系数 K_d 值及同时系数 K_Σ 值。其中有单台设备的负荷计算,有用电设备组的负荷计算,有多组用电设备的配电干线或变电所低压母线上的负荷计算。

3. 采用需要系数法确定总计算负荷时,应逐级依次计算,即首先将配电干线范围内的用电设备按类型统一划组,配电干线的计算负荷为各用电设备组的计算负荷之和再乘以同时系数。变配电所低压母线上的计算负荷为各配电干线的计算负荷之和再乘以同时系数。(如计算变压器高压侧的负荷时则应加上变压器的损耗。)

4. 用电设备组的计算负荷

$$P_c = K_d P_e$$
$$Q_c = P_c \text{tg}\varphi$$
$$S_c = P_c/\cos\varphi = \sqrt{P_c^2 + Q_c^2}$$

$$I_c = \frac{P_c}{\sqrt{3}\,U_N\cos\varphi} = \frac{S_c}{\sqrt{3}\,U_N}$$

5. 多组用电设备的计算负荷

$$\Sigma P_c = K_\Sigma \cdot \Sigma(K_d P_e)$$

$$\Sigma Q_c = K_\Sigma \cdot \Sigma(P_c \mathrm{tg}\varphi)$$

$$S_c = \sqrt{(\Sigma P_c)^2 + (\Sigma Q_c)^2}$$

$$I_c = \frac{S_c}{\sqrt{3}\,U_N}$$

$$\cos\varphi = \frac{\Sigma P_c}{S_c}$$

6. 用电设备组的设备容量

$$P_e = \Sigma P_N$$

对于接在三相线路上相电压 220V 的相负荷,应首先将其尽可能均匀地分配在各相上,取最大负荷相所接单相设备额定容量之和的三倍为等效三相设备容量。即

$$P_e = 3\Sigma P_{N \cdot m\varphi}$$

10.4 用电设备尖峰电流的计算

本节首先学习尖峰电流的概念,然后介绍单台和多台用电设备尖峰电流的计算方法。

10.4.1 尖峰电流概念

尖峰电流指单台或多台用电设备持续 1~2s 的短时最大负荷电流。

尖峰电流主要用来选择、整定保护电器(如低压熔断器、低压断路器)和校验电压波动。

10.4.2 单台用电设备的尖峰电流

单台用电设备的尖峰电流 I_{pk} 等于该用电设备的起动电流。

$$I_{pk} = I_{st} = K_{st}I_N \qquad (10\text{-}35)$$

式中 I_{pk}——用电设备的尖峰电流,A;

I_{st}——单台用电设备的起动电流,A;

I_N——单台用电设备的额定电流,A;

K_{st}——用电设备的起动电流倍数。

K_{st} 的精确值应查产品技术参数资料。估算时笼型电动机为 5~7,绕线型电动机为 2~3,直流电动机为 1.5~2,弧焊整流器和弧焊变压器为 1.4~2.1。

10.4.3 多台用电设备的尖峰电流

$$I_{pk} = (K_{st}I_N)_{max} + I_{c(n-1)} \qquad (10\text{-}36)$$

或 $I_{pk} = (K_{st}-1)I_{N \cdot max} + I_c \quad (10\text{-}37)$

式中 $(K_{st}I_N)_{max}$——起动电流最大的一台电动机的起动电流,A;

$I_{c(n-1)}$——除去起动电流最大的一台电动机之外的计算电流,A;

$I_{N \cdot max}$——起动电流最大的一台电动机的额定电流,A。

10.4.4　计算示例

【例 10-15】　如例 10-8 电动机起动电流 $K_{st}=7$,试计算该电动机分支线路的尖峰电流。

【解】　对于单台电动机

$$I_{pk} = I_{st} = K_{st}I_{N \cdot M}$$
$$= 7 \times 30.3$$
$$= 212.1A$$

【例 10-16】　试计算【例 10-9】中车间 380V 干线的尖峰电流。

【解】　车间设备中,功率最大的电动机为 11kW,在缺少详细技术数据时,可估算电动机的额定电流和起动电流。三相鼠笼电动机额定电流

$$I_N = 2P_{N \cdot M} = 2 \times 11 = 22A$$

起动电流倍数 K_{st} 按 7 倍考虑,于是该车间 380V 干线的尖峰电流按式(10-37)计算

$$I_{pk} = (K_{st} - 1)I_{N \cdot max} + I_c$$
$$= (7 - 1) \times 22 + 60.65$$
$$= 192.65A$$

小　　结

1. 由尖峰电流的概念知道,尖峰电流是因设备起动而引起的,持续 1~2s 短时最大负荷电流。且在已知设备或线路计算电流的基础上进行计算。虽然 $I_{pk} > I_c$,但尖峰电流属于正常运行状态下的电流,是负荷计算的内容之一。

2. 短路电流是短路故障状态下的电流,短路电流 I_k 要远远大于尖峰电流 I_{pk},即

$$I_k \gg I_{pk} > I_c$$

理解尖峰电流的上述概念对于尖峰电流的计算以及保护电器的选择、整定都有很大帮助。

3. 单台用电设备尖峰电流

$$I_{pk} = I_{st} = K_{st}I_N$$

多台用电设备的尖峰电流

$$I_{pk} = (K_{st}I_N)_{max} + I_{c(n-1)}$$
$$I_{pk} = (K_{st} - 1)I_{N \cdot max} + I_c$$

10.5　低压保护电器的选择计算

主要介绍用于低压线路上作过负荷和短路保护的低压熔断器和低压断路器的选择计算。

10.5.1　低压熔断器的选择计算

低压熔断器的选择计算主要是确定熔体额定电流,而熔断器(支持件)额定电流应不小于熔体额定电流。

(1) 熔体额定电流 $I_{N \cdot FE}$ 应不小于线路的计算电流 I_c

$$I_{N \cdot FE} \geqslant I_c \qquad (10-38)$$

(2) 熔体额定电流还应躲过由于电动机起动所引起的尖峰电流 I_{pk}

$$I_{N \cdot FE} \geqslant KI_{pk} \qquad (10-39)$$

式中　K——小于 1 的计算系数。

对于单台电动机线路,如起动时间 $t_{st} < 3s$(轻载起动),宜取 $K = 0.25 \sim 0.35$;$t_{st} = 3 \sim 8s$(重载起动),宜取 $K = 0.35 \sim 0.5$;$t_{st} > 8s$(频繁起动),宜取 $K = 0.5 \sim 0.6$。

对于多台电动机的线路,视线路上最大一台电动机的起动情况、线路计算电流与尖峰电流的比值及熔断器的特性而定,取 $K = 0.5 \sim 1$;如线路计算电流与尖峰电流的比值接近于1,则可取 $K = 1$。

对于供照明灯具的线路

$$I_{N \cdot FE} \geqslant K_m I_c \qquad (10\text{-}40)$$

式中 K_m——计算系数,取决于电光源起动状况和熔断器特性,K_m 取值见表10-15。

(3)熔断器应与被保护低压配电线路相配合,使之不致发生因过负荷和短路引起绝缘导线和电缆过热起燃而熔断器不熔断的事故,应满足条件

$$I_{N \cdot FE} \leqslant K_{OL} I_z \qquad (10\text{-}41)$$

式中 I_z——绝缘导线或电缆的允许载流量,A;

K_{OL}——绝缘导线或电缆允许短时过负荷系数。在熔断器只作短路保护时,对电缆和穿管绝缘导线取2.5;对明敷绝缘导线取1.5。在熔断器不只作短路保护,而且要作过负荷保护时,如居住建筑、重要仓库和公共建筑中的照明线路,有可能长时过负荷的动力线路,以及在可燃建筑物构架上明敷的有延燃性外层的绝缘导线线路,则应取 1(当 $I_{N \cdot FE} \leqslant 25A$ 时取0.85)。对有爆炸气体区域内的线路,应取0.8。

如果式(10-38)和式(10-39)或式(10-40)两个条件选择的熔体电流不满足式(10-41)的配合要求,则应改选熔断器的型号规格,或者适当增大导线或电缆的芯线截面。

(4)按短路电流检验熔断器动作灵敏性。

$$\frac{I_{k \cdot min}}{I_{N \cdot FE}} \geqslant K \qquad (10\text{-}42)$$

式中 $I_{k \cdot min}$——熔断器保护线路首端最小短路电流,对 TN 系统、TT 系统为单相短路电流;IT 系统为两相短路电流;

K——熔断器保护灵敏性比值,见表10-16。

计 算 系 数 K_m 表 10-15

熔断器型号	熔体额定电流 A	K_m 值		
		白炽灯荧光灯 卤钨灯	高 压 水银灯	高压钠灯 金属卤化物灯
RL$_1$	≤60	1.0	1.3~1.7	1.5
RC$_{1A}$	≤63	1.0	1~1.5	1.1
RL$_7$	≤63	1.0	1.1~1.5	1.2
RL$_6$、NT$_{00}$	≤63	1.0	1.3~1.7	1.5

熔体额定电流/A		$4\sim10$	$16\sim32$	$40\sim63$	$80\sim200$	$250\sim500$
熔断时间/s	5	4.5	5	5	6	7
	0.4	8	9	10	11	—

表 10-16 中 K 值适用于符合 IEC 标准的新型熔断器如 RT 12、RT 15、NT 等型熔断器。对于老式熔断器可取 $K=4\sim7$，即近似地按表中熔断时间为 5s 的熔体来取值。

(5) 熔断器还必须进行断流能力的校验

$$I_{oc} \geqslant I_k^{(3)} \qquad (10-43)$$

式中 I_{oc}——熔断器的最大分断电流,系产品技术数据;

$I_k^{(3)}$——三相稳态短路电流有效值。

10.5.2 低压断路器选择计算

低压断路器选择计算主要对低压断路器的过电流脱扣器动作电流进行整定计算

(1) 过电流脱扣器额定电流 I_N 应不小于被保护线路的计算电流 I_c

$$I_N \geqslant I_c \qquad (10-44)$$

(2) 瞬时过电流脱扣器动作电流 I_{zd3} 应躲过被保护线路的尖峰电流 I_{pk}

$$I_{zd3} \geqslant K_{zd3} I_{pk} \qquad (10-45)$$

式中 K_{zd3}——瞬时过电流脱扣器可靠系数,对动作时间在 0.02s 以上的万能式断路器(DW 型)可取 1.35,对动作时间在 0.02s 及以下的塑料壳式断路器(DZ 型)则宜取 $2\sim2.5$。

(3) 短延时过电流脱扣器动作电流 I_{zd2} 应躲过被保护线路的尖峰电流 I_{pk}

$$I_{zd2} \geqslant K_{zd2} I_{pk} \qquad (10-46)$$

式中 K_{zd2}——短延时过电流脱扣器的可靠系数,一般取 1.2。

短延时过电流脱扣器的动作时间通常分 0.2s、0.4s 和 0.6s 三级,应按保护选择性要求确定。

(4) 长延时过电流脱扣器动作电流 I_{zd1} 应躲过被保护线路的最大负荷电流 I_c

$$I_{zd1} \geqslant K_{zd1} I_c \qquad (10-47)$$

式中 K_{zd1}——长延时过电流脱扣器可靠系数,一般取 1.1。

(5) 过电流脱扣器动作电流 I_{zd} 还应与被保护线路相配合,使之不致发生因过负荷和短路引起绝缘导线和电缆过热起燃而低压断路器过电流脱扣器不动作的事故,应满足条件

$$I_{zd} \leqslant K_{OL} I_z \qquad (10-48)$$

式中 I_z——绝缘导线和电缆的允许载流量;

K_{OL}——绝缘导线和电缆的允许短时过负荷系数。对于瞬时和短延时过电流脱扣器,一般取 4.5;对于长延时过电流脱扣器,一般可取 1;对于有爆炸气体区域内的线路应取 0.8。

(6) 低压断路器过电流保护灵敏度的检验

$$S_p = \frac{I_{k \cdot min}}{I_{zd}} \geqslant 1.3 \qquad (10-49)$$

式中 I_{zd}——瞬时(I_{zd3})或短延时(I_{zd2})过电流脱扣器动作电流;

$I_{k \cdot min}$——低压断路器被保护线路末端的单相短路(TN 或 TT 系统)或两相短路电流(IT 系统)。

(7) 低压断路器断流能力校验

对于动作时间在 0.02s 以上的(DW 型)万能式断路器,其极限分断电流应不小于三相短路电流周期分量有效值 $I_k^{(3)}$

$$I_{oc} \geqslant I_k^{(3)} \qquad (10-50)$$

式中 I_{oc}——万能式低压断路器(DW 型)的极限分断电流,系产品技术数据。

$I_k^{(3)}$——断路器安装处的三相短路电流周期分量有效值。

对于动作时间在 0.02s 及以下的(DZ 型)塑壳式断路器,其极限分断电流应不小于通过它的最大三相冲击电流。

$$I_{oc} \geq I_{sh}^{(3)} \qquad (10\text{-}51)$$

$$i_{oc} \geq i_{sh}^{(3)} \qquad (10\text{-}52)$$

式中 I_{oc} 或 i_{oc}——塑壳式低压断路器(DZ 型)的极限分断电流,系产品技术数据;

$I_{sh}^{(3)}$ 或 $i_{sh}^{(3)}$——断路器安装处的最大三相短路冲击电流。

低压保护电器技术数据见表 10-17～表 10-27。

RM10 系列密闭管式熔断器的技术数据　　　　　表 10-17

型　　号	额 定 电 压 (V)	熔体额定电流 (A)	极限分断能力(380V)	
			电流 (A)	$\cos\varphi$
RM10-15	380	6,10,15	1200	0.4
RM10-60		15,20,25,35,45,60	3500	
RM10-100		60,80,100	10000	
RM10-200		100,125,160,200		

表 ZL5-8 RL1 系列螺旋式熔断器的技术数据　　　　　表 10-18

型　　号	额 定 电 压 (V)	熔体额定电流 (A)	极限分断能力(380V)	
			电流 (kA)	$\cos\varphi$
RL1-15	380	2,4,5,6,10,15	25	0.35
RL1-60		20,25,30,35,40,50,60		
RL1-100		60,80,100	50	0.25
RL1-200		100,125,150,200		

RL6 系列螺旋式熔断器的技术数据　　　　　表 10-19

型　　号	额 定 电 压 (V)	熔体额定电流 (A)	额定分断能力(500V)	
			电流 (kA)	$\cos\varphi$
RL6-25	500	2,4,6,10,16,20,25	50	0.1～0.2
RL6-63		35,50,63		
RL6-100		80,100		
RL6-200		125,160,200		

gF、aM 系列有填料管式圆柱状熔断器的技术数据　　　　　　　表 10-20

型　号	电流等级 (A)	额定电压(V)		熔 体 额 定 电 流 (A)	额定分断能力 (500V)	
		交　流	直　流		电流(kA)	$\cos\varphi$
gF1,aM1	16	500	250	2,4,6,8,10,12,16	>50	0.15~0.25
gF2,aM2	25			2,4,6,8,10,12,16,20,25		
gF3,aM3	40			4,6,8,10,12,16,20,25,32,40		
gF4,aM4	125			10,12,16,20,25,32,40,50,63, 80,100,125		

RT0 系列有填料管式熔断器的技术数据　　　　　　　表 10-21

型　号	额定电压 (V)	熔 体 额 定 电 流 (A)	极限分断能力(380V)	
			电流(kA)	$\cos\varphi$
RT0-50	380	5,10,15,20,30,40,50	50	0.1~0.2
RT0-100		30,40,50,60,80,100		
RT0-200		(80),(100),120,150,200		
RT0-400		(150),200,250,300,350,400		
RT0-600		(350),(400),450,500,550,600		
RT0-1000		700,800,900,1000		

RT14 系列有填料管式圆筒形帽熔断器的技术数据　　　　　　　表 10-22

型　号	额定电压 (V)	熔 体 额 定 电 流 (A)	额定分断能力(380V)	
			电流(kA)	$\cos\varphi$
RT14-20	380	2,4,6,10,16,20	100	0.1~0.2
RT14-32		2,4,6,10,16,20,25,32		
RT14-63		10,16,20,25,32,40,50,63		

NT 型低压高分断能力熔断器的技术数据　　　　　　　表 10-23

型　号	熔 断 体		底　座	
	额 定 电 流 (A)	额定电压(V)	型　号	额定电流(A)
NT00	4,6,10,16,20,25,32,35,40,50,63, 80,100	500,660	sist 101	160
	125,160	500		
NT0	6,10,16,20,25,32,35,40,50,63,80, 100	500,660	sist 160	160
	125,160	500		
NT1	80,100,125,160,200	500,660	sist 201	250
	224,250	500		

型　号	熔　　断　　体		底　　　座	
	额 定 电 流 (A)	额 定 电 压 (V)	型　　号	额定电流(A)
NT2	125,160,200,224,250,300,315	500,660	sist 401	400
	355,400	500		
NT3	315,355,400,425	500,660	sist 601	630
	500,630	500		
NT4	800,1000	380	sist 1001	1000
备　注	额定分断能力:500V,120kA;660V,50kA NT4 分断能力:380V,100kA			

C45N 型、NC100 型高分断小型断路器　　　　表 10-24

型　　号	类别	额定电压 (V)	额定电流 (A)	分断能力 (kA)	脱扣器 型式	瞬间动作 型式	适用场合
C45-2	1P	240/415	1, 3, 5, 10, 15, 20, 25, 32,40,50,60	6	热/电磁	4~7	配电照明
	2P						
	3P						
	4P						
C45-4	1P	240/415	1, 3, 5, 10, 15, 20, 25, 32,40	4	热/电磁	10~14	电动机
	2P						
	3P						
	4P						
NC100	3	380/415	U:80,100 D:63,80,100	10	热/电磁	U:5.5~8.5 D:10~14	配电照明 电动机

DZ20 系列塑料外壳式低压断路器的主要技术数据　　　　表 10-25

断路器 额定电流 (A)	脱扣器 额定电流 (A)	极限分 断能力 代号	额定极限短路分断能力(kA)				额定运行短路 分断能力(kA)		瞬时脱扣器整 定电流倍数		电寿命 (次)
			交　流		直　流		交　流		配电用	保护电 动机用	
			380V 有效值	cosφ	220V	时间常 数(min)	380V 有效值	cosφ			
100	16、20、32、 40、50、63、 80、100	Y	18	0.3	10	10	14	0.3	10	12	4000
		J	35	0.25	15	10	18	0.25			
		G	100	0.2	20	10	50	0.2			
200 (225)	100、125、 160、180、 200、225	Y	25	0.25	20	10	19	0.3	5~10	8~12	2000
		J	42	0.25	20	10	25	0.25			
		G	100	0.2	25	15	50	0.2			

断路器额定电流 (A)	脱扣器额定电流 (A)	极限分断能力代号	额定极限短路分断能力(kA) 交流 380V 有效值	cosφ	直流 220V	时间常数 min	额定运行短路分断能力(kA) 交流 380V 有效值	cosφ	瞬时脱扣器整定电流倍数 配电用	保护电动机用	电寿命 (次)
400	200、250、315、350、400	Y	30	0.25	25	15	23	0.25	10	12	1000
		J	42	0.25	25	15	25	0.25	5~10	—	
		G	100	0.2	30	15	50	0.2			
630	500、630	Y	30	0.25	25	15	23	0.25	5~10	—	1000
		J	42	0.25	25	15	25	0.25			
1250	630、700、800、1000、1250	Y	50	0.25	30	15	38	0.25	4~7	—	500
备注	① 额定极限短路分断能力级别：Y——一般型；J——较高型；G——最高型 ② 脱扣器额定电流为40A及以下的瞬时脱扣器最小整定电流为500A											

DW15 系列低压断路器(200～600A)的主要技术数据　　　　　表 10-26

断路器额定电流 (A)	瞬时通断能力有效值(kA) 额定电压(V) 380	660	1140	cosφ 380V	660V	1140V	一次极限分断能力有效值 (kA)	短延时通断能力有效值 (kA) 380V,cosφ=0.5	机械寿命 (次)	电寿命(次) 配电用 380V	660V	1140V	电动机保护用
200	20	10	—	0.35	0.30	—	50	4.4	20000	5000	2500	—	10000
400	25	15	10	0.35	0.30	0.30	50	8.8	10000	2500	1500	1000	5000
600	30	20	12	0.30	0.30	0.30	50	13.2	10000	2500	1500	1000	5000

DW15 系列低压断路器(200～600A)过流脱扣器技术数据　　　　表 10-27

断路器额定电流 (A)	过流脱扣器额定电流 (A) 热式	半导体式	过流脱扣器整定电流 (A) 长延时动作电流 热式	半导体式	半导体式 短延时	瞬时
200	100	100	64~80~100	40~100	300~1000	300~1000,800~2000
	150	—	96~120~150	—	—	—
	200	200	128~160~200	80~200	600~2000	600~2000,1600~4000
400	200	200	128~160~200	80~200	600~2000	600~2000,1600~4000
	300	300	192~240~300	—	—	—
	400	400	256~320~400	160~400	1200~4000	1200~4000,3200~8000

断路器额定电流 (A)	过流脱扣器额定电流 (A)		过 流 脱 扣 器 整 定 电 流 (A)			
			长延时动作电流		半 导 体 式	
	热 式	半导体式	热 式	半导体式	短延时	瞬 时
600	300	300	192~240~300	120~300	900~3000	900~3000,2400~6000
	400	400	256~320~400	160~400	1200~4000	1200~4000,3200~8000
	600	600	384~480~600	240~600	1800~6000	1800~6000,4800~12000
备 注	① 当额定电压为 660V 和 1140V 时,过流脱扣器为半导体式,其瞬时整定电流为 3~10 倍的脱扣器额定电流 ② 热式脱扣器为不可调式,当额定电压为 380V 时,其瞬时整定电流为 10 倍或 12 倍脱扣器额定电流					

用熔断器作短路保护时穿钢管敷设塑料绝缘导线最小截面　　　　表 10-28

熔断器熔体电流 (A)	塑料绝缘导线钢管敷设最小截面(mm²)			
	BLV 型		BV 型	
	25℃	30℃	25℃	30℃
5~40	2.5	2.5	1.5	1.5
50	4	4	2.5	2.5
60	4	6	2.5	4
80	6	10	4	6
100	10	10	6	10

注:本表按动力线路钢管内穿 3 根导线计算。

用熔断器作过负荷保护时穿钢管敷设塑料绝缘导线最小截面　　　　表 10-29

熔断器熔体电流 (A)	塑料绝缘导线钢管敷设最小截面(mm²)			
	BLV 型		BV 型	
	25℃	30℃	25℃	30℃
5	2.5	2.5	1.5	1.5
10	2.5	2.5	1.5	1.5
15	4	4	2.5	2.5
20	6	6	4	4
30	10	16	6	10
40	16	25	10	16
50	25	35	16	25
60	35	50	25	35
80	50	70	35	50
100	70	95	50	70

注:本表按照明线路钢管内穿 4 根导线计算。

用断路器作过负荷保护时穿钢管敷设塑料绝缘导线最小截面　　　表 10-30

断路器长延时过电流脱扣器整定电流(A)	塑料绝缘导线钢管敷设最小截面(mm²)			
	BLV 型		BV 型	
	25℃	30℃	25℃	30℃
10	2.5	2.5	1.5	1.5
15	4	4	2.5	2.5
20	6	6	4	4
25	10	10	6	6
30	10	16	6	10
40	16	25	10	16
50	25	35	16	25
60	35	50	25	35
80	50	70	35	50
100	70	95	50	70
120	95	120	70	70
140	120	150	95	95
170	150		120	120
200			150	150

注：本表按照明线路钢管内穿 4 根导线计算

用断路器作短路保护时穿钢管敷设塑料绝缘导线最小截面　　　表 10-31

断路器长延时过电流脱扣器整定电流(A)	塑料绝缘导线钢管敷设最小截面(mm²)			
	BLV 型		BV 型	
	25℃	30℃	25℃	30℃
10	2.5	2.5	1.5	1.5
15	2.5	2.5	1.5	1.5
20	2.5	4	2.5	2.5
25	4	6	2.5	4
30	6	6	4	4
40	10	10	6	6
50	16	16	10	10
60	16	25	10	10
80	35	35	16	25
100	35	50	25	35
120	50	70	35	50
140	70	70	50	50
170	95	95	70	70
200	120	120	70	95
225	150	150	95	95
250	150		95	120

注：本表按动力线路钢管内穿 3 根导线计算。

10.5.3 计算示例

【例 10-17】 如【例 10-8】中 15kW 的电动机为轻载起动试为该电动机分支线路选择保护电器。

【解】 由【例 10-8】和【例 10-15】得知,该电动机分支线路: $I_c = I_{N \cdot M} = 30.3A$, $I_{pk} = I_{st} = 212.1A$

如选 RL6 型熔断器,熔体额定电流计算

据式(10-38) $I_{N \cdot FE} \geqslant I_c = 30.3A$

据式(10-39) $I_{N \cdot FE} \geqslant K I_{pk} = 0.3 \times 212.1 = 63.6A$

故选用 RL6-63/63 熔断器

如选用 DZ20 型断路器,

据式(10-44) $I_N \geqslant I_c = 30.3A$

据式(10-47)长延时过电流脱扣器动作电流

$$I_{zd1} \geqslant 1.1 I_c = 1.1 \times 30.3 = 33.33A$$

据式(10-45)瞬时过电流脱扣器动作电流

$$I_{zd3} \geqslant K_{zd3} I_{pk} = (2.0 \sim 2.5) \times 212.1$$
$$= 424.2 \sim 530.3A$$

考虑分支线路上短路电流不会太大,选用断路器 DZ20Y-100 型或 DZ20J-100 型其动作电流整定 $I_{zd1} = 40A$,(为过负荷保护)

$$I_{zd3} = 12 I_{zd1} (480A)(为短路保护)$$

【例 10-18】 试为【例 10-9】、【例 10-16】车间 380V 干线选择保护电器。

【解】 由计算得知该干线 $I_c = 60.65A$, $I_{pk} = 192.65A$,如干线首端选配 DW15 型断路器为线路过负荷与短路保护。

据式(10-44)过电流脱扣器额定电流

$$I_N \geqslant I_c = 60.65A$$

据式(10-47)长延时过电流脱扣器额定电流

$$I_{zd1} \geqslant 1.1 I_c = 1.1 \times 60.65 = 66.72A$$

据式(10-45)瞬时过电流脱扣器额定电流

$$I_{zd3} \geqslant K_{zd3} I_{pk} = 1.35 \times 192.65$$
$$= 260.08A$$

故选配 DW15-200,半导体式过电流脱扣器 $I_N = 100A$ 其动作电流整定 $I_{zd1} = 70A$, $I_{zd3} = 4 I_{zd1} (280A)$

【例 10-19】 试为例 10-14 中的两间教室的分支回路和教学楼总进线回路分别选配低压断路器

【解】 据计算两间教室 220V 分支回路 $I_c = 6.51A$ 教学楼总进线为三相 220/380V 回路 $I_c = 29.41A$

由于照明回路,计算电流也小,可选用小型断路器 C45N 型,见表 10-24

对于两间教室 220V 分支回路选单极开关,控制相线,据式(10-47)

$$I_{zd1} \geqslant K_{zd1} I_c = 1.1 \times 6.51 = 7.16A$$

故选配 C45N-2/1P, $I_{zd1} = 10A$, $I_{zd3} = 4 I_{zd1}$

对总进线 220/380V 回路选四极开关,相线和零线联动控制

$$I_{zd1} \geqslant K_{zd1} I_c = 1.1 \times 29.41 = 32.35A$$

故选配 C45N-2/4P $I_{zd1} = 32A$、$I_{zd3} = 4 I_{zd1}$

小 结

低压熔断器和低压断路器选择计算的内容看似较多、较杂,但如从以下几个方面分析、理解整定计算的原则和步骤,便可以帮助记忆、掌握。

1. 低压熔断器熔体额定电流和低压断路器过电流脱扣器动作电流应大于被保护线路正常运行状态下的计算电流和尖峰电流。即

$$I_{\text{N·FE}} \geqslant I_{\text{c}} 、 I_{\text{N·FE}} \geqslant K I_{\text{pk}} 、 I_{\text{N·FE}} \geqslant K_{\text{m}} I_{\text{c}};$$
$$I_{\text{zd1}} \geqslant K_{\text{zd1}} I_{\text{c}} 、 I_{\text{zd2}} \geqslant K_{\text{zd2}} I_{\text{pk}} 、 I_{\text{zd3}} \geqslant K_{\text{zd3}} I_{\text{pk}} 。$$

要求做到,既保证在发生过负荷和短路时,保护电器能在规定的时间内迅速动作切断电源,避免扩大事故;又不致因保护电器动作电流选择不当误动作,而影响了被保护线路及用电设备正常运行和起动。

2. 所选择的低压熔断器和低压断路器应与被保护的配电线路相配合,避免因发生过负荷或短路引起绝缘导线或电缆过热起燃而保护电器尚未动作的事故。即

$$I_{\text{N·FE}} \leqslant K_{\text{OL}} I_{\text{z}} \quad 和 \quad I_{\text{zd}} \leqslant K_{\text{OL}} I_{\text{z}}$$

为了简化计算,在《设计手册》等资料中,常将低压熔断器、低压断路器作短路保护或过负荷保护时的电流整定值,与其所允许的绝缘导线、电缆最小截面,经计算,一一对应制成表格,供选择中直接查阅使用。(如表 10-28～表 10-31)

3. 低压熔断器、低压断路器的动作要求具有一定的反应能力,并用被保护线路末端最小短路电流来校验其灵敏性。即

$$\frac{I_{\text{k·min}}}{I_{\text{N·FE}}} \geqslant K \quad 和 \quad \frac{I_{\text{k·min}}}{I_{\text{zd}}} \geqslant 1.3$$

为了简化计算,在《设计手册》等资料中,常将导线、电缆对照不同接地故障电流值的线路允许长度,经计算,一一对应制成表格,供查阅使用。

4. 低压熔断器、低压断路器的断流能力,必须大于其安装处的三相短路电流,以保证其能够安全可靠地切断短路电流。即

$$I_{\text{oc}} \geqslant I_{\text{k}}^{(3)}$$

目前推广采用的低压熔断器和低压断路器,其最大分断电流或极限分断能力均较大,一般用在分支线路或配电干线上,其断流能力大都能满足上述要求;而变压器(特别是额定容量大的变压器)低压侧短路电流较大,则要求安装在变压器低压侧母线处的保护电器应具备足够的分断能力,并进行必要的校验。

10.6　导线、电缆截面的选择

正确合理的选择导线、电缆截面,对于保证供电系统安全、可靠、优质、经济的运行有着重要意义。

低压线路导线、电缆截面的选择,一般应满足发热条件、电压损失和机械强度的要求;对于配电线路,所选截面尚应与线路保护电器的整定电流相配合;较长距离的大电流回路还必须包括经济电流密度的校验。

本节分别介绍按发热条件(包括配电线路导线、电缆截面与线路保护电器的整定电流相配合)、电压损失、机械强度、和经济电流密度选择导线、电缆截面。

10.6.1　按发热条件选择

(1) 三相系统相线截面的选择

1) 允许载流量 I_{z}

电流通过导体,因导体自身的电能损耗将引起导体发热。其中一部分热量散发到周围媒质中去;一部分热量将使导体温度升高。过大的电流,可使导体过热、烧坏以至烧断导

线;温度过高,又可使导线绝缘损坏,甚至造成短路、引起火灾。因此规范规定了各种导体的正常发热的最高允许温度 θ_{al}(见表10-32)。

对应于最高允许温度 θ_{al},导体允许通过的持续负荷电流,称为该导体的允许载流量,简称载流量 I_z。

依据计算负荷的概念,按发热条件选择导线、电缆截面,则

$$I_z \geqslant I_c \qquad (10\text{-}53)$$

即按照敷设方式、环境温度及使用条件确定导线、电缆截面,其额定载流量不应小于预期负荷的最大计算电流。

2)载流量表及使用

经国家指定部门公布有各种常用导线、电缆的长期连续负荷的额定载流量表。有关教材、设计手册刊有常用导线、电缆的允许载流量表,供确定导线、电缆截面时查取。

表10-33~表10-43为一些导线、电缆的载流量。

分析载流量表可以看出,表中所列载流量值是从发热特性方面考虑,在给定基准条件下确定的。如给定的温度条件地面上的有25℃、30℃、35℃、40℃等四种,土壤中直埋的有20℃、25℃、30℃等三种。当实际敷设条件不同于基准条件时,由于散热条件不同,应对表中载流量值进行校正。于是

$$I'_z = K I_z \geqslant I_c \qquad (10\text{-}54)$$

式中　I_z——表中所查取的载流量;

I'_z——校正后的载流量;

I_c——导体通过的计算电流;

K——相应的校正系数。

a. 温度校正:当导体敷设处的环境温度 θ'_0 与导体允许载流量 I_z 所对应的环境温度 θ_0 不同时,则载流量应乘以温度校正系数 K_θ

导体在正常和短路时的最高允许温度及热稳定系数　　　　　表 10-32

导 体 种 类 及 材 料		最高允许温度(℃)		热稳定系数 C
		正　常	短　路	($A \cdot \sqrt{s}/mm^2$)
母　线	铜	70	300	171
	铜(接触面有锡层时)	85	200	164
	铝	70	200	87
油浸纸绝缘电缆	铜　芯 1~3kV	80	250	148
	铜　芯 6kV	65	220	145
	铜　芯 10kV	60	220	148
	铝　芯 1~3kV	80	200	84
	铝　芯 6kV	65	200	90
	铝　芯 10kV	60	200	92
橡皮绝缘导线和电缆	铜　芯	65	150	112
	铝　芯	65	150	74
聚氯乙烯绝缘导线和电缆	铜　芯	65	130	100
	铝　芯	65	130	65
交联聚乙烯绝缘电缆	铜　芯	80	230	140
	铝　芯	80	220	84
有中间接头的电缆(不包括聚氯乙烯绝缘电缆)	铜　芯	—	150	—
	铝	—	150	—

$$K_\theta = \sqrt{\frac{\theta_{al} - \theta_0'}{\theta_{al} - \theta_0}} \qquad (10\text{-}55)$$

式中 θ_{al}——导体正常工作时的最高允许温度，见表10-32；

θ_0——已知载流量所对应的环境温度；

θ_0'——导体敷设处的环境温度。

按规定选择导体截面所用的环境温度 θ_0'：户外（含户外电缆沟），采用当地最热月平均最高气温；户内（含户内电缆沟），可采用当地最热月平均最高气温加5℃；而直接埋地电缆，则取当地最热月地下0.8m的土壤平均温度，或近似地取当地最热月平均气温。

使用地点的环境温度见气象资料，如表10-44。

K_θ 除按式(10-55)计算外还可以查表10-45、表10-46。

b. 空气中多根穿线管并列敷设，表中载流量值应乘以0.95(2~4根)，或0.4(4根以上)。

c. 空气中多根电缆并列敷设；托架、桥架中多根电缆并列敷设；直埋电缆多根并列敷设；电缆直埋不同深度；电缆直埋不同热阻系数等均有载流量校正系数，见表10-47~表10-53。

3) 低压配电线路(一般不包括单台电动机的分支线路)的导线、电缆截面应与其保护电器整定值相配合。见教材10.5.1(3)和10.5.2(5)。

(2) 低压线路中性线、保护线、保护中性线截面的选择

低压线路当按发热条件确定了相线截面 A_ϕ 后，尚应选择其中性线 N、保护线 PE、保护中性线 PEN 的截面 A_N、A_{PE}、A_{PEN}。

1) N 线截面 A_N 的选择

以气体放电光源为主的照明供电线路和大型民用建筑供电线路，N 线截面 A_N 应与相线 L 截面 A_ϕ 相等

$$A_N \approx A_\phi \qquad (10\text{-}56)$$

对于三相线路分出的两相线路及单相线路中的 N 线，其中 A_N 中的电流与 A_ϕ 中的完全相等，所以

$$A_N = A_\phi \qquad (10\text{-}57)$$

对于三相平衡的一般工业企业电力线路中

$$A_N \geqslant 0.5A_\phi \qquad (10\text{-}58)$$

2) PE 线截面 A_{PE} 的选择

当保护线的材料与相线相同时，按热稳定要求，PE 线最小截面规定：

a. 当 $A_\phi \leqslant 16mm^2$ 时

$$A_{PE} \geqslant A_\phi \qquad (10\text{-}59)$$

b. 当 $16mm^2 < A_\phi \leqslant 35mm^2$ 时，

$$A_{PE} \geqslant 16mm^2 \qquad (10\text{-}60)$$

c. 当 $A_\phi \geqslant 35mm^2$ 时

$$A_{PE} \geqslant 0.5A_\phi \qquad (10\text{-}61)$$

3) 保护中性线 PEN 线截面 A_{PEN} 的选择

保护中性线兼有保护线和中性线的双重功能，其截面的选择应同时保证满足上述保护线和中性线的选择要求，并取其中的最大值。

BLX 型铝芯绝缘导线明敷时的允许载流量(A) 表 10-33

线 芯 截 面 (mm²)	BLX 型铝芯橡皮线			
	环 境 温 度 (℃)			
	25	30	35	40
2.5	27	25	23	21
4	35	32	30	27

线 芯 截 面 (mm²)	BLX型铝芯橡皮线			
	环 境 温 度（℃）			
	25	30	35	40
6	45	42	38	35
10	65	60	56	51
16	85	79	73	67
25	110	102	95	87
35	138	129	119	109
50	175	163	151	138
70	220	206	190	174
95	265	247	229	209
120	310	280	268	245
150	360	336	311	284
185	420	392	363	332
240	510	476	441	403

聚氯乙烯绝缘导线明敷的允许载流量（单位 A，最高允许温度 65℃）　　　表 10-34

额定截面 (mm²)	铝 芯 （BLV）				铜 芯 （BV，BVR）			
	环 境 温 度							
	25℃	30℃	35℃	40℃	25℃	30℃	35℃	40℃
1.0	—	—	—	—	19	17	16	15
1.5	18	16	15	14	24	22	20	18
2.5	25	23	21	19	32	29	27	25
4	32	29	27	25	42	39	36	33
6	42	39	36	33	55	51	47	43
10	59	55	51	46	75	70	64	59
16	80	74	69	63	105	98	90	83
25	105	98	90	83	138	129	119	109
35	130	121	112	102	170	158	147	134
50	165	154	142	130	215	201	185	170
70	205	191	177	162	265	247	229	209
95	250	233	216	197	325	303	281	257
120	285	266	246	225	375	350	324	296
150	325	303	281	257	430	402	371	340
185	380	355	328	300	490	458	423	387

橡皮绝缘导线穿钢管管敷设的允许载流量（单位 A，最高允许温度 65℃）

表 10-35

额定截面 (mm²)	2根单芯线 环境温度				2根穿管 管径 (mm)		3根单芯线 环境温度				3根穿管 管径 (mm)		4~5根单芯线 环境温度				4根穿管 管径 (mm)		5根穿管 管径 (mm)	
	25℃	30℃	35℃	40℃	G	DG	25℃	30℃	35℃	40℃	G	DG	25℃	30℃	35℃	40℃	G	DG	G	DG
铝芯 BLX BLXF 2.5	21	19	18	16	15	20	19	17	16	15	15	20	16	14	13	12	20	25	20	25
4	28	26	24	22	20	25	25	23	21	19	20	25	23	21	19	18	20	25	20	25
6	37	34	32	29	20	25	34	31	29	26	20	25	30	28	25	23	20	25	25	32
10	52	48	44	41	25	32	46	43	39	36	25	32	40	37	34	31	25	32	32	40
16	66	61	57	52	25	32	59	55	51	46	32	32	52	48	44	41	32	40	40	(50)
25	86	80	74	68	32	40	76	71	65	60	32	40	68	63	58	53	40	(50)	40	—
35	106	99	91	89	32	40	94	87	81	74	40	(50)	83	77	71	65	40	(50)	50	—
50	133	124	115	105	40	(50)	118	110	102	93	50	(50)	105	98	90	83	50	—	70	—
70	165	154	142	130	50	(50)	150	140	129	118	50	(50)	133	124	115	105	70	—	70	—
95	200	187	173	158	70	—	180	168	155	142	70	—	160	149	138	126	70	—	80	—
120	230	215	198	181	70	—	210	196	181	166	70	—	190	177	164	150	70	—	80	—
150	260	243	224	205	70	—	240	224	207	189	70	—	220	205	190	174	80	—	100	—
185	295	275	255	233	80	—	270	252	233	213	80	—	250	233	216	197	80	—	100	—
铜芯 BX BXF 1.0	15	14	12	11	15	20	14	13	12	11	15	20	12	11	10	9	15	20	15	20
1.5	20	18	17	15	15	20	18	16	15	14	15	20	17	15	14	13	20	25	20	20
2.5	28	26	24	22	15	20	25	23	21	19	15	20	23	21	19	18	20	25	20	25

额定截面 (mm²)	2根单芯线 环境温度				2根穿管 管径 (mm)		3根单芯线 环境温度				3根穿管 管径 (mm)		4~5根单芯线 环境温度				4根穿管 管径 (mm)		5根穿管 管径 (mm)	
	25℃	30℃	35℃	40℃	G	DG	25℃	30℃	35℃	40℃	G	DG	25℃	30℃	35℃	40℃	G	DG	G	DG
4	37	34	32	29	20	25	33	30	28	26	20	25	30	28	25	23	20	25	20	25
6	49	45	42	38	20	25	43	40	37	34	20	25	39	36	33	30	20	25	25	32
10	68	63	58	53	25	32	60	56	51	47	25	32	53	49	45	41	25	32	32	40
16	86	80	74	68	25	32	77	71	66	60	32	32	69	64	59	54	32	40	40	(50)
25	113	105	97	89	32	40	100	93	86	79	32	40	90	84	77	71	40	(50)	40	—
35	140	130	121	110	32	40	122	114	105	96	40	(50)	110	102	95	87	40	(50)	50	—
50	175	163	151	138	40	(50)	154	143	133	121	50	(50)	137	128	118	108	50	—	70	—
70	215	201	185	170	50	(50)	193	180	166	152	50	(50)	173	161	149	136	70	—	70	—
95	260	243	224	205	70	—	235	219	203	185	70	—	210	196	181	166	70	—	80	—
120	300	280	259	237	70	—	270	252	233	213	70	—	245	229	211	193	80	—	80	—
150	340	317	294	268	70	—	310	289	268	245	80	—	280	261	242	221	80	—	100	—
185	385	359	333	304	80	—	355	331	307	280	80	—	320	299	276	253	80	—	100	—

铜芯 BX BXF

备注

表中4~5根单芯线穿管的载流量，系指TN-C系统或TN-S系统的相线载流量，其N线或PEN线可有不平衡电流通过。如果是平衡三相导线穿管，另一导线为单纯的PE线，则虽为4根线穿管，但其载流量只按3根线穿管确定

聚氯乙烯绝缘导线穿钢管敷设的允许载流量（单位 A，最高允许温度 65℃）

表 10-36

额定截面 (mm²)	2根单芯线 环境温度				2根穿管管径 (mm)		3根单芯线 环境温度				3根穿管管径 (mm)		4~5根单芯线 环境温度				4根穿管管径 (mm)		5根穿管管径 (mm)	
	25℃	30℃	35℃	40℃	G	DG	25℃	30℃	35℃	40℃	G	DG	25℃	30℃	35℃	40℃	G	DG	G	DG
铝芯 BLV 2.5	20	18	17	15	15	15	18	16	15	14	15	15	15	14	12	11	15	15	15	20
4	27	25	23	21	15	15	24	22	20	18	15	15	22	20	19	17	15	20	20	20
6	35	32	30	27	15	20	32	29	27	25	15	20	28	26	24	22	20	25	25	25
10	49	45	42	38	20	25	44	41	38	34	20	25	38	35	32	30	25	25	25	32
16	63	58	54	49	25	25	56	52	48	44	25	32	50	46	43	39	25	32	32	40
25	80	74	69	63	25	32	70	65	60	55	32	32	65	60	56	51	32	40	32	(50)
35	100	93	86	79	32	40	90	84	77	71	32	40	80	74	69	63	40	(50)	40	—
50	125	116	108	98	40	50	110	102	95	87	40	(50)	100	93	86	79	50	(50)	50	—
70	155	144	134	122	50	50	143	133	123	113	50	(50)	127	118	109	100	50	—	70	—
95	190	177	164	150	50	(50)	170	158	147	134	50	—	152	142	131	120	70	—	70	—
120	220	205	190	174	50	(50)	195	182	168	154	50	—	172	160	148	136	70	—	80	—
150	250	233	216	197	70	(50)	225	210	194	177	70	—	200	187	173	158	70	—	80	—
185	285	266	246	225	70	—	255	238	220	201	70	—	230	215	198	181	80	—	100	—
铜芯 BV 1.0	14	13	12	11	15	15	13	12	11	10	15	15	11	10	9	8	15	15	15	15
1.5	19	17	16	15	15	15	17	15	14	13	15	15	16	14	13	12	15	15	15	15
2.5	26	24	22	20	15	15	24	22	20	18	15	15	22	20	19	17	15	15	15	20

续表

额定截面 (mm²)	2根单芯线 环境温度				2根穿管 管径 (mm)		3根单芯线 环境温度				3根穿管 管径 (mm)		4~5根单芯线 环境温度				4根穿管 管径 (mm)		5根穿管 管径 (mm)	
	25℃	30℃	35℃	40℃	G	DG	25℃	30℃	35℃	40℃	G	DG	25℃	30℃	35℃	40℃	G	DG	G	DG
4	35	32	30	27	15	15	31	28	26	24	15	15	28	26	24	22	15	20	20	20
6	47	43	40	37	15	20	41	38	35	32	15	20	37	34	32	29	20	25	25	25
10	65	60	56	51	20	25	57	53	49	45	20	25	50	46	43	39	25	25	25	32
16	82	76	70	64	25	25	73	68	63	57	25	32	65	60	56	51	25	32	32	40
25	107	100	92	84	25	32	95	88	82	75	32	32	85	79	73	67	32	40	32	(50)
35	133	124	115	105	32	40	115	107	99	90	32	40	105	98	90	83	40	(50)	40	—
50	165	154	142	130	40	50	146	136	126	115	40	(50)	130	121	112	102	50	(50)	50	—
70	205	191	177	162	50	50	183	171	158	144	50	(50)	165	154	142	130	50	—	70	—
95	250	233	216	197	50	(50)	225	210	194	177	50	—	200	187	173	158	70	—	70	—
120	290	271	250	229	70	(50)	260	243	224	205	50	—	230	215	198	181	70	—	80	—
150	330	308	285	261	70	—	300	280	259	237	70	—	265	247	229	209	70	—	80	—
185	380	355	328	300	70	—	340	317	294	268	70	—	300	280	259	237	80	—	100	—

铜芯BV

备注：表中4～5根单芯线穿管的载流量又含义参看表10-35备注。

195

聚氯乙烯绝缘导线穿硬穿塑料管敷设的允许载流量（单位 A，最高允许温度 65℃）

表 10-37

额定截面 (mm²)		2根单芯线 环境温度				2根穿管 管径 (mm)	3根单芯线 环境温度				3根穿管 管径 (mm)	4～5根单芯线 环境温度				4根穿管 管径 (mm)	5根穿管 管径 (mm)
		25℃	30℃	35℃	40℃		25℃	30℃	35℃	40℃		25℃	30℃	35℃	40℃		
铝芯 BLV	2.5	18	16	15	14	15	16	14	13	12	15	14	13	12	11	20	25
	4	24	22	20	18	20	22	20	19	17	20	19	17	16	15	20	25
	6	31	28	26	24	20	27	25	23	21	20	25	23	21	19	25	32
	10	42	39	36	33	25	38	35	32	30	25	33	30	28	26	32	32
	16	55	51	47	43	32	49	45	42	38	32	44	41	38	34	32	40
	25	73	68	63	57	32	65	60	56	51	40	57	53	49	45	40	50
	35	90	84	77	71	40	80	74	69	63	40	70	65	60	55	50	65
	50	114	106	98	90	50	102	95	88	80	50	90	84	77	71	65	65
	70	145	135	125	114	50	130	121	112	102	50	115	107	99	90	65	75
	95	175	163	151	138	65	158	147	136	124	65	140	130	121	110	75	75
	120	200	187	173	158	65	180	168	155	142	65	160	149	138	126	75	80
	150	230	215	198	181	75	207	193	179	163	75	185	172	160	146	80	90
	185	265	247	229	209	75	235	219	203	185	75	212	198	183	167	90	100
铜芯 BV	1.0	12	11	10	9	15	11	10	9	8	15	10	9	8	7	15	15
	1.5	16	14	13	12	15	15	14	12	11	15	13	12	11	10	15	20
	2.5	24	22	20	18	15	21	19	18	16	15	19	17	16	15	20	25

额定截面 (mm²)	2根单芯线 环境温度				2根穿管 管径 (mm)	3根单芯线 环境温度				3根穿管 管径 (mm)	4~5根单芯线 环境温度				4根穿管 管径 (mm)	5根穿管 管径 (mm)
	25℃	30℃	35℃	40℃		25℃	30℃	35℃	40℃		25℃	30℃	35℃	40℃		
4	31	28	26	24	20	28	26	24	22	20	25	23	21	18	20	25
6	41	38	35	32	20	36	33	31	28	20	32	29	27	25	25	32
10	56	52	48	44	25	49	45	42	38	25	44	41	38	34	32	32
16	72	67	62	56	32	65	60	56	51	32	57	53	49	45	32	40
25	95	88	82	75	32	85	79	73	67	40	75	70	64	59	40	50
35	120	112	103	94	40	105	98	90	83	40	93	86	80	73	50	65
50	150	140	129	118	50	132	123	114	104	50	117	109	101	92	65	65
70	185	172	160	146	50	167	156	144	130	50	148	138	128	117	65	75
95	230	215	198	181	65	205	191	177	162	65	185	172	160	146	75	75
120	270	252	233	213	65	240	224	207	189	65	215	201	185	172	75	80
150	305	285	263	241	75	275	257	237	217	75	250	233	216	197	80	90
185	355	331	307	280	75	310	289	268	245	75	280	261	242	221	90	100

铜芯 BV

备注：表中4~5根单芯线穿管的载流量含义参看表10-35 备注

铝芯聚氯乙烯绝缘及护套电力电缆在空气中敷设的允许载流量(A)　　表 10-38

主线芯数×截面 (mm²)	1kV电缆中性线芯截面 (mm²)	1kV 四芯和五芯电缆				6kV 三芯电缆				10kV 三芯电缆			
		线 芯 工 作 温 度											
		70℃				70℃				70℃			
		环 境 温 度											
		25℃	30℃	35℃	40℃	25℃	30℃	35℃	40℃	25℃	30℃	35℃	40℃
3×10	6	43	40*	38	35	50	47	44	41	—	—	—	—
3×16	10	56	53	50	46	65	61	57	53	50	47	44	41
3×25	16	76	71	67	62	86	81	76	70	70	66	62	57
3×35	16	95	89	84	77	105	99	93	86	85	80	75	69
3×50	25	118	111	105	96	130	122	115	106	105	99	93	86
3×70	35	145	136	128	118	157	148	139	128	130	122	115	106
3×95	50	179	168	158	146	198	186	175	161	160	150	142	130
3×120	70	207	195	184	169	226	212	200	184	185	174	164	151
3×150	70	243	228	215	198	260	244	230	212	210	197	186	171
3×185	95	280	263	248	228	299	281	265	244	245	230	217	200
3×240	—	—	—	—	—	355	334	315	290	—	—	—	—

备　注	① 本表适用电缆型号 VLV ② 铜芯电缆(VV)的载流量约为相同截面的铝芯电缆(VLV)载流量的1.3倍 ③ 本表系根据四川电缆厂提供的数据计算而得,供参考

铝芯聚氯乙烯绝缘及护套铠装电力电缆在空气中敷设的允许载流量(A)　　表 10-39

主线芯数×截面 (mm²)	1kV电缆中性线芯截面 (mm²)	1kV 四芯和五芯电缆				6kV 三芯电缆				10kV 三芯电缆			
		线 芯 工 作 温 度											
		70℃				70℃				70℃			
		环 境 温 度											
		25℃	30℃	35℃	40℃	25℃	30℃	35℃	40℃	25℃	30℃	35℃	40℃
3×10	6	43	40	38	35	50	47	44	41	—	—	—	—
3×16	10	57	54	51	47	65	61	57	53	50	47	44	41
3×25	16	78	73	69	63	86	81	76	70	70	66	62	57
3×35	16	98	92	87	80	104	98	92	85	85	80	75	69
3×50	25	122	115	108	94	130	122	115	106	105	99	93	86
3×70	35	150	141	133	115	157	148	139	128	130	122	115	106
3×95	50	185	174	164	142	191	180	169	156	160	150	142	130
3×120	70	214	201	189	164	220	207	195	179	185	174	164	151
3×150	70	246	231	217	188	254	239	225	207	210	197	186	171
3×185	95	283	266	250	217	291	274	258	238	245	230	217	200
3×240	—	—	—	—	—	350	329	310	285	—	—	—	—

备　注	① 本表适用电缆型号 VLV22、VLV32、VLV42 ② 铜芯电缆(VV22、VV32、VV42)的载流量约为相同截面的铝芯电缆(VLV22、VLV32、VLV42)载流量的1.3倍 ③ 本表系根据四川电缆厂提供的数据计算而得,供参考

铝芯聚氯乙烯绝缘及护套电力电缆直接埋地敷设的允许载流量(A)　　表 10-40

主线芯数×截面 (mm²)	1kV电缆中性线芯截面 (mm²)	1kV 四芯电缆 线芯工作温度 70℃				6kV 三芯电缆 线芯工作温度 70℃				10kV 三芯电缆 线芯工作温度 70℃			
		环 境 温 度											
		15℃	20℃	25℃	30℃	15℃	20℃	25℃	30℃	15℃	20℃	25℃	30℃
3×10	6	52	49	47	44	51	48	46	43	—	—	—	—
3×16	10	68	64	61	57	68	64	61	57	58	55	52	49
3×25	16	91	86	82	77	88	83	79	74	79	75	71	67
3×35	16	112	106	101	95	110	104	99	93	98	92	88	83
3×50	25	138	130	124	117	134	127	121	114	118	111	106	100
3×70	35	164	155	148	139	160	151	144	135	151	143	136	128
3×95	50	196	186	177	166	193	183	174	164	174	165	157	148
3×120	70	226	214	204	192	220	208	198	186	198	187	178	167
3×150	70	259	245	233	219	250	237	226	212	222	210	200	188
3×185	95	292	276	263	247	284	269	256	241	255	242	230	216
3×240	—	—	—	—	—	327	310	295	277	—	—	—	—

备　注：
① 本表适用电缆型号 VLV
② 铜芯电缆(VV)的载流量为相同截面的铝芯电缆(VLV)载流量的 1.3 倍
③ 1kV 五芯电缆载流量可按同级四芯电缆载流量乘以 0.9
④ 本表系根据四川电缆厂提供的数据计算而得，供参考

铝芯聚氯乙烯绝缘及护套铠装电力电缆直接埋地敷设的允许载流量(A)　　表 10-41

主线芯数×截面 (mm²)	1kV电缆中性线芯截面 (mm²)	1kV 四芯电缆 线芯工作温度 70℃				6kV 三芯电缆 线芯工作温度 70℃				10kV 三芯电缆 线芯工作温度 70℃			
		环 境 温 度											
		15℃	20℃	25℃	30℃	15℃	20℃	25℃	30℃	15℃	20℃	25℃	30℃
3×10	6	52	49	47	44	52	49	47	44	—	—	—	—
3×16	10	69	65	62	58	68	64	61	57	58	55	52	49
3×25	16	91	86	82	77	87	82	78	73	79	75	71	67
3×35	16	114	108	103	97	109	103	98	92	98	92	88	83
3×50	25	139	131	125	118	133	126	120	113	118	111	106	100
3×70	35	168	159	151	142	161	152	145	136	151	143	136	128
3×95	50	201	190	181	170	191	181	172	162	174	165	157	148
3×120	70	229	216	206	194	218	206	196	184	198	187	178	167
3×150	70	256	243	231	217	248	234	223	210	222	210	200	188
3×185	95	290	274	261	245	279	264	251	236	255	242	230	216
3×240	—	—	—	—	—	323	306	291	274	—	—	—	—

备　注：
① 本表适用电缆型号 VLV22、VLV32、VLV42
② 铜芯电缆(VV22、VV32、VV42)的载流量约为相同截面铝芯电缆(VLV22、VLV32、VLV42)载流量的 1.3 倍
③ 1kV 五芯电缆载流量可按同级四芯电缆载流量乘以 0.9
④ 本表系根据四川电缆厂提供的数据计算而得，供参考

交联聚乙烯绝缘电力电缆在空气中敷设的允许载流量(A)　　　表 10-42

主线芯截面（mm²）	1kV 电缆中性线芯截面（mm²）	0.6/1kV3～5 芯电缆								10kV3 芯电缆							
		线 芯 工 作 温 度 90℃															
		环 境 温 度															
		25℃		30℃		35℃		40℃		25℃		30℃		35℃		40℃	
		铝	铜	铝	铜	铝	铜	铝	铜	铝	铜	铝	铜	铝	铜	铝	铜
16	10	77	105	72	99	68	93	63	86	94	121	88	114	83	107	77	99
25	16	105	140	99	132	93	124	86	114	123	158	116	149	109	140	100	129
35	16	125	170	118	160	111	150	102	139	147	190	138	179	130	168	120	155
50	25	155	205	146	193	137	181	126	167	180	231	169	217	159	204	147	188
70	35	195	260	183	244	173	230	159	212	218	280	205	263	193	248	178	228
95	50	235	320	221	301	208	283	192	261	261	335	245	315	231	296	213	273
120	70	280	370	263	348	248	327	228	302	303	388	285	365	268	343	247	316
150	70	320	430	301	404	283	381	261	350	347	445	326	418	307	394	283	363
185	95	370	490	348	461	327	434	302	399	394	504	370	474	349	446	321	411
240	—	440	580	414	545	389	513	359	473	461	587	433	552	408	519	376	478
300	—	570	660	536	620	504	584	465	538	527	671	495	631	466	594	430	547
备　注	本表系根据四川电缆厂提供的数据计算而得，供参考																

交联聚乙烯绝缘电力电缆直接埋地敷设的允许载流量(A)　　　表 10-43

主线芯截面（mm²）	1kV 电缆中性线芯截面（mm²）	0.6/1kV3～4 芯电缆								10kV3 芯电缆							
		线 芯 工 作 温 度 90℃															
		环 境 温 度															
		15℃		20℃		25℃		30℃		15℃		20℃		25℃		30℃	
		铝	铜	铝	铜	铝	铜	铝	铜	铝	铜	铝	铜	铝	铜	铝	铜
16	10	99	128	93	121	89	115	84	108	102	131	97	124	92	118	86	111
25	16	128	167	121	158	115	150	108	141	130	168	123	159	117	151	110	142
35	16	150	200	142	189	135	180	127	169	155	200	147	189	140	180	132	169
50	25	183	239	173	226	165	215	155	202	188	241	177	228	169	217	159	204
70	35	222	299	210	278	200	265	188	249	224	289	212	273	202	260	190	244
95	50	266	350	252	311	240	315	226	296	266	341	252	322	240	307	226	289
120	70	305	400	289	378	275	360	259	338	302	386	286	365	272	348	256	327
150	70	344	450	326	425	310	405	291	381	342	437	323	414	308	394	290	370
185	95	389	511	368	483	350	460	329	432	382	490	361	463	344	441	323	415
240	120	455	588	431	557	410	530	385	498	440	559	416	529	396	504	372	474
300	150	511	655	483	620	460	590	432	555	534	629	505	595	481	567	452	533
备　注	① 1kV 五芯电缆载流量可按同级 3～4 芯电缆载流量乘以 0.9　② 本表系根据四川电缆厂提供的数据计算而得，供参考																

地　名	海拔高度 (m)	累年最热月(七月) 温度(℃)		极端最高温度 (℃)	极端最低温度 (℃)	最热月地面下 0.8m 处土壤温度(℃)	雷暴日数 日/年
		平　均	平均最高				
北　京	30.5	26.0	31.1	40.6	−27.4	25.0	36.7
天　津	5.2	26.4	30.6	39.7	−22.9	24.5	26.9
上　海	5.5	27.9	31.9	38.9	−9.4	27.2	30.1
石家庄	82.3	26.7	32.2	42.7	−26.5	27.3	27.9
太　原	779.3	23.7	29.9	39.4	−25.5	24.7	37.1
呼和浩特	1063.0	21.8	28.0	37.3	−32.8	20.1	39.5
沈　阳	43.3	24.6	29.3	38.3	−30.6	21.7	35.1
长　春	215.7	22.9	27.9	38.0	−36.5	19.3	36.5
哈尔滨	146.6	22.7	27.7	36.4	−38.1	18.4	28.9
合　肥	32.3	28.5	32.6	41.0	−20.6		30.4
福　州	92.0	28.7	34.0	39.3	−1.2		63.2
南　昌	49.9	29.7	34.0	40.6	−9.3	29.9	58.4
南　京	12.5	28.2	32.5	40.7	−14.0	27.7	34.4
杭　州	8.0	28.7	33.9	39.6	−9.6	27.7	43.2
贵　阳	1071.2	23.8	28.5	37.5	−7.8	24.1	48.9
昆　明	1892.5	19.9	23.9	31.5	−5.4	22.9	45.7
成　都	507.4	25.8	29.9	37.3	−5.9	26.7	36.9
重　庆	260.6	27.8	32.7	40.2	−1.8	28.2	58.0
南　宁	72.2	28.3	33.5	40.4	−2.1		88.6
广　州	7.3	28.3	32.0	38.7	0.0	30	87.6
长　沙	81.3	29.4	34.1	40.6	−11.3	29.1	48.7
汉　口	23.3	28.1	33.2	39.4	−17.3		36.7
郑　州	111.4	27.5	32.3	43.0	−17.9	26.3	21.0
济　南	57.8	27.6	32.5	42.5	−19.7	28.7	25.0
西　安	396.8	26.7	32.5	41.7	−20.6		15.4
兰　州	1518.3	22.4	29.0	39.1	−21.7	21.5	25.1
西　宁	2296.3	17.2	24.5	33.5	−26.5	17.4	39.1
银　川	1113.1	23.5	29.4	39.3	−30.6	21.5	23.2
乌鲁木齐	654.0	25.7	32.3	40.9	−32.0	22.1	9.4
拉　萨	3659.4	15.5(六月)	21.8	29.4	−16.5		75.4
台　北	9.0	28.4		37.0	−2.0		27.9
海　口	14.1	28.4	33.0	38.9	2.8		114.4

导体工作温度(℃)	环境温度(℃)								
	10	15	20	25	30	35	40	45	50
50	1.70	1.62	1.52	1.42	1.32	1.22	1.00	0.75	—
60	1.58	1.50	1.41	1.32	1.22	1.11	1.00	0.86	0.73
65	1.48	1.41	1.34	1.26	1.18	1.09	1.00	0.89	0.77
70	1.41	1.35	1.29	1.22	1.15	1.08	1.00	0.91	0.81
80	1.32	1.27	1.22	1.17	1.11	1.06	1.00	0.93	0.86
90	1.26	1.22	1.18	1.14	1.09	1.04	1.00	0.94	0.89
100	1.22	1.19	1.15	1.11	1.08	1.04	1.00	0.95	0.91

不同环境温度下载流量校正系数(土壤中)　　　　表 10-46

导体工作温度(℃)	环境温度(℃)					
	10	15	20	25	30	35
50	1.26	1.18	1.10	1.00	0.89	0.77
60	1.20	1.13	1.07	1.00	0.93	0.85
65	1.17	1.12	1.06	1.00	0.94	0.87
70	1.15	1.11	1.05	1.00	0.94	0.88
80	1.13	1.09	1.04	1.00	0.95	0.90
90	1.11	1.07	1.04	1.00	0.96	0.92

电缆在空气中并列敷设时的载流量校正系数　　　　表 10-47

电缆中心距 S (mm) 排列方式 \ 根数	1	2	3	6	4
	○	○○	○○○	○○○○○○	○○ ○○
$S=d$		0.85	0.80	0.70	0.70
$S=2d$	1.00	0.95	0.95	0.90	0.90
$S=3d$		1.00	1.00	0.95	0.95

电缆中心距 S (mm) 排列方式 \ 根数	6	8	9	12
	○○○ ○○○	○○○○ ○○○○	○○○ ○○○ ○○○	○○○○ ○○○○ ○○○○
$S=d$	0.70	—	—	—
$S=2d$	0.90	0.85	0.80	0.80
$S=3d$	0.95	0.90	0.85	0.85

注: d 为电缆外径,当电缆外径不同时,可取平均值。

电缆成束敷设于托架、托盘或塑料框槽中
载流量校正系数（参考值）

表 10-48

电 缆 层 数	同 时 工 作 系 数		
	1.0	0.8	0.5
1	0.64	0.80	0.95
2	0.50	0.75	0.90
3	0.45	0.70	0.85
4	0.40	0.65	0.80

注：同时工作系数系指一电缆束中有负荷的电缆根数与总的电缆根数之比(负荷电缆指通有额定电流的发热电缆,信号电缆除外)。

三芯或三个单芯电缆平行成组直埋于土壤中
载流量校正系数

表 10-49

电 缆 间 距	组 数				
	2	3	4	5	6
相 互 接 触	0.79	0.69	0.63	0.58	0.55
70~100(mm)	0.85	0.75	0.68	0.64	0.60
220~250(mm)	0.87	0.87	0.75	0.72	0.69

管道组内电缆同时额定负荷时载流量校正系数

表 10-50

管 道 间 距 离	管 道 的 根 数				
	1	2	3	4	5
相 互 接 触	0.82	0.75	0.66	0.59	0.56
70~100(mm)	—	0.76	0.69	0.62	0.60
220~250(mm)	—	0.77	0.72	0.68	0.67

不同埋地深度时载流量校正系数

表 10-51

深 度 L (mm)	电 压 等 级 (kV)	
	0.6/1~1.8/3	3.6/6~26/35
$L=700$	1.00	1.00
700<L≤1000	0.97	0.98
1000<L≤1250	0.95	0.96
1250<L≤1500	0.93	0.95

土中直埋多根并列敷设时电缆载流量的校正系数

表 10-52

根 数		1	2	3	4	5	6
电缆之间净距 (mm)	100	1	0.9	0.85	0.80	0.78	0.75
	200	1	0.92	0.87	0.84	0.82	0.81
	300	1	0.93	0.90	0.87	0.86	0.85

不同土壤热阻系数时的电缆
载流量校正系数 表 10-53

土壤热阻系数 (C·m/W)	分 类 特 征 (土壤特性和雨量)	校正系数
0.8	土壤很潮湿,经常下雨。如湿度大于 9% 的沙土;湿度大于 10% 的沙—泥土等	1.05
1.2	土壤潮湿,规律性下雨。如湿度大于 7% 但小于 9% 的沙土;湿度为 12%~14% 的沙—泥土等	1
1.5	土壤较干燥,雨量不大。如湿度为 8%~12% 的沙—泥土等	0.93
2.0	土壤干燥,少雨。如湿度大于 4% 但小于 7% 的沙土;湿度为 4%~8% 的沙—泥土等	0.87
3.0	多石地层,非常干燥。如湿度小于 4% 的沙土等	0.75

10.6.2 按允许电压损失选择

（1）线路电压损失

由于线路存在阻抗,当负荷电流通过线路时,要产生一定的电压损失。通常用线路首端电压 U_1 较末端电压 U_2 的数值差,与线路标称电压 U_N 之比的百分数来表示线路的电压损失

$$\Delta U \% = \frac{U_1 - U_2}{U_N} \times 100\% \quad (10\text{-}62)$$

为满足用电设备对电压质量的要求,规范就不同线路的电压损失允许值做出了规定见表 10-54。

线路允许电压损失表 表 10-54

线 路 种 类 名 称	允许电压损失%
高压配电线路	5
自配电变压器二次侧母线算起的低压线路	5
对视觉要求较高的照明线路	2~3
应急照明、路灯照明警卫照明线路	10

如果线路电压损失超过了允许值,就要求增大导线、电缆截面,使之满足允许电压损失值。因为当输送功率和距离一定时,截面增大,电压损失就会减少。

（2）单位电流距法计算电压损失

线路电压损失计算、校验的方法有多种,这里学习利用"单位电流距表"来计算线路的电压损失。见表 10-55、10-56。

表 10-55、10-56 中列出计算电流为 1A、输送距离为 1km 的线路电压损失百分数 ε%/A·km。

使用方法、步骤如下:

1) 根据已知线路导线或电缆的芯线材质(铝芯或铜芯),导线尚应区分明敷或穿管,芯线的截面(mm²)大小、线路负荷的功率因数 $\cos\phi$ 值,查出表中线路的单位电压损失百分数 ε%/A·km。

2) 根据该线路计算电流、计算长度算出线路的电压损失,即

$$\Delta U \% = \varepsilon \cdot I_c \cdot L \cdot K \quad (10\text{-}63)$$

式中　ε——单位电压损失百分数,%/A·km;

　I_c——线路的计算电流,A;

　L——线路的计算长度,为供电点至负荷中心的线路长度,km;

　K——计算系数,三相 380V 线路取 1,单相 220V 线路取 2。

采用上述步骤选择截面,可能要经几番试算才能达到或接近(小于)表 10-54 所规定的电压损失范围。

表 10-55

三相 380V 导线的电压损失

截面 (mm²)	电阻 θ=60℃ (Ω/km)	感抗 (Ω/km)	导线明敷(相同距离150mm) [%/(A·km)] cosφ						感抗 (Ω/km)	导线穿管 [%/(A·km)] cosφ					
			0.5	0.6	0.7	0.8	0.9	1.0		0.5	0.6	0.7	0.8	0.9	1.0
2.5	13.419	0.353	3.198	3.799	4.397	4.990	5.575	6.117	0.127	3.108	3.716	4.323	4.928	5.530	6.117
4	8.313	0.338	2.028	2.397	2.762	3.124	3.477	3.789	0.119	1.942	2.317	2.691	3.064	3.434	3.789
6	5.572	0.325	1.398	1.642	1.884	2.121	2.350	2.540	0.112	1.314	1.565	1.814	2.062	2.308	2.540
10	3.350	0.306	0.884	1.028	1.169	1.305	1.435	1.527	0.108	0.806	0.956	1.104	1.251	1.396	1.527
16	2.099	0.290	0.593	0.680	0.764	0.845	0.919	0.957	0.102	0.519	0.611	0.703	0.793	0.881	0.957
25	1.320	0.277	0.410	0.462	0.511	0.557	0.596	0.602	0.099	0.340	0.397	0.453	0.508	0.561	0.602
35	0.947	0.266	0.321	0.356	0.389	0.418	0.441	0.432	0.095	0.253	0.294	0.333	0.371	0.407	0.432
50	0.653	0.251	0.248	0.270	0.290	0.307	0.318	0.297	0.091	0.185	0.212	0.238	0.263	0.286	0.297
70	0.477	0.242	0.204	0.219	0.231	0.240	0.244	0.217	0.088	0.143	0.162	0.181	0.198	0.231	0.217
95	0.350	0.231	0.171	0.180	0.187	0.191	0.190	0.160	0.089	0.115	0.128	0.141	0.152	0.161	0.160
120	0.280	0.223	0.152	0.158	0.162	0.163	0.159	0.128	0.083	0.097	0.107	0.116	0.125	0.131	0.128
150	0.226	0.216	0.137	0.141	0.142	0.141	0.136	0.103	0.082	0.084	0.092	0.099	0.105	0.109	0.103
185	0.183	0.209	0.124	0.126	0.126	0.124	0.117	0.083	0.082	0.074	0.080	0.085	0.089	0.091	0.083
240	0.140	0.200	0.111	0.111	0.110	0.106	0.097	0.064	0.080	0.064	0.068	0.071	0.073	0.073	0.064

铝芯

截面 (mm²)	电阻 θ=60℃ (Ω/km)	感 抗 (Ω/km)	导线明敷(相同距离150mm) [%/(A·km)] cosφ						感 抗 (Ω/km)	导线穿管 [%/(A·km)] cosφ					
			0.5	0.6	0.7	0.8	0.9	1.0		0.5	0.6	0.7	0.8	0.9	1.0
1.5	13.933	0.368	3.321	3.945	4.565	5.181	5.789	6.351	0.138	3.230	3.861	4.490	5.118	5.743	6.351
2.5	8.360	0.353	2.045	2.415	2.782	3.145	3.500	3.810	0.127	1.995	2.333	2.709	3.083	3.455	3.810
4	5.172	0.338	1.312	1.538	1.760	1.978	2.189	2.357	0.119	1.226	1.458	1.689	1.918	2.145	2.357
6	3.467	0.325	0.918	1.067	1.212	1.353	1.487	1.580	0.112	0.834	0.989	1.143	1.295	1.444	1.580
10	2.040	0.306	0.586	0.670	0.751	0.828	0.898	0.930	0.108	0.508	0.597	0.686	0.773	0.858	0.930
16	1.248	0.290	0.399	0.447	0.493	0.535	0.570	0.569	0.102	0.325	0.379	0.431	0.483	0.532	0.569
25	0.805	0.277	0.293	0.321	0.347	0.369	0.385	0.367	0.099	0.223	0.256	0.289	0.321	0.350	0.367
35	0.579	0.266	0.237	0.255	0.271	0.284	0.290	0.264	0.095	0.169	0.193	0.216	0.237	0.256	0.264
50	0.398	0.251	0.190	0.200	0.209	0.214	0.213	0.181	0.091	0.127	0.142	0.157	0.170	0.181	0.181
70	0.291	0.242	0.162	0.168	0.172	0.172	0.168	0.133	0.088	0.101	0.118	0.122	0.130	0.137	0.133
95	0.217	0.231	0.141	0.144	0.145	0.142	0.135	0.099	0.089	0.085	0.092	0.098	0.104	0.107	0.099
120	0.171	0.223	0.127	0.128	0.127	0.123	0.115	0.078	0.083	0.071	0.077	0.082	0.085	0.087	0.078
150	0.137	0.216	0.117	0.116	0.114	0.109	0.099	0.063	0.082	0.064	0.068	0.071	0.073	0.073	0.063
185	0.112	0.209	0.108	0.107	0.104	0.098	0.087	0.051	0.082	0.058	0.060	0.062	0.063	0.062	0.051
240	0.086	0.200	0.099	0.096	0.092	0.086	0.075	0.039	0.080	0.051	0.053	0.053	0.053	0.051	0.039

铜 芯

截面 (mm²)		电阻 $\theta = 60℃$ (Ω/km)	感抗 (Ω/km)	电压损失[% /(A·km)]					
				cosφ					
				0.5	0.6	0.7	0.8	0.9	1.0
铝	2.5	13.085	0.100	3.022	3.615	4.208	4.799	5.388	5.964
	4	8.178	0.093	1.901	2.270	2.640	3.008	3.373	3.728
	6	5.452	0.093	1.279	1.525	1.770	2.014	2.255	2.485
	10	3.313	0.087	0.789	0.938	1.085	1.232	1.376	1.510
	16	2.085	0.082	0.508	0.600	0.692	0.783	0.872	0.950
	25	1.334	0.075	0.334	0.392	0.450	0.507	0.562	0.608
	35	0.954	0.072	0.246	0.287	0.328	0.368	0.406	0.435
	50	0.668	0.072	0.181	0.209	0.237	0.263	0.288	0.305
	70	0.476	0.069	0.136	0.155	0.175	0.192	0.209	0.217
	95	0.351	0.069	0.107	0.121	0.135	0.147	0.158	0.160
	120	0.278	0.069	0.091	0.101	0.111	0.120	0.128	0.127
	150	0.223	0.070	0.078	0.087	0.094	0.101	0.105	0.102
	185	0.180	0.070	0.069	0.075	0.080	0.085	0.088	0.082
	240	0.139	0.070	0.059	0.064	0.067	0.070	0.071	0.063
铜	2.5	7.981	0.100	1.858	2.219	2.579	2.938	3.294	3.638
	4	4.988	0.093	1.174	1.398	1.622	1.844	2.065	2.274
	6	3.325	0.093	0.795	0.943	1.091	1.238	1.383	1.516
	10	2.035	0.087	0.498	0.588	0.678	0.766	0.852	0.928
	16	1.272	0.082	0.322	0.378	0.433	0.486	0.538	0.580
	25	0.814	0.075	0.215	0.250	0.284	0.317	0.349	0.371
	35	0.581	0.072	0.161	0.185	0.209	0.232	0.253	0.265
	50	0.407	0.072	0.121	0.138	0.153	0.168	0.181	0.186
	70	0.291	0.069	0.094	0.105	0.115	0.125	0.133	0.133
	95	0.214	0.069	0.076	0.084	0.091	0.097	0.102	0.098
	120	0.169	0.069	0.066	0.071	0.076	0.081	0.083	0.077
	150	0.136	0.070	0.059	0.063	0.066	0.069	0.070	0.062
	185	0.110	0.070	0.053	0.056	0.058	0.059	0.059	0.050
	240	0.085	0.070	0.047	0.049	0.050	0.050	0.049	0.039

10.6.3　按机械强度选择

所选导线截面必须满足机械强度的要求,不得小于规定的最小允许截面(见表10-57、10-58)。

10.6.4　按经济电流密度选择

从经济方面考虑选择一个比较合理的截面。我国规定的导线和电缆的经济电流密度如表10-59。

架空裸导线的最小截面积　　　表 10-57

导 线 种 类	最小允许截面(mm²)		备　　注
	高压(至 10kV)	低　　压	
铝及铝合金线	35	16	与铁路交叉跨越时应为 35mm²
钢芯铝绞线	25	16	

绝缘导线线芯的最小截面积　　　表 10-58

导 线 用 途 或 敷 设 方 式			线芯最小截面(mm²)	
			铜　芯	铝　芯
照 明 用 灯 头 引 下 线			1.0	2.5
敷设在绝缘支持件上的绝缘导线,其支持点间距 L 为	室内	$L \leqslant 2m$	1.0	2.5
	室外	$L \leqslant 2m$	1.5	2.5
		$2m < L \leqslant 6m$	2.5	4
		$6m < L \leqslant 15m$	4	6
		$15m < L \leqslant 25m$	6	10
穿管敷设,槽板,护套线扎头明敷,线槽			1.0	2.5
PE 线和 PEN 线	有机械保护时		2.5	2.5
	无机械保护时		4(干线 10)	4(干线 16)

导线与电缆的经济电流密度 j_{ec}　　　表 10-59

线 路 类 别	导　线材　料	年最大负荷利用小时		
		3000h 以下	3000~5000h	5000h 以上
架空线路	铝	1.63	1.15	0.9
	铜	3.00	2.25	1.75
电缆线路	铝	1.92	1.73	1.54
	铜	2.50	2.25	2.00

按 j_{ec} 计算电线、电缆经济截面

$$A_{ec} = \frac{I_c}{j_{ec}} \qquad (10\text{-}64)$$

按式 10-64 计算出 A_{ec} 后,应选最接近的标准截面(可取较小标准截面),然后校验其发热条件、机械强度、电压损失等其他条件。

10.6.5　计算示例

【例 10-20】　试为【例 10-8】,电动机分支线路选配 BV-500 型导线穿管线路。(环境温度 $\theta'_0 = 35℃$)

【解】　已知电动机分支线路 $I_c = I_{N \cdot M} = 30.3A$

选配 BV-500 型铜芯塑料绝缘导线穿钢管敷设。电动机电源馈线三根,利用钢管做 PE 线

(1) 按发热条件

查表 10-33,环境温度 35℃

$BV - 500 - 3 \times 6mm^2 G20, I_z = 35A$

$I_c = 30.3A < I_z = 35A$,满足发热条件

(2) 电动机分支线路无需校验与保护电器动作电流整定值相配合。

(3) 电动机分支线路不会太长,一般也

无需校验线路电压损失。

(4) 机械强度校验

查表 10-58 穿管线路铜芯线最小允许截面 $1mm^2$, 所选截面 $6mm^2 > 1mm^2$ 满足机械强度要求

【例 10-21】 某 380V 动力干线为 BV-500 型导线穿钢管暗敷线路, 其计算电流 $I_c = 60.7A$、$\cos\varphi = 0.66$, 配用保护断路器为 DW15-200, $I_N = 100A$、$I_{zd1} = 70A$、$I_{zd3} = 4I_{zd1}$ (280A)。设线路首端距负荷中心约 60m, 允许电压损失 3%, 环境温度为 35℃。试为线路选择导线截面和钢管管径。

【解】 (1) 按发热条件选择 BV-500 型导线截面

配电干线应配 N 线和 PE 线, 并随相线穿管敷设。N 和 PE 线正常情况下不载流, 查表 10-36 相线 $A_\phi = 16mm^2$ BV 线三根穿钢管 35℃下 $I_z = 63A > I_c = 60.7A$, 满足发热条件要求。

(2) 与 DW 15-200 保护开关的配合校验

据式(10-48) $I_{zd1} = 70A > K_{OL}I_z = 1 \times 63 = 63A$ 不合要求。若选 $A_\phi = 25mm^2$, 其 $I_z = 82A$ (35℃、三根 BV 线穿钢管)

$$I_{zd1} = 70A < K_{OL}I_z = 1 \times 82 = 82A$$

且 $I_{zd3} = 280A < K_{OL}I_z = 4.5 \times 82 = 369A$

故 $A_\phi = 25mm^2$ 能满足与保护开关的配合要求。

(3) 电压损失验算

$A_\phi = 25mm^2$ BV 线穿管, 查表 10-55 知

当 $\cos\varphi = 0.6$, $\varepsilon = 0.256$, $\cos\varphi = 0.7$, $\varepsilon = 0.289$

则 $\cos\varphi = 0.66$ $\varepsilon = 0.2758\% / A \cdot km$, 据式(10-63)

$$\Delta U\% = \varepsilon \cdot I_c \cdot L \cdot K = 0.2758 \times 60.7$$
$$\times 0.06 \times 1 = 1\% < 3\%$$

满足电压损失条件。

(4) N 线、PE 线截面的选择

由 $A_\phi = 25mm^2$ 按式(10-58) $A_\phi \geqslant 0.5A_\phi$, $A_N = 16mm^2$;

按式(10-60) $A_{PE} \geqslant 16mm^2$, $A_{PE} = 16mm^2$

线路导线为 BV-500-3×25+1×16+PE16

(5) 选择钢管管径

查表 10-36, 5×25mm² 为 G32, 线路较长改为 G40。该干线选定为 BV-500-3×25+16+PE16, G40

【例 10-22】 在【例 10-10】中, 工地低压配电所电源线路为直埋电力电缆, 长 400m, 该线路首端装设 DW15 型断路器作为短路和过负荷保护。如电缆埋地处温度为 30℃、土壤热阻系数为 1, 线路允许电压损失为 5%, 试为该电源线路选配低压断路器和电力电缆。

【解】 已知工地低压配电所计算电流 $I_c = 301.9A$、$\cos\varphi = 0.64$

1. DW 15 断路器选配半导体脱扣器

据式(10-47) $I_{zd1} \geqslant 1.1 I_c = 1.1 \times 301.9 = 332.09A$, 查表(10-27)、DW 15 技术数据, 选 $I_{zd1} = 340A$。

对于配电线路 I_{zd3} 可为 $(4\sim6)I_{zd1}$, 能避开线路尖峰电流即可, 取 $I_{zd3} = 4I_{zd1}$ (1360A)。

2. 电源线路为电缆直接埋地敷设, 选择全塑内钢带铠装铜芯电力电缆 VV 22-1kV 型。负荷动力为主, 电缆为 4 芯(3L+N), 且 A_N 较 A_ϕ 小。

(1) 热发热条件选择 A_ϕ

据式(10-53), $I_z \geqslant I_c = 301.9A$, 查表 10-41 电缆直埋 $\theta_0' = 30℃$, 需 2 根电缆并列, 查表 10-52 取并列系数 0.9, 又铜芯电缆乘系数 1.3, 取 A_ϕ 为 70mm², $I_z = 142A$、$I_z' = 142 \times 1.3 \times 0.9 \times 2 = 332.3A$

(2) 与保护电器相配合

据式(10-48) $I_{zd} \leqslant K_{OL} I_z$,长延时脱扣器 $K_{OL} = 1$, $I_{zd1} = 340A > K_{OL} I_z = 1 \times 332.3 = 332.3A$,故不能满足式(10-48)要求,改选 $A_\phi = 95mm^2$, $I_z = 170A$, $I'_z = 170 \times 1.3 \times 0.9 \times 2 = 397.8A > 332.3A$,能满足式(10-48)。而瞬时脱扣器 $K_{OL} = 4.5$, $I_{zd3} - 1360A < K_{OL} I_z = 4.5 \times 397.8 \times = 1790.1A$,满足式(10-48)。

即 $A_\phi = 95mm^2$ 能满足与 DW_{15} 整定值相配合的要求。

(3) 电压损失校验

查表10-56, $A_\phi = 95mm^2$, $\cos\varphi = 0.6$ 、 $\varepsilon = 0.084$, $\cos\varphi = 0.7$ 、 $\varepsilon = 0.091$,则 $\cos\varphi = 0.64$, $\varepsilon = 0.0868\% /A \cdot km$

由电缆线路 $I_c = 301.9A$ 、 $L = 400m$,据式(10-63)

$$\Delta U\% = \varepsilon \cdot I_c \cdot L \cdot K = 0.0868 \times (301.9 \div 2) \times 0.4 \times 1 = 5.24\% > 5\%$$ 不满足电压损失要求,应增大截面, $A_\phi = 120mm^2$ 查表10-53, $\cos\varphi = 0.6$ 、 $\varepsilon = 0.071$, $\cos\varphi = 0.7$ 、 $\varepsilon = 0.076$,则 $\cos\varphi = 0.64$, $\varepsilon = 0.073\% /A \cdot km$,于是

$$\Delta U\% = 0.073 \times (301.9 \div 2) \times 0.4 \times 1 = 4.4\% < 5\%$$

电压损失校验合格。

(4) 机械强度显然满足要求。

(5) 经济电流密度校验。

由于电源线路电流大、距离长,应进行此项校验。查表10-59,设最大负荷利用小时为 $3000 \sim 5000h$,则 $j_{ec} = 2.25A/mm^2$,据式(10-64)

$$A_{ec} = I_c / j_{ec} = 301.9 / 2.25 = 134.18mm^2 < 2 \times 120mm^2$$

满足经济电流密度要求。

(6) 选择电缆的 A_N

据式(10-58), $A_N \geqslant 0.5A_\phi = 0.5 \times 120$ 、 $A_N = 70mm^2$

结论:工地低压配电所电源线路为电缆 $VV22 - 1kV - 2(3 \times 120 + 1 \times 70)$ 直接埋地

敷设,线路首端开关为 DW 15-400/3, $I_{zd1} = 340A$ 、 $I_{zd3} = 4I_{zd1}$ 。

讨论:对于大容量负荷不宜长距离低压供电,有条件应尽可能为 10kV 高压供电,设 10kV 配电变压器。

【例 10-23】 某学校距 10kV 变电所 200m 远有一幢教学楼,其照明负荷基本上为 40W 荧光灯,灯管容量 36kW,拟采用 220/380V 三相四线制供电。设该电源线路允许电压损失为 2.5%,敷设处空气中环境温度为 35℃、地下为 30℃、土壤热阻系数为 1。试为教学楼电源线路选配低压断路器和电力电缆。

【解】 应在求出线路的计算负荷的基础上,选择整定低压断路器,再配线选择截面

1. 负荷计算

该教学校照明负荷基本上为 40W 荧光灯,电感镇流器功率损耗占 0.2,无电容补偿 $\cos\varphi = 0.55$, $tg\varphi = 1.52$ 。查表10-7,教室 $K_d = 0.8 \sim 0.9$,取 $K_d = 0.9$ 于是 $P_c = K_d P_{c\Sigma} = 0.9 \times (1 + 0.2) \times 36 = 38.88kW$

$$Q_c = P_c tg\varphi = 38.88 \times 1.52 = 59.10kvar$$

$$S_c = \sqrt{P_c^2 + Q_c^2} = \sqrt{38.88^2 + 59.10^2} = 70.74kV \cdot A$$

$$I_c = \frac{S_c}{\sqrt{3} U_N} = \frac{70.74}{\sqrt{3} \times 0.38} = 107.48A$$

2. 选择 DZ 20G 型低压断路器

查 DZ 20技术数据表10-25

由 $I_{zd1} \geqslant K_{zd1} I_c = 1.1 \times 107.48 = 118.23A$

整定 $I_{zd1} = 125A$, $I_{zd3} = 5I_{zd1} = 625A$

3. 选择 VV 22-1kV 型电缆埋地敷设, $\theta'_0 = 30℃$ 。

200m 电源干线较长,故选按电压损失选择电缆截面,再进行其它条件的校验。

(1) 按电压损失选择 A_ϕ

由式(10-63) $\Delta U\% = \varepsilon \cdot I_c \cdot L \cdot K$ 得

$$\varepsilon = \frac{\Delta U\%}{I_c \cdot L \cdot K} = \frac{2.5\%}{107.48 \times 0.2 \times 1}$$

$$=0.116\%/A\cdot km$$

查表 10-56，与 $\varepsilon=0.116$ 相近的截面 $A_\phi=70$，$\cos\varphi=0.5$，$\varepsilon=0.094$，$\cos\varphi=0.6$，$\varepsilon=0.105$，则 $\cos\varphi=0.55$，$\varepsilon=0.0995\%/A\cdot km$，于是

$$\Delta U\%=0.0995\times107.48\times0.2\times1$$
$$=2.14\%<2.5\%$$

$A_\phi=70mm^2$ 满足电压损失要求

(2) 按发热条件

查表 10-41，铝芯 $A_\phi=70mm^2$，$I_z=142A$

铜芯 $A_\phi=70mm^2$，$I_z=142\times1.3=184.6A$

显然 $I_z>I_c$ 满足发热条件

(3) 与低压断路器动作电流相配合 $I_{zd}\leqslant K_{OL}I_z$

$I_{zd1}=125A$，$K_{OL}=1$，$K_{OL}I_z=1\times184.6=184.6A>I_{zd1}=125A$

$I_{zd3}=625A$，$K_{OL}=4.5$，$K_{OL}I_z=4.5\times184.6=830.7A>I_{zd3}=625A$

与低压断路器配合满足要求

(4) 机械强度也能满足规定要求

(5) N 线截面 A_N 的选择

对于荧光灯气体放电光源回路 $A_N=A_\phi$

故该教学楼电源线路为

VV 22-1kV-4×70mm² 埋敷敷设，线路首端开关为 DZ 20G-200/3，$I_{zd1}=125A$，$I_{zd3}=5I_{zd1}$。

【例 10-24】 如图 10-1，某车间低压配电网络采用 TN-C-S 保护接地型式。动力负荷为三相 380V、照明负荷(以荧光灯为主设 $\cos\varphi=0.9$)均匀分配在 220V 的各相上。10kV 变电所至车间的 220/380V 电源线路采用 VLV 22-1kV 型电缆埋地敷设；动力和照明干线采用 BLX 型导线沿墙上支架绝缘子明敷，支架间距约为 3m；单台电动机分支线路采用 BLV 型导线穿焊接钢管埋地暗敷。配电线路和有关数据见图。如采用 RT0 型熔断器作为各段线路的过负荷及短路保护，试选择熔断器熔体电流和导线、电缆截面。(室内环境温度 $\theta_0'=35℃$、室外土壤 $\theta_0'=30℃$、土壤热阻系数为 1)

【解】 按负荷计算，选择熔断器，选择导线、电缆截面的先后顺序进行。

1. 照明干线

(1) 电流计算

$$I_c=\frac{P_c}{\sqrt{3}U_N\cos\varphi}=\frac{12}{\sqrt{3}\times0.38\times0.9}=20.3A$$

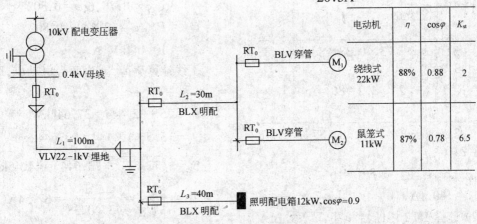

电动机	η	$\cos\varphi$	K_{st}
绕线式 22kW	88%	0.88	2
鼠笼式 11kW	87%	0.78	6.5

图 10-1 车间低压配电系统

(2) 选择 RT0 熔断器

据式(10-40)，K_m 查表 10-15

$$I_{N·FE} \geq K_m I_c = 1 \times 20.3 = 20.3A$$

选配 RT0-50/20A

(3) 选择照明干线 BLX 型导线截面

1) 按发热条件，据式(10-53)

$$I_z \geq I_c = 20.3A$$

查表 10-33，明敷 $A_\phi = 2.5mm^2$，$I_z = 23A$ (35℃)

2) 按与熔断器相配合，据式(10-41)

$I_{N·FE} \leq K_{OL} I_z$ RT0-50/20 为过负荷保护 $K_{OL} = 0.85$

$$I_z \geq \frac{I_{N·FE}}{K_{OL}} = \frac{20}{0.85} = 23.53A, \quad A_\phi = 2.5mm^2$$ 不合要求。

查表 10-33，改 $A_\phi = 4mm^2$ $I_z = 30A$

3) 按机械强度，查表 10-58 间距 3m

$A_{min} = 4mm^2$，满足要求。

N 线截面，按式(10-56)

$$A_N = A_\phi = 4mm^2$$

又灯具线路一般不设 PE 线(灯具位置较低时除外)，于是照明干线为

BLX-4×4mm² 支架绝缘子明敷。

2. M_1、M_2 电动机分支线路

(1) 计算电流

$$I_{N·M_1} = \frac{P_N}{\sqrt{3} U\eta\cos\varphi} = \frac{22}{\sqrt{3} \times 0.38 \times 88\% \times 0.88} = 43.2A$$

$$I_{st1} = K_{st} I_{N·M_1} = 2 \times 43.2 = 86.4A$$

$$I_{N·M_2} = \frac{P_N}{\sqrt{3} U\eta\cos\varphi} = \frac{11}{\sqrt{3} \times 0.38 \times 87\% \times 0.78} = 24.6A$$

$$I_{st2} = K_{st} I_{N·M_2} = 6.5 \times 24.6 = 160.1A$$

(2) 选择 RT0 熔断器和穿管导线 BLV 的截面 M_1 据式(10-38)和式(10-39)

$$I_{N·FE} \geq I_c = I_{N·M1} = 43.2$$

$$I_{N·FE} \geq KI_{pk} = 0.3 \times 86.4 = 26A$$

查表 10-21 选配 RT0-50/50A

按发热条件，据式(10-53)

$$I_z \geq I_c = 43.2A$$

查表 10-36 穿管线路

BLV-3×16+PE16、G25、$\theta'_0 = 35℃$，$I_z = 48A$

(专设 PE 线，据式(10-59) $A_\phi \leq 16mm^2$，$A_{PE} \geq A_\phi$)

M_2 据式(10-38)和式(10-39)

$$I_{N·FE} \geq I_c = I_{N·M2} = 24.6A$$

$$I_{N·FE} \geq KI_{pk} = 0.3 \times 160.1 = 48A$$

查表 10-21，选配 RT0-50/50

按发热条件，按式(10-53)

$I_z \geq I_c = 24.6$ 查表 10-36

BLV-3×6+PE6，G20，$\theta'_0 = 35℃$，$I_z = 27A$

3. 动力干线

(1) 计算负荷

M_1 $P_c = \frac{P_N}{\eta} = \frac{22}{88\%} = 25kW$

$\cos\varphi = 0.88, tg\varphi = 0.54$

$Q_c = P_c tg\varphi = 25 \times 0.54 = 13.5kvar$

M_2 $P_c = \frac{P_N}{\eta} = \frac{11}{87\%} = 12.644kW$

$\cos\varphi = 0.78, tg\varphi = 0.802$

$Q_c = P_c tg\varphi = 12.644 \times 0.802 = 10.144kV·A$

干线计算负荷，因为两台电动机，取 $K_d = 1$

$P_c = 25 + 12.644 = 37.644kW$

$Q_c = 13.5 + 10.144 = 23.644kvar$

$S_c = \sqrt{37.644^2 + 23.644^2} = 44.45kVA$

$I_c = \frac{S_c}{\sqrt{3} U_N} = \frac{44.45}{\sqrt{3} \times 0.38} = 67.54A$(按 $I_c = 43.2 + 24.6 = 67.8A$ 二者接近)

$\cos\varphi = \frac{P_c}{S_c} = \frac{37.644}{44.45} = 0.847$

据式(10-37)

$$I_{pk} = (K_{st} - 1)I_{N \cdot max} + I_c$$
$$= (6.5 - 1) \times 24.6 + 67.54$$
$$= 202.84A$$

（2）选择 RT0，据式（10-38）和式（10-39）

$$I_{N \cdot PE} \geqslant I_c = 67.54A$$

$$I_{N \cdot PE} \geqslant K I_{pk} = 0.5 \times 202.84$$

$$= 101.4A, \left(\frac{67.54}{202.84} = 0.333\right)$$

查表 10-21，选 RT0-100/100A

且较分支线路上 RT0-50/50A 大三级，能满足前后级选择性配合要求。

（3）选择动力干线 BLX 的截面（明敷）

1）按发热条件，据式（10-53）

$I_z \geqslant I_c = 67.54A$，查表 10-33，35℃，明敷 $BLX - 3 \times 16 + PE16$，$I_z = 73A$。

2）线路与熔断器的配合

据式（10-41），明敷、熔断器为短路保护，K_{OL} 取 1.5，则

$$I_{N \cdot FE} \leqslant K_{OL} I_z = 1.5 \times 73 = 109.5A$$

$I_{N \cdot FE} = 100A < 109.5A$ 线路能满足与熔断器配合要求。

4. 220/380V 电源线路

（1）计算负荷

照明干线

$P_c = 12kW$　$\cos\varphi = 0.9$　$tg\varphi = 0.484$

$Q_c = P_c tg\varphi = 12 \times 0.484 = 5.812kvar$

动力干线

$$P_c = 37.644kW$$

$$Q_c = 23.644kvar$$

总计算负荷，取 $K_\Sigma = 1$

$$P_c = 12 + 37.644 = 49.644kW$$

$$Q_c = 5.812 + 23.644 = 29.456kvar$$

$$S_c = \sqrt{49.644^2 + 29.456^2} = 57.725kVA$$

$$I_c = \frac{S_c}{\sqrt{3} \times U_N} = \frac{57.725}{\sqrt{3} \times 0.38} = 87.7A$$

（按 $I_c = 20.3 + 43.2 + 24.8 = 88.3A$，二者接近）

$$\cos\varphi = \frac{P_c}{S_c} = \frac{49.644}{57.725} = 0.86$$

据式（10-37）

$$I_{pk} = (K_{st} - 1)I_{N \cdot max} + I_c$$

$$= (6.5 - 1) \times 26.4 + 87.7 = 232.9A$$

（2）选择 RT0，据式（10-38）式（10-39）

$$I_{N \cdot FE} \geqslant I_c = 87.7A$$

$$I_{N \cdot FE} \geqslant K I_{pk} = 0.5 \times 232.9$$

$$= 116A \quad \left(\frac{87.7}{232.9} = 0.377\right)$$

查表 10-21 拟配 RT0-200/120A，考虑动力干线配 RT0-100/100A，只大一级，故提高一级改配 RT0-200/150A，即可满足前后级熔断器保护选择性配合。

（3）选择 VLV 22-1kV 型电缆截面

1）按发热条件，据式（10-53）

$I_z \geqslant I_c = 87.7A$，查表 10-41

选 VLV 22-1kV-3×35+1×16 直埋、$\theta'_0 = 30℃$，$I_z = 97A$

（据题意为 TN-C-S 系统，电缆进户处零线应重复接地，另引出 PE 干线，如动力干线中的 BLX-16。）

2）线路与熔断器相配合校验

据式（10-41），电缆埋地，熔断器作短路保护，取 $K_{OL} = 2.5$ 则 $I_{N \cdot FE} \leqslant K_{OL} I_z = 2.5 \times 97 = 242.5A$

由于 $I_{N \cdot FE} = 150A < 242.5A$

能够满足与熔断器相配合的要求。

5. 线路电压损失校验

查表 10-54，低压线路允许电压损失为不大于 5%

（1）电源电缆线路的电压损失

已知：$L_1 = 0.1km$、$I_c = 87.7A$、$\cos\varphi = 0.86$

VLV 22-1kV-3×35+1×16

查表 10-56，$\cos\varphi = 0.8$　$\varepsilon = 0.368$

$\cos\varphi = 0.9$　$\varepsilon = 0.406$

则 $\cos\varphi = 0.86$　$\varepsilon = 0.391$，据式（10-63）

$$\Delta U\% = \varepsilon \cdot I_c \cdot L \cdot K = 0.391 \times 87.7$$

$$\times 0.1 \times 1 = 3.429$$

(2) 照明干线电压损失

已知：$L_3 = 0.04\text{km}$、$I_c = 20.3\text{A}$、$\cos\varphi = 0.9$

BLX-4 明敷

查表 10-55，$\cos\varphi = 0.9$，$\varepsilon = 3.477$，据式 (10-63)

$$\Delta U\% = \varepsilon \cdot I_c \cdot L \cdot K = 3.477 \times 20.3$$
$$\times 0.04 \times 1 = 2.823$$

(3) 动力干线电压损失

已知：$L_2 = 0.03\text{km}$、$I_c = 67.54\text{A}$、$\cos\varphi = 0.85$

BLX-16 明敷

查表 10-55，$\cos\varphi = 0.8$　$\varepsilon = 0.845$

$\cos\varphi = 0.9$　$\varepsilon = 0.919$

则 $\cos\varphi = 0.85$　$\varepsilon = 0.882$，据式 (10-63)

$$\Delta U\% = \varepsilon \cdot I_c \cdot L \cdot K = 0.882 \times 67.54$$
$$\times 0.03 \times 1 = 1.791$$

(4) 电缆线路与照明干线的总电压损失

$$\Delta U\% = 3.429 + 2.823 = 6.252 > 5\%$$
不合格，

(5) 电缆线路与动力干线的总电压损失

$$\Delta U\% = 3.429 + 1.791 = 5.22 > 5\%$$

不合格。

为此增大电缆线路与照明干线的截面。

(6) 电缆线路改为 VLV 22-1kV-3×70+1×35

查表 10-56　$\cos\varphi = 0.8$　$\varepsilon = 0.192$

$\cos\varphi = 0.9$　$\varepsilon = 0.209$

则 $\cos\varphi = 0.86$　$\varepsilon = 0.202$

$$\Delta U\% = \varepsilon \cdot I_c \cdot L \cdot K = 0.202 \times 87.7$$
$$\times 0.1 \times 1 = 1.772$$

(7) 照明干线改为 BLX-4×6mm²

查表 10-55，$\cos\varphi = 0.9$　$\varepsilon = 2.54$

$$\Delta U\% = \varepsilon \cdot I_c \cdot L \cdot K = 2.54 \times 20.3$$
$$\times 0.04 \times 1 = 2.062$$

(8) 修正后电缆线路与照明干线总电压损失

$$\Delta U\% = 1.772 + 2.062 = 3.835 < 5 \quad 合格$$

(9) 修正后电缆线路与动力干线总电压损失

$$\Delta U\% = 1.772 + 1.791 = 3.563 < 5 \quad 合格$$

6. 计算与选择结果，列表如下

请把熔断器和导线、电缆的选择结果，填写到本题的示图上。

线 路 名 称	$P_c(\text{kW})$	$I_c(\text{A})$	RT0	线 路 及 敷 设
电缆线路	49.64	87.7	200/150	VLV 22-1kV-3×70+1×35 埋地
动力干线	37.6	67.54	100/100	BLX-3×16+PE16，明敷
M₁分支线	25	43.2	50/50	BLV-3×16+PE16，G25
M₂分支线	12.64	24.6	50/50	BLV-3×6+PE6，G20
照明干线	12	20.3	50/20	BLX-4×6　明敷

小　结

1. 按发热条件选择导线、电缆截面是保证导线、电缆正常工作运行时的温度不超过允许温度的一项条件。

对于低压配电线路尚应包括导线、电缆截面与其保护电器整定电流相配合。

2. 按电压损失选择导线、电缆截面，是保证用户或用电设备得到足够电压的一项条件。

3. 按机械强度选择导线、电缆截面，是保证导线、电缆芯线具备一定的机械强度，正常运行时不致由于风雨等外力和自重的作用而造成断裂的一项条件。

4. 按经济电流密度选择导线、电缆截面，是保证正常运行时，年运行费用最低的一种选择方法。

5. 在按上述不同条件选择的截面中，即发热条件(低压配电线路包括与保护电器整定电流的配合)，电压损失，机械强度和经济电流密度等条件选择的截面中，应同时满足要求，并择其最大值作为所选导线、电缆的截面。换言之，上述条件是并列的，不允许有一项条件得不到满足。

6. 在相线截面确定之后，不要遗漏对 N 线、PE 线和 PEN 线截面的选择和校验。

7. 确定计算负荷，包括计算线路的尖峰电流；以及在此基础上选择、整定保护电器——低压熔断器和低压断路器；选择导线、电缆的截面等，属于供用电计算选择中紧密相关的几个重要环节。涉及一系列计算选择公式和表格，而且由于环环相扣，如果在此过程中，前面有一步出了差错，将直接影响后面的计算选择结果，必须认真、仔细对待，全面、系统地掌握。

8. 对于选择的对象——低压熔断器、低压断路器及电线、电缆，也要注意熟悉它们的型号、规格等技术参数。

10.7 接地和防雷有关计算

本节在学习有关名词含义、统一称呼之后，介绍接地电阻的计算和避雷针、避雷线保护范围的计算。

10.7.1 接地、接地装置和接地电阻

(1) 接地和接地装置

电气设备(装置)为达到安全和功能方面的目的，与大地之间做良好的电气连接称为接地。

埋入地中并直接与大地接触作散流用的金属导体，称为接地体或接地极。

专门为接地而人为装设的接地体，称为人工接地体。

人工接地体有垂直埋设和水平埋设两种

基本结构型式。其顶面埋设深度不宜小于0.6m。垂直接地体，常用直径为 50mm 长2.5m 的镀锌钢管；水平接地体常用－40×4mm(干线)，－25×4mm(支线)的镀锌扁钢。

兼作接地体用的直接与大地接触的各种金属构件、金属管道及建筑物的钢筋混凝土基础等，称为自然接地体。

设备、装置接地部分(接地螺栓)与接地体连接用的，在正常情况下不载流的金属导体称为接地线。

接地体与接地线合称为接地装置。

由若干接地体在大地中相互用接地线连接起来的一个整体，称为接地网。

(2) 接地电阻

接地电阻是接地体在大地中的散流电阻与接地装置电阻的总和。由于接地装置的电阻相对很小，可以略去不计，因此接地电阻可

认为就是接地体的散流电阻。

接地电阻的大小主要取决于接地装置的结构和土壤的导电能力。

土壤电阻率见表 10-60。

土壤电阻率参考值　　　　表 10-60

土　壤　名　称	电　阻　率
陶粘土	$10\Omega\cdot m$
泥炭、泥灰岩、沼泽地	$20\Omega\cdot m$
捣碎的木炭	$40\Omega\cdot m$
黑土、田园土、陶土	$50\Omega\cdot m$
粘　土	$60\Omega\cdot m$
砂质粘土　可耕地	$100\Omega\cdot m$
黄　土	$200\Omega\cdot m$
含砂粘土　砂土	$300\Omega\cdot m$
多石土壤	$400\Omega\cdot m$
砂、砂砾	$1000\Omega\cdot m$

工频接地电流流经接地装置所呈现的接地电阻，称为工频接地电阻，用 R_E 表示。

接地体的工频接地电阻可采用电流表、电压表法或接地电阻测量仪（又称接地摇表）进行实地测量获得。也可通过计算（包括查表）获得。通常，计算值应得到实测值的验证。

雷电流流经接地装置所呈现的接地电阻，称为冲击电阻，用 R_{sh} 表示。

我国有关规程规定的部分电力装置所要求的工作接地电阻值见 10-61

10.7.2 工频接地电阻计算

介绍现成的计算表格，如表 10-62～表 10-66，用查表法方法求得接地体的工频接地电阻。

部分电力装置要求的工作接地电阻值　　　　表 10-61

序　号	电力装置名称	接地的电力装置特点	接　地　电　阻
1	1kV 以上大电流接地系统	仅用于该系统的接地装置	$R_E \leqslant \dfrac{2000V}{I_k^{(1)}}$ 当 $I_k^{(1)} > 4000A$ 时， $R_E \leqslant 0.5\Omega$
2	1kV 以上小电流接地系统	仅用于该系统的接地装置	$R_E \leqslant \dfrac{250V}{I_E}$，且 $R_E \leqslant 10\Omega$
3		与 1kV 以下系统共用的接地装置	$R_E \leqslant \dfrac{120V}{I_E}$，且 $R_E \leqslant 10\Omega$
4	1kV 以下系统	与总容量在 100kV·A 以上的发电机或变压器相联的接地装置	$R_E \leqslant 4\Omega$
5		上述（序号4）装置的重复接地	$R_E \leqslant 10\Omega$
6		与总容在 100kV·A 及以下的发电机或变压器相联的接地装置	$R_E \leqslant 10\Omega$
7		·上述（序号6）装置的重复接地	$R_E \leqslant 30\Omega$
8	建筑物防雷装置	第一类防雷建筑物（防感应雷）	$R_{sh} \leqslant 10\Omega$
9		第一类防雷建筑物（防直击雷及雷电波侵入）	$R_{sh} \leqslant 10\Omega$
10		第二类防雷建筑物（防直击雷、感应雷及雷电波侵入共用）	$R_{sh} \leqslant 10\Omega$

序　号	电力装置名称	接地的电力装置特点	接地电阻
11	建筑物防雷装置	第三类防雷建筑物(防直击雷)	$R_{sh} \leqslant 30\Omega$
12		其它建筑物(防雷波侵入)	$R_{sh} \leqslant 30\Omega$
13		保护变电所的独立避雷针	$R_E \leqslant 10\Omega$
14		杆上避雷器及保护间隙(在电气上与旋转电机无联系者)	$R_E \leqslant 10\Omega$
15		杆上避雷器及保护间隙(但与旋转电机有电气联系者)	$R_E \leqslant 5\Omega$
备注		R_E——工频接地电阻;R_{sh}——冲击接地电阻;$I_k^{(1)}$——流经接地装置的单相短路电流(A);I_E——单相接地故障电流(A)	

单根直线水平接地体的接地电阻值(Ω)　　　　表 10-62

接地体材料及尺寸(mm)		接地体长度(m)											
		5	10	15	20	25	30	35	40	50	60	80	100
扁钢	40×4	23.4	13.9	10.1	8.1	6.74	5.8	5.1	4.58	3.8	3.26	2.54	2.12
	25×4	24.9	14.6	10.6	8.42	7.02	6.04	5.33	4.76	3.95	3.39	2.65	2.20
圆钢	$\phi 8$	26.3	15.3	11.1	8.78	7.3	6.28	5.52	4.94	4.10	3.47	2.74	2.27
	$\phi 10$	25.6	15.0	10.9	8.6	7.16	6.16	5.44	4.85	4.02	3.45	2.70	2.23
	$\phi 12$	25.0	14.7	10.7	8.46	7.04	6.08	5.34	4.78	3.96	3.40	2.66	2.20
	$\phi 15$	24.3	14.4	10.4	8.28	6.91	5.95	5.24	4.69	3.89	3.34	2.62	2.17

注:按土壤电阻率为100Ω·m、埋深为0.8m计算。

人工接地装置工频接地电阻值　　　　表 10-63

形　式	简　图	材料尺寸(mm)及用量(m)				土壤电阻率(Ω·m)		
		圆钢 $\phi 20$	钢管 $\phi 50$	角钢 50×50×5	扁钢 40×4	100	250	500
						工频接地电阻(Ω)		
单根		2.5	2.5		2.5	30.2 / 37.2 / 32.4	75.4 / 92.9 / 81.1	151 / 186 / 162
2根			5.0	5	5	10.0 / 10.5	25.1 / 26.2	50.2 / 52.5
3根			7.5	10	10	6.65 / 6.92	16.6 / 17.3	33.2 / 34.6
4根			10.0	15	15	5.08 / 5.29	12.7 / 13.2	25.4 / 26.5

形 式	简 图	材料尺寸(mm)及用量(m)				土壤电阻率(Ω·m)		
		圆钢 φ20	钢管 φ50	角钢 50×50×5	扁钢 40×4	100	250	500
						工频接地电阻(Ω)		
5根				12.5	20.0	4.18	10.5	20.9
			12.5		20.0	4.35	10.9	21.8
6根				15.0	25.0	3.58	8.95	17.9
			15.0		25.0	3.73	9.32	18.6
8根				20.0	35.0	2.81	7.03	14.1
	←5m→ ┄┄┄ ←5m→		20.0		35.0	2.93	7.32	14.6
10根				25.0	45.0	2.35	5.87	11.7
			25.0		45.0	2.45	6.12	12.2
15根				37.5	70.0	1.75	4.36	8.73
			37.5		70.0	1.82	4.56	9.11
20根				50.0	95.0	1.45	3.62	7.24
			50.0		95.0	1.52	3.79	7.58

直埋铠装电缆金属外皮的接地电阻值　　　　　　　　表 10-64

电缆长度(m)	20	50	100	150
接地电阻值(Ω)	22	9	4.5	3

注：1. 本表编制条件为：土壤电阻率 ρ 为 100Ω·m，3～10kV，3×(70～185)mm² 铠装电缆，埋深 0.7m 时。

　　2. 当 ρ 不是 100Ω·m 时，表中电阻值应乘以换算系数：50Ω·m 时为 0.7；250Ω·m 时为 1.65；500Ω·m 时为 2.35。

　　3. 当 n 根截面相近的电缆埋设在同一壕沟中时，如单根电缆的接地电阻为 R_0，则总接地电阻为 $R_0/\sqrt{n}$。

直埋金属水管的接地电阻值(Ω)　　　　　　　　表 10-65

长　度　(m)		20	50	100	150
公称口径	25～50mm	7.5	3.6	2	1.4
	70～100mm	7.0	3.4	1.9	1.4

注：本表编制条件为：土壤电阻率 ρ 为 100Ω·m，埋深 0.7m。

钢筋混凝土电杆接地电阻估算表　　　　　　　　表 10-66

接 地 装 置 形 式	杆 塔 型 式	接地电阻估算值(Ω)
钢筋混凝土电杆的自然接地体	单　杆	0.3ρ
	双　杆	0.2ρ
	拉线单、双杆	0.1ρ
	一个拉线盘	0.28ρ
n 根水平射线($n \leqslant 12$，每根长约 60m)	各 型 杆 塔	$\dfrac{0.062\rho}{n+1.2}$

注：表中 ρ 为土壤电阻率，Ω·m。

10.7.3 冲击接地电阻的计算

冲击接地电阻 R_{sh} 是指雷电流经接地装置泄放入地时的接地电阻,包括接地线电阻和地中散流电阻。由于强大的雷电流泄放入地时,土壤将被雷电波击穿并产生火花,使散流电阻显著降低,因此冲击接地电阻 R_{sh} 一般小于工频接地电阻 R_E。冲击接地电阻可按式 10-65 计算

$$R_{sh} = \frac{R_E}{\alpha} \qquad (10-65)$$

式中 α——R_E 与 R_{sh} 的比值,见表 10-67。

接地体的工频接地电阻与冲击接地电阻的比值 R_E/R_{sh} 表 10-67

各种形式接地体中接地点至接地体最远端的长度	土 壤 电 阻 率 $\rho(\Omega\cdot m)$			
	≤100	500	1000	≥2000
	比 值 R/R_{ch}			
20	1	1.5	2	3
40	—	1.25	1.9	2.9
60	—	—	1.6	2.6
80	—	—	—	2.3

10.7.4 接闪器及其防雷作用

(1) 接闪器

专门用来接受直接雷击(雷闪)的金属物体称为接闪器。接闪器高出被保护物,起主动引雷作用,将大气雷云放电通路吸引到接闪器本身,然后经与接闪器相连的引下线和接地装置,将雷电流安全泄放入地,从而防止或减少被保护物遭受直接雷击。

接闪器有避雷针、避雷线、避雷带和避雷网,特殊情况下也可直接用金属屋面和金属构件作为接闪器。

所有接闪器都必须经过引下线与接地装置相联。

(2) 避雷针

接闪的金属杆称为避雷针。一般采用镀锌圆钢(针长 1m 以下时,直径不小于 12mm,针长 1~2m 时直径不小于 16mm)或镀锌钢管(针长 1m 以下时内径不小于 20mm,针长 1~2m 时内径不小于 25mm)制成,安装在电杆支柱、或构件、建筑物上,其下端要经引下线与接地装置相连。

(3) 避雷线

接闪的金属线称为避雷线。一般采用截面不小于 35mm² 的镀锌钢绞线,架设在架空线路上,或被保护物(包括建筑物)上,其两端要经引下线与接地装置相连。

(4) 避雷带、避雷网

接闪的金属带称为避雷带。接闪的金属网称为避雷网。避雷带、避雷网常采用镀锌圆钢(直径不小于 8mm)、镀锌扁钢(截面不小于 48mm²、厚度不小于 4mm)敷设在建筑物屋面上,经引下线与接地装置相连。

用来保护建筑物免遭直接雷击和感应雷,建筑物在布置接闪器时,应优先采用避雷带或避雷网。

10.7.5 单支避雷针保护范围计算

避雷针的保护范围,以它能防护直击雷的空间来表示。

我国过去的防雷设计规范或过电压保护规程,对避雷针或避雷线的保护范围是按"折线法"来确定的,而新制订的《建筑物防雷设计规范》GB 50057—94,则参照国际电工委

员会标准规定采用"滚球法"来确定。

滚球法就是选择一个半径为 h_r(滚球半径)的球体,沿需要防护直击雷的部位滚动,当球体只触及接闪器,或只触及接闪器和地面,而不触及需要保护的部位时,则该部位就在这个接闪器的保护范围之内。

滚球半径 h_r 的选择见表10-68。

建筑物接闪器布置及滚球半径　　表 10-68

建筑物防雷类别	滚球半径 h_r/m	避雷网尺寸/m
第一类防雷建筑物	30	≤5×5 或 ≤6×4
第二类防雷建筑物	45	≤10×10 或 ≤12×8
第三类防雷建筑物	60	≤20×20 或 ≤24×16

单支避雷针的保护范围按下列方法确定

(1) 当避雷针高度 $h \leqslant h_r$ 时,见图10-2

1) 距地面 h_r 处作一平行于地面的平行线;

2) 以针尖为圆心,h_r 为半径,作弧线交于平行线的 A、B 两点;

3) 以 A、B 为圆心,h_r 为半径作弧线。该弧线与针尖相交并与地面相切。从此弧线起到地面上的整个锥体空间,就是该避雷针的保护范围;

4) 避雷针在被保护物高度 h_x 的 xx' 平面上的保护半径 r_x,按下式计算

$$r_x = \sqrt{h(2h_r - h)} - \sqrt{h_x(2h_r - h_x)}$$
$$(10\text{-}66)$$

5) 避雷针在地面上的保护半径 r_0,按下式计算

$$r_0 = \sqrt{h(2h_r - h)} \qquad (10\text{-}67)$$

式中　h——避雷针高度,m;

h_r——滚球半径,m,见表10-68;

h_x——被保护物高度,m。

(2) 当避雷针高度 $h > h_r$ 时

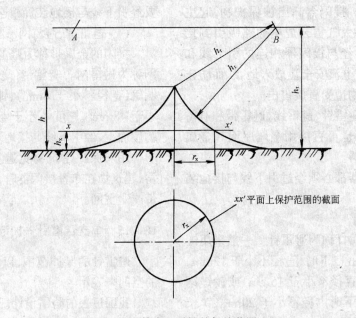

图 10-2　单支避雷针的保护范围

在避雷针上取高度 h_r 的一点代替单支避雷针的针尖作圆心,其余的作法与 $h \leqslant h_r$ 的作法相同。此略。

关于两支及多支避雷针的保护范围,可参考国家标准 GB 50057—94,或有关设计手册,此略。

10.7.6 单支避雷线的保护范围计算

当避雷线的高度 $h \geqslant 2h_r$ 时,无保护范围。

当避雷线的高度 $h < 2h_r$ 时,按下列方法确定。(参见图 10-3)

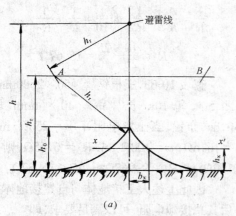
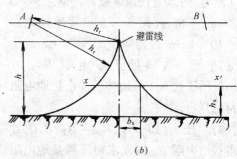

图 10-3　单根架空避雷线的保护范围

(a)当 h 小于 $2h_r$,但大于 h_r 时;(b)当 h 小于或等于 h_r 时

1)距地面 h_r 处作一平行于地面的平行线;

2)以避雷线为圆心 h_r 为半径,作弧线交于平行线的 A、B 两点;

3)以 A、B 为圆心,h_r 为半径,作弧线,该两弧线相交或相切,并以地面相切。从该弧起到地面止的空间就是保护范围;

4)当 $2h_r > h > h_r$ 时,保护范围最高点的高度 h_0 按下式计算

$$h_0 = 2h_r - h \qquad (10-68)$$

5)避雷线在 h_x 高度的 xx' 平面上的保护宽度,按下式计算

$$r_x = \sqrt{h(2h_r - h)} - \sqrt{h_x(2h_r - h_x)}$$
$$(10-69)$$

式中　r_x——避雷线在高度 h_x 的 xx' 平面上的保护宽度,m;

　　　h——避雷线的高度,m;

　　　h_r——滚球半径,按表 10-68 确定,m;

　　　h_x——被保护物的高度,m。

6)避雷线两端的保护范围按单支避雷针的方法确定。

关于两根等高避雷线的保护范围,可参见标准 GB 50057—94,或有关设计手册,此略。

10.7.7 计算示例

【例 10-25】　容量 400kVA 变压器供电范围内有一重复接地处,土壤电阻率 $\rho = 100\Omega$。拟距建筑物 2m,埋设 0.8m 布置如下接地体:接地极为 $\phi 50 \times 2500$mm 镀锌钢管 2 根、间距 5m,水平接地体为 -40×4mm 镀锌扁钢。试问该处接地体工频接地电阻是否符合规定?

【解】　查表 10-61,$S_{N \cdot T} > 100$kVA,重复接地工频接地电阻 $R_E \leqslant 10\Omega$,(序号 5)

根据题意:垂直管形接地体 $\phi 50 \times 2500$mm、2 根、间距 5m,水平带形接地体 -40×4mm,5m,$\rho = 100\Omega \cdot$m。查表 10-63,

得该处 $R_E = 10\Omega$。

即该处工频接地电阻查表计算值刚好能满足规定值的要求。为可靠起见，可增加接地体，改为 $\phi 50 \times 2500mm$ 钢管三根和 $-40 \times 4mm$ 扁钢 10m，$R_E = 6.65\Omega$。当然也可在实地测量接地电阻后，再决定是否需要增设接地体。

【例 10-26】 某三类防雷建筑物，屋面装设避雷带防御直接雷击，其中一处接地点的人工接地体：垂直接地体镀锌角钢 $\angle 50 \times 5 \times 2500mm$ 三根，间距 5m，水平接地体镀锌扁钢 $-40 \times 4mm$，接地体顶部埋深 0.8m、距墙 3m 布置。若该处土壤电阻率 $\rho = 250\Omega \cdot m$，问该处人工接地体的冲击接地电阻是否符合规定。

【解】 按式 (10-65)，$R_{sh} = R_E/\alpha$，为计算冲击接地电阻 R_{sh} 应先求得工频接地电阻值 R_E，根据题意所给定的条件，接地极 $\angle 50 \times 5 \times 2500mm$ 三根、间距 5m，水平带状接地体 $-40 \times 4mm$ 的长度

$$L = 5 + 5 + 3 = 13m,$$

在 $\rho = 250\Omega \cdot m$ 下查表 10-63 得 $R_E = 17.3\Omega$。

又查表 10-67，至最远端接地体长度 20m，$\rho \leqslant 100\Omega \cdot m$，$R_E/R_{sh} = 1$，$\rho = 500\Omega \cdot m$，$R_E/R_{sh} = 1.5$，于是 $\rho = 250\Omega \cdot m$ 则 $R_E/R_{sh} = 1.25$，

该处冲击接地电阻

$$R_{sh} = R_E/1.25 = 17.3/1.25 = 14\Omega$$

查表 10-61，三类防雷建筑物规定 $R_{sh} \leqslant 30\Omega$，显然 $R_{sh} = 14\Omega < 30\Omega$，满足规定要求。

【例 10-27】 有一台 50kVA 的配电变压器，其中性点的工频接地电阻按规定不得大于 10Ω。现可利用的自然接地体工频接地电阻为 25Ω，接地处土壤电阻率测定为 $150\Omega \cdot m$。试选择，布置人工接地体，以满足总接地电阻不大于 10Ω 的规定要求。

【解】 工程中除了尽可能利用自然接地

体(如建筑物的钢筋混凝土基础)还需设置人工接地体，共同构成接地装置，以满足接地要求。自然接地体与人工接地体二者呈并联关系。

根据题意：设总接地电阻 $R \leqslant 10\Omega$，自然接地体接地电阻 $R_1 = 25\Omega$，则人工接地体接地电阻 R_2 可由下式计算

$$\frac{1}{R} = \frac{1}{R_1} + \frac{1}{R_2}，即 \frac{1}{10} = \frac{1}{25} + \frac{1}{R_2}，$$

$$R_2 = \frac{10 \times 25}{25 - 10} = 16.67\Omega$$

查表 10-63，三根钢管 $\phi 50 \times 2500mm$，间距 5m，和 10m 长扁钢 $-40 \times 4mm$，埋深 0.8m 布置，当土壤电阻率 $\rho = 250\Omega \cdot m$，$R_2 = 16.6\Omega$；$\rho = 100\Omega \cdot m$，$R_2 = 6.65\Omega$，则 $\rho = 150\Omega \cdot m$，$R_2 = 9.967\Omega \approx 10\Omega < 16.67\Omega$。

因此上述人工接地体与自然接地体并联后其总接地电阻，可以满足要求，即

$$R = \frac{R_1 \cdot R_2}{R_1 + R_2} = \frac{25 \times 10}{25 + 10} = 7.14\Omega < 10\Omega。$$

【例 10-28】 某厂一座 30m 的水塔，为防止或减少遭受直接雷击，其上装有 2m 高的避雷针。水塔旁边建有一 8m 高的水泵房(属第三类防雷建筑物)，水泵房屋面最远一角离避雷针的水平距离为 19m。试问水塔上的避雷针能否保护这个水泵房。

【解】 本题首先得求出在距地坪高 $h_x = 8m$ 的水平面上避雷针的保护半径 r_x。

现已知避雷针高 $h = 30 + 2 = 32m$，第三类防雷建筑物滚球半径 $h_r = 60m$，据式 10-66

$$r_x = \sqrt{h(2h_r - h)} - \sqrt{h_x(2h_r - h_x)}$$
$$= \sqrt{32(2 \times 60 - 32)} - \sqrt{8(2 \times 60 - 8)}$$
$$= 53.066 - 29.933 \approx 23m$$

而水泵房屋面最远一角离避雷针的水平距离为 19m。

$$r_x = 23m > 19m$$

因此水泵房处在水塔避雷针的保护范围内。

习　题

1．试述异步电动机的工作原理。

2．为什么异步电动机又称感应电动机，以及称为"异步"的缘由？

3．为什么交流异步电动机的转速总是低于磁场的同步转速？

4．交流电动机的旋转磁场同步转速、磁极对数和电源频率之间有什么关系？

5．试述三相电源频率为 50Hz 时，旋转磁场的同步转速与磁极对数的——对应关系。

6．何谓异步电动机转差率 s 及转差率 s 的变化范围是多少？异步电动机额定转差率一般是多少？

7．试述异步电动机额定电流计算式中各物理量的含义以及额定电流估算式的来由。

8．试述直流电动机额定电流计算式中各物理量的含义。

9．有一台三相鼠笼型异步电动机，其额定转速为 1450r/min，电源频率 50Hz，试求它的同步转速和转差率？

10．某三相电源频率为 50Hz、8 极异步电动机，额定转差率为 4%，问同步转速是多少？若电动机运行在 700r/min 时，其转差率是多少？电动机起动时转差率又是多少？

11．一台异步电动机，电源线电压 380V、频率 50Hz，其铭牌数据如下：功率 3kW、功率因数 0.81、效率 82.5%、转速 1370r/min，试求电动机的额定电流、额定转速、极数和额定转差率。

12．型号 Y160M1-2 异步电动机，功率 11kW、电压 380/660V、接法 $\triangle/Y$、功率因数 0.88、效率 87.2%、起动电流倍数 7，电源线电压 380V。试求：占用线电流是多少？起动电流是多少？视在功率是多少？如何接入电源？

13．一直流电动机，额定电压 440V、电流 15.4A、效率 81.1%，问其功率是多少？

14．什么是变压器的变压比？确定变压比有哪几种方法？

15．一台单相变压器，若初级电压 $U_1 = 220V$、次级电压 $U_2 = 36V$，次级线圈匝数 $W_2 = 324$ 匝，求初级线圈的匝数 W_1？

16．一台单相变压器的初级 $U_1 = 3000V$、电压比 $K = 15$，求次级电压 U_2 为多少？当次级电流 $I_2 = 60A$ 时，初级电流 I_1 为多大？

17．一台理想变压器，原边电压 $U_1 = 1000V$、副边电压 $U_2 = 220V$，如果副边接有一台 25kW、220 的电阻炉，求变压器原、副边的电流各是多少？

18．一台三绕组的变压器，其匝伏比是 5 匝/伏，已知：原绕组 $W_1 = 1100$ 匝、第一副绕组 $W_{21} = 550$ 匝、第二副绕组 $W_{22} = 180$ 匝，求三个绕组的端电压 U_1、U_{21}、U_{22} 各为多大？

19．某晶体管收音机输出变压器、初级线圈 $W_1 = 180$ 匝、次级线圈 $W_2 = 30$ 匝，当收音机功放级的输出阻抗为 144Ω，问应该接几欧的扬声器？

20．某广播电台的输出电缆与架空线对接时，若电缆线的输出阻抗为 150Ω，架空线的实际阻抗为 600Ω，为了阻抗匹配，应该在电缆线与架空线之间接入一变压器，求其匝数比。

21．已知某交流信号源的电动势 $E = 6V$，内阻 $r = 1600Ω$，负载阻抗 $R_2 = 16Ω$。为使负载获得最大功率而采用变压器进行阻抗匹配。问阻抗匹配时变压器的匝数比是多少？负载功率是多少？

22．已知一台 380/36V 的单相变压器，其额定容量为 1000VA，问：(1)当次级接入 200Ω 电阻时，初、次级电流各为多少？(2)当变压器满载时，次级的负载电阻应为多大？这时初、次级电流又各为多大？

23．有一低压变压的原边电压 $U_1 = 380V$、副边电压 $U_2 = 36V$，在接有电阻性负载时，实际测得副边的电流 $I_2 = 5A$，若变压器效率为 90%，试求：原、副边的功率和损耗以及原边电流 I_1。

24．某降压变压器需在副边接一个电阻性负载。已知实际工作时，副边电压 $U_2 = 6V$，电流有效值 $I_z = 4A$，效率 $\eta = 80\%$，而原边电压有效值为 220V，求原边电流 I_1。

25．试述变压器铁损的产生原因？变压器铁损的额定值由什么试验测定的？

26．试述变压器的铜损与什么有关？变压器铜损的额定值由什么试验测定的？

27．油浸式电力变压器运行时，伴有轻微的"嗡、嗡"声，以及温度上升、油枕液面上升等，上述现象说明了什么？

28．变压器运行中主要功率损耗包括哪几部分？

29．什么叫变压器的负荷系数及最佳负荷系数？

30．什么叫变压器的效率及最大效率？

31．某台配电变压器型号规格为 SL7-400/10、10/0.4kV、接线组别 Y、yn0，问：

(1) 该变压器的变压比？

(2) 变压器原、副绕组的额定电流？

(3) 变压器的额定空载损耗 ΔP_0 和额定短路损耗 ΔP_k？

(4) 变压器的最佳负荷系数和最大效率？

(5) 当负荷系数 $\beta = 1$、$\cos\varphi = 0.85$ 时，变压器的效率？

32．试述电力负荷的概念。

33．什么叫计算负荷？正确确定计算负荷有何意义？

34．表达式 $P_c = P_m = P_{30}$ 的含义是什么？

35．负荷计算的目的是什么？

36．试述负荷计算包括的内容。

37．分别叙述设备容量 P_e、需要系数 K_d、同时系数 K_Σ 的含义。

38．试区别单台用电设备、用电设备组和多组用电设备的负荷计算。

39．试述采用需要系数法确定计算负荷的步骤。

40．在确定多组用电设备总的计算负荷、计算电流时，能否将各组用电设备的视在计算负荷直接相加？能否将各组用电设备的计算电流直接相加？为什么？

41．请就【例 10-9】题的《负荷计算表》解答下列问题，并将计算结果填在表中。

(1) 电炉炉设备组仅有 2 台，其 $K_d = 0.7$，而计算中为何不取 $K_d = 1$？

(2) 分别计算三个设备组的 S_c 和 I_c；

(3) 计算"序号 4"的 S_c 和 I_c，可否将三个设备组的 S_c 和 I_c 分别直接相加？为什么？

(4) 计算"序号 5"的 K_d。

42．请就【例 10-10】题的《负荷计算表》解答下列问题，并将计算结果填写在表中。

(1) 升降机、起重机和电焊机三个设备组仅有 2 台或 3 台设备，计算中为何 K_d 不取 1？

(2) 分别计算 7 个设备组的 S_c 和 I_c；

(3) 计算"序号 8"的 S_c 和 I_c，可否将 7 个设备组的 S_c 和 I_c 分别相加？二者相差多少？

(4) 计算"序号 9"的 K_d。

43．试比较【例 10-12】和【例 10-13】两题的计算结果。如果教室灯具工作时间平均一天按 4 小时，一年按 300 天计算，试问一年里电能用量各为多少？后者每年节约多少电能？如电价按 0.50 元/kW·h 计算则节省电费多少？

44．考察你班教室的灯具是否改用了节能型细管（$\phi26mm$）36W 荧光灯管和电子镇流器？根据灯具使用时间，试计算改用节能产品后每年可节约多少电能、节省多少电费？

45．某车间变电所引出的一 380V 干线上接有三相用电设备：冷加工机床组 300kW、通风机组 5.6kW，试确定各用电设备组的计算负荷和该 380V 线路的总计算负荷，并列出负荷计算表。

46．某厂试验楼的 220/380V 三相供电线路上装有 220V 单相用电设备：电阻炉 8 台各 2kW、干燥箱 10 台各 3kW、照明用电 12kW，试将各单相用电设备合理分配在三相线路上，然后采用需要系数法确定该试验楼总的计算负荷。

47. 某四层教学楼,每层 6 间教室,每间教室包括楼道走廊布设的照明灯具有 36W 单管荧光灯(配电子镇流器)14 盏、60W 白炽灯 2 盏。照明负荷经三相平衡,要求两间教室为一 220V 分支回路。试确定

(1) 220V 分支回路的计算负荷,取 $K_d=1$;

(2) 每层教学楼的三相计算负荷,取 $K_d=1$;

(3) 四层教学楼总的计算负荷,取 $K_d=0.9$。

48. 什么叫尖峰电流?试写出单台用电设备和多台用电设备的尖峰电流计算式。

49. 尖峰电流和计算电流同为最大负荷电流,二者在性质上和用途上有哪些区别?

50. 某电动机分支线 Y180L-4、22kW,试求该电动机分支线路的计算电流和尖峰电流。

51. 如果电动机 Y180L-4、22kW,为习题 45 中 380V 线路上起动电流最大的一台电动机,试确定该 380V 线路上的尖峰电流。

52. 试述低压熔断器的选择计算原则。

53. 低压断路器的长延时、短延时和瞬时过电流脱扣器各用作什么保护?其动作电流如何整定计算?

54. 低压配电线路的保护电器(低压熔断器和低压断路器)动作电流确定之后,为什么还要校验其与被保护线路相配合?

55. 试问【例 10-17】题中 15kW 电动机所选用的熔断器 RL_6-63/63 可作何种保护?为什么?

56. 某营业大楼 380V 配电干线,其计算电流为 56A、尖峰电流为 230A,试选择该线路所装 RT0 型熔断器及其熔体的电流规格。

57. 如习题 56 所示线路改装 DW15 型低压断路器保证,试选择该断路器及长延时和瞬时过电流脱扣器的电流规格。

58. 某车间采用 BV-500 型绝缘导线明配供电干线,导线截面 $70mm^2$,试求其允许载流量。(车间环境温度查当地气象资料)

59. 如习题 58 的车间供电干线改为穿钢管敷设,其允许载流量有多少?如改为塑料管则其允许载流量又为多少?

60. 今有 4 根 4 芯 YJV 22-0.6/1kV 型电缆直接埋地(0.8m 深)敷设,其芯线 $95mm^2$,求其允许载流量。(土壤温度及热阻系数查当地气象资料)

61. 如习题 60 的电缆是在建筑物竖井内明敷,求其允许载流量。(环境温度查当地气象资料)

62. 试为 Y180L-4、22kW 电动机的分支线路选配保护电器。设线路为 BV-500 型导线穿钢管敷设,试选择导线截面和管径。($\theta'_0=35℃$)

63. 试为习题 45 和习题 51 的 380V 线路选配保护电器。

64. 试为习题 46 的试验楼供电线路选配保护电器。

65. 如果习题 46、64 的试验楼其电源线路为户外直埋电缆、长 150m。线路允许电压损失为 2%,埋地环境温度为 30℃。试选配该电源电缆。

66. 如果习题 45、习题 63 的 380V 线路为 BV-500 型导线车间内角钢支架绝缘子明配,角钢支架间距 3m,导线间距 150mm。其负荷中心距干线首端约 60m,允许电压损失为 5%。试按发热条件选择导线截面,并作电压损失、机械强度及与保护电器动作电流相配合等校验。(设环境温度为 35℃)

67. 根据习题 47 的负荷计算结果,试为两间教室的 220V 分支线路选配保护电器和导线截面。设分支线路采用 BV-500 型导线穿塑料管暗敷,环境温度为 35℃。

68. 在习题 47 的四层教学楼中,干线采用链式供电方式,共有两条供电干线,每条干线给两个楼层供电。如供电干线采用 BV-500 型导线穿塑料管暗敷,环境温度为 35℃,试为供电干线选配保护电器和导线截面。

69. 某住宅小区路灯光源采用 220V/250W 高压钠灯 20～40 盏,路灯间距平均 32m。试为路灯选配线路及保护电器。(提示:教师可按组分别设定路灯盏数及线路布置方案,力求各组数据有所差异。环境温度根据当地气象资料。)

70．在【例 10-24】中，如果各段线路的保护改为低压断路器，其它条件不变，试选配低压断路器和导线、电缆截面。

71．名词解释：

(1) 接地

(2) 接地体、人工接地体、自然接地体、水平接地体、垂直接地体

(3) 接地线

(4) 接地装置

(5) 接地电阻、工频接地电阻、冲击接地电阻

(6) 接闪器、避雷针、避雷线、避雷带、避雷网

72．为何接闪器必须经过引下线与接地装置相连。

73．一人工接地体由 -40×4mm 的镀锌扁钢和 3 根 $\phi 50 \times 2500$mm 钢管构成，其顶部埋深 0.8m。试利用表 10-60 查出土壤电阻率 $\rho = 100\Omega \cdot$m 和 $\rho = 250\Omega \cdot$m 时的工频接地电阻 R_E 值？如果 $\rho = 150\Omega \cdot$m，R_E 值有多大？

74．某接地装置经实测：自然接地体工频接地电阻 $R_1 = 21\Omega$，人工接地体工频接地电阻 $R_2 = 29\Omega$。求该接地装置总的接地电阻值？

75．某接地点土壤电阻率 $\rho = 100\Omega \cdot$m，按规定其工频接地电阻 $R_E \leqslant 4\Omega$。现已知可利用的自然接地体 $R_1 = 15\Omega$。问

(1) 补设人工接地体的接地电阻 R_2 至少多大才能达到 $R_E \leqslant 4\Omega$ 的规定要求？

(2) 试分别利用表 10-59、和表 10-60 选择人工接地体的布置方案。

76．某水塔高 28m，其塔顶装设有一支 2m 高的避雷针，水塔旁有一 7m 高的建筑物，其屋面最远端距此避雷针水平距离为 21m。

(1) 试问此建筑物(属三类防雷建筑物)是否在水塔避雷针的保护范围内？

(2) 如采用增高水塔避雷针的高度，问避雷针加长到多少可满足要求？

参 考 文 献

1．蒋运茂．电工仪表与测量．第2版．北京：中国劳动出版社，1994

2．张渭贤编．电工测量．广州：华南理工大学出版社，1991

3．刘介才主编．工厂供电（中专本）．北京：机械工业出版社，1995

4．刘介才主编．工厂供电简明设计手册．北京：机械工业出版社，1993

5．刘思亮主编．建筑供配电．北京：中国建筑工业出版社，1998

6．瞿星志编．供电．北京：高等教育出版社，1981

7．周治湖编著．建筑电气设计．北京：中国建筑工业出版社，1996

8．技工学校机械类通用教材编审委员会编．电工基础．第二版．北京：机械工业出版社，1987

9．建筑工程常用数据系列手册编写组编．建筑电气常用数据手册．北京：中国建筑工业出版社，1997

10．《电世界》杂志社编．实用照明技术．上海：上海科学技术出版社，1997